U0506516

训子语译注

[清] 张履祥　著
张天杰 余荣军 增编　译注

上海古籍出版社

“十三五”国家重点图书出版规划项目

上海市促进文化创意产业发展财政扶持资金资助项目

目录

附　录

“中华家训导读译注丛书”出版缘起

一、家训与传统文化

中国传统文化的复兴已然是大势所趋，无可阻挡。而真正的文化振兴，随着发展的深入，必然是由表及里，逐渐贴近文化的实质，即回到实践中，在现实生活中发挥作用，影响和改变个人的生活观念、生命状态，乃至改变社会生态，而不是仅仅停留在学院中的纸上谈兵，或是媒体上的自我作秀。这也已然为近年的发展进程所证实。

文化的传承，通常是在精英和民众两个层面上进行，前者通过经典研学和师弟传习而薪火相传，后者沉淀为社会价值观念、化为乡风民俗而代代相承。这两个层面是如何发生联系的，上层是如何向下层渗透的呢？中华文化悠久的家训传统，无疑在其中起到了重要作用。士子学人

（文化精英）将经典的基本精神、个人习得的实践经验转化为家训家规教育家族子弟，而其中有些家训，由于家族的兴旺发达和名人代出，具有很好的示范效应，而得以向外传播，飞入寻常百姓家，进而为人们代代传诵，其本身也具有经典的意味了。由本丛书原著者一长串响亮的名字可以看到，这些著作者本身是文化精英的代表人物，这使得家训一方面融入了经典的精神，一方面为了使年幼或文化根基不厚的子弟能够理解，并在日常生活中实行，家训通常将经典的语言转化为日常话语，也更注重实践的方便易行。从这个意义上说，家训是经典的通俗版本，换言之，家训是我们重新亲近经典的桥梁。

对于从小接受现代教育（某种模式的西式教育）的国人，经典通常显得艰深和难以接近（其中的原因，下文再作分析），而从家训入手，就亲切得多。家训不仅理论话语较少，更通俗易懂，还常结合身边的或历史上的事例启发劝导子弟，特别注重从培养良好的生活礼仪习惯做起，从身边的小事做起，这使得传统文化注重实践的本质凸显出来（当然经典也是在在处处都强调实践的，只是现代教育模式使得经典的实践本质很容易被遮蔽）。因此，现代人学习传统文化，从家训入手，不失为一个可靠而方便的途径。

此外，很多人学习家训，或者让孩子读诵家训，是为了教育下一代，这是家训学习更直接的目的。年青一代的父母，越来越认识到家庭教育的重要性，并且在当前的语境中，从传统文化为内容的家庭教育可以在很大程度上弥补学校教育的缺陷。这个问题由来已久，自从传统教育让位于西式学校教育（这个转变距今大约已有一百年）以来，很多有识之士认识到，以培养完满人格为目的、德育为核心的传统教育，被以知识技能教育为主的学校教育取代，因而不但在教育领域产生了诸多问题，并且是很多社会问题的根源。在呼吁改革学校教育的同时，很多文化精英选择了加强家庭教育来做弥补，比如被称为“史上最强老爸”的梁启超自己开展以传统德育为主的家庭教育配合西式学校，成就了“一门三院士，九子皆才俊”的佳话（可参阅上海古籍出版社《我们今天怎样做父亲：梁启超谈家庭教育》）。

本丛书即是基于以上两个需求，为有志于亲近经典和传统文化的人，为有意尝试以传统文化为内容的家庭教育、希望与儿女共同学习成长的朋友量身定做的。丛书精选了历史上最有代表性的家训著作，希望为他们提供切合实用的引导和帮助。

二、读古书的障碍

现代人读古书，概括说来，其难点有二：首先是由于文言文接触太少，不熟悉繁体字等原因，造成语言文字方面的障碍。不过通过查字典、借助注释等办法，这个困难还是相对容易解决的。更大的障碍来自第二个难点，即由于文化的断层，教育目标、教育方式的重大转变，使得现代人对于古典教育、对于传统文化产生了根本性的隔阂，这种隔阂会反过来导致对语词的理解偏差或意义遮蔽。

试举一例。《论语》开篇第一章：

子曰："学而时习之，不亦说（"说"，通"悦"）乎？有朋自远方来，不亦乐乎？人不知而不愠，不亦君子乎？"

字面意思很简单，翻译也不困难。但是，如何理解句子的真实含义，对于现代人却是一个考验。比如第一句，"学而时习之"，很容易想当然地把这里的"学"等同于现代教育的"学习知识"，那么"习"就成了"复习功课"的意思，全句就理解为学习了新知识、新课程，要经常复习它——一直到现在，中小学在教这篇课文时，基本还是这么解释的。但是这里有个疑问：我们每天复习功课，真的会很快乐吗？

对古典教育和传统文化有所理解的人，很容易看到，这里发生了根本性的理解偏差。古人学习的目的跟现代教育不一样，其根本目的是培养一个人的德行，成就一个人格完满、生命充盈的人，所以《论语》通篇都在讲"学"，却主要不是传授知识，而是在讲做人的道理、成就君子的方法。学习了这些道理和方法，不是为了记忆和考试，而是为了在生活实践中去运用、在运用时去体验，体验到了、内化为生命的一部分才是真正的获得，真正的"得"即生命的充盈，这样才能开显出智慧，才能在生活中运用无穷（所以孟子说：学贵"自得"，自得才能"居之安""资之深"，才能"取之左右逢其源"）。如此这般的"学习"，即是走出一条提升道德和生命境界的道路，到达一定生命境界高度的人就称之为君子、圣贤。养成这样的生命境界，是一切学问和事业的根本（因此《大学》说

“自天子以至于庶人，壹是皆以修身为本”），这样的修身之学也就是中国文化的根本。

所以，“学而时习之”的“习”，是实践、实习的意思，这句话是说，通过跟从老师或读经典，懂得了做人的道理、成为君子的方法，就要在生活实践中不断（时时）运用和体会，这样不断地实践就会使生命逐渐充实，由于生命的充实，自然会由内心生发喜悦，这种喜悦是生命本身产生的，不是外部给予的，因此说“不亦说乎”。

接下来，“有朋自远方来，不亦乐乎”，是指志同道合的朋友在一起共学，互相交流切磋，生命的喜悦会因生命间的互动和感应，得到加强并洋溢于外，称之为“乐”。

如果明白了学习是为了完满生命、自我成长，那么自然就明白了为什么会“人不知而不愠”。因为学习并不是为了获得好成绩、找到好工作，或者得到别人的夸奖；由生命本身生发的快乐既然不是外部给予的，当然也是别人夺不走的，那么别人不理解你、不知道你，不会影响到你的快乐，自然也就不会感到郁闷（“人不知而不愠”）了。

以上的这种理解并非新创。从南朝皇侃的《论语义疏》到宋朱熹的《论语集注》（朱熹《集注》一直到清朝都是最权威和最流行的注本），这种解释一直占主流地位。那么问题来了，为什么当代那么多专家学者对此视而不见呢？程树德曾一语道破：“今人以求知识为学，古人则以修身为学。”（见程先生撰于1940年代的《论语集释》）之所以很多人会误解这三句话，是由于对古典教育、传统文化的根本宗旨不了解，或者不认同，导致在理解和解释的时候先入为主，自觉或不自觉地用了现代观念去"曲解"古人。因此，若使经典和传统文化在今天重新发挥作用，首先需要站在古人的角度理解经典本身的主旨，为此，在诠释经典时，就需要在经典本身的义理与现代观念之间，有一个对照的意识，站在读者的角度考虑哪些地方容易产生上述的理解偏差，有针对性地作出解释和引导。

三、家训怎么读

基于以上认识，本丛书尝试从以下几个方面加以引导。首先，在每种书前冠以导读，对作者和成书背景做概括介绍，重点说明如何以实践为中心读这本书。

再者，在注释和白话翻译时尽量站在读者的立场，思考可能发生的遮蔽和误解，加以解释和引导。

第三，本丛书在形式上有一个新颖之处，即在每个段落或章节下增设"实践要点"环节，它的作用有三：一是说明段落或章节的主旨。尽量避免读者仅作知识性的理解，引导读者往生活实践方面体会和领悟。

二是进一步扫除遮蔽和误解，防止偏差。观念上的遮蔽和误解，往往先入为主比较顽固，仅仅靠"简注"和"译文"还是容易被忽略，或许读者因此又产生了新的疑惑，需要进一步解释和消除。比如，对于家训中的主要内容——忠孝——现代人往往从"权利平等"的角度出发，想当然地认为提倡忠孝就是等级压迫。从经典的本义来说，忠、孝在各自的语境中都包含一对关系，即君臣关系（可以涵盖上下级关系），父子关系；并且对关系的双方都有要求，孔子说“君君、臣臣，父父、子子”，是说君要有君的样子，臣要有臣的样子，父要有父的样子，子要有子的样子，对双方都有要求，而不是仅仅对臣和子有要求。更重要的是，这个要求是“反求诸己”的，就是各自要求自己，而不是要求对方，比如做君主的应该时时反观内省是不是做到了仁（爱民），做大臣的反观内省是不是做到了忠；做父亲的反观内省是不是做到了慈，做儿子的反观内省是不是做到了孝。（《礼记·礼运》：“何谓人义？父慈、子孝，兄良、弟悌，夫义、妇听，长惠、幼顺，君仁、臣忠。”）如果只是要求对方做到，自己却不做，就完全背离了本义。如果我们不了解“一对关系”和“自我要求”这两点，就会发生误解。

再比如古人讲“夫妇有别”，现代人很容易理解成男女不平等。这里的“别”，是从男女的生理、心理差别出发，进而在社会分工和责任承担方面有所区别。不是从权利的角度说，更不是人格的不平等。古人以乾坤二卦象征男女，乾卦的特质是刚健有为，坤卦的特征是宁顺贞静，乾德主动，坤德顺乾德而动；二者又是互补的关系，乾坤和谐，天地交感，才能生成万物。对应到夫妇关系上，做丈夫需要有担当精神，把握方向，但须动之以义，做出符合正义、顺应道理的选择，这样妻子才能顺之而动（“夫义妇听”），如果丈夫行为不合正义，怎能要求妻子盲目顺从呢？同时，坤德不仅仅是柔顺，还有“直方”的特点（《易经·坤·象》：“六二之动，直以方也”），做妻子也有正直端方、勇于承担的一面。在传统家庭中，如果丈夫比较昏暗懦弱，妻子或母亲往往默默支撑起整个家庭。总之，夫妇有别，也需要把握住“一对关系”和“自我要求”两个要点来理解。

除了以上所说首先需要理解经典的本义，把握传统文化的根本精神，同时也需要看到，经典和文化的本义在具体的历史环境中可能发生偏离甚至扭曲。当一种文化或价值观转化为社会规范或民俗习惯，如果这期间缺少文化精英的引领和示范作用，社会规范和道德话语权很容易被权力所掌控，这时往往表现为，在一对关系中，强势的一方对自己缺少约束，而是单方面要求另一方，这时就背离了经典和文化本义，相应的历史阶段就进入了文化衰敝期。比如在清末，文化精神衰落，礼教丧失了其内在的精神（孔子的感叹“礼云礼云，玉帛云乎哉？乐云乐云，钟鼓云乎哉？”就是强调礼乐有其内在的精神，这个才是根本），成为了僵化和束缚人性的东西。五四时期的很大一部分人正是看到这种情况（比如鲁迅说“吃人的礼教”），而站到了批判传统的立场上。要知道，五四所批判的现象正是传统文化精神衰敝的结果，而非传统文化精神的正常表现；当代人如果不了解这一点，只是沿袭前代人一些有具体语境的话语，其结果必然是道听途说、以讹传讹。而我们现在要做的，首先是正本清源，了解经典的本义和文化的基本精神，在此基础上学习和运用其实践方法。

三是提示家训中的道理和方法如何在现代生活实践中应用。其中关键的地方是，由于古今社会条件发生了变化，如何在现代生活中保持家训的精神和原则，而在具体运用时加以调适。一个突出的例子是女子的自我修养，即所谓“女德”，随着一些有争议的社会事件的出现，现在这个词有点被污名化了。前面讲到，传统的道德讲究“反求诸己”，女德本来也是女子对道德修养的自我要求，并且与男子一方的自我要求（不妨称为“男德”）相配合，而不应是社会（或男方）强加给女子的束缚。在家训的解读时，首先需要依据上述经典和文化本义，对内容加以分析，如果家训本身存在僵化和偏差，应该予以辨明。其次随着社会环境的变化，具体实践的方式方法也会发生变化。比如现代女子走出家庭，大多数女性与男性一样承担社会职业，那么再完全照搬原来针对限于家庭角色的女子设置的条目，就不太适用了。具体如何调适，涉及到具体内容时会有相应的解说和建议，但基本原则与“男德”是一样的，即把握“女德”和“女礼”的精神，调适德的运用和礼的条目。此即古人一面说“天不变道亦不变”（董仲舒语），一面说礼应该随时“损益”（见《论语·为政》）的意思。当然，如何调适的问题比较重大，“实践要点”中也只能提出编注者的个人意见，或者提供一个思路供读者参考。

综上所述，丛书的全部体例设置都围绕“实践”，有总括介绍、有具体分析，反复致意，不厌其详，其目的端在于针对根深蒂固的“现代习惯”，不断提醒，回到经典的本义和中华文化的根本。基于此，丛书的编写或可看做是文化复兴过程中，返本开新的一个具体实验。

四、因缘时节

“人能弘道，非道弘人。”当此文化复兴由表及里之际，急需勇于担当、解行相应的仁人志士；传统文化的普及传播，更是迫切需要一批深入经典、有真实体验又肯踏实做基础工作的人。丛书的启动，需要找到符合上述条件的编撰者，我深知实非易事。首先想到的是陈椰博士，陈博士生长于宗族祠堂多有保留、古风犹存的潮汕地区，对明清儒学深入民间、淳化乡里的效验有亲切的体会；令我喜出望外的是，陈博士不但立即答应选编一本《王阳明家训》，还推荐了好几位同道。通过随后成立的这个写作团队，我了解到在中山大学哲学博士（在读的和已毕业的）中间，有一拨有志于传统修身之学的朋友，我想，这和中山大学的学习氛围有关——五六年前，当时独学而少友的我惊喜地发现，中大有几位深入修身之学的前辈老师已默默耕耘多年，这在全国高校中是少见的，没想到这么快就有一批年轻的学人成长起来了。

郭海鹰博士负责搜集了家训名著名篇的全部书目，我与陈、郭等博士一起商量编选办法，决定以三种形式组成“中华家训导读译注丛书”：一、历史上已有成书的家训名著，如《颜氏家训》《温公家范》；二、在前人原有成书的基础上增补而成为更完善的版本，如《曾国藩家训》《吕留良家训》；三、新编家训，择取有重大影响的名家大儒家训类文章选编成书，如《王阳明家训》《王心斋家训》；四、历史上著名的单篇家训另外汇编成一册，名为《历代家训名篇》。考虑到丛书选目中有两种女德方面的名著，特别邀请了广州城市职业学院教授、国学院院长宋婕老师加盟，宋老师同样是中山大学哲学博士出身，学养深厚且长期从事传统文化的教育和弘扬。在丛书编撰的中期，又有从商界急流勇退、投身民间国学教育多年的邵逝夫先生，精研明清家训家风和浙西地方文化的张天杰博士的加盟，张博士及其友朋团队不仅补了《曾国藩家训》的缺，还带来了另外四种明清家训；至此丛书全部13册的内容和编撰者全部落实。丛书不仅顺利获得上海古籍出版社的选题立项，且有幸列入“十三五”国家重点图书出版规划增补项目，并获上海市促进文化创意产业发展财政扶持资金（成果资助类项目—新闻出版）资助。

由于全体编撰者的和合发心，感召到诸多师友的鼎力相助，获致多方善缘的积极促成，“中华家训导读译注丛书”得以顺利出版。

这套丛书只是我们顺应历史要求的一点尝试，编写团队勉力为之，但因为自身修养和能力所限，丛书能够在多大程度上实现当初的设想，于我心有惴惴焉。目前能做到的，只是自尽其心，把编撰和出版当做是自我学习的机会，一面希冀这套书给读者朋友提供一点帮助，能够使更多的人亲近传统文化，一面祈愿借助这个平台，与更多的同道建立联系，切磋交流，为更符合时代要求的贤才和著作的出现，做一颗铺路石。

刘海滨

2019年8月30日，己亥年八月初一

导 读

张履祥（1611—1674），字考夫，号念芝，浙江桐乡人。世居清风乡炉镇杨园村（今桐乡市乌镇杨园村），学者称杨园先生。张履祥是明清之际的大儒，著名的理学家、教育家、农学家。其著作被后人编订为《杨园先生全集》，包括《训子语》《补农书》《备忘录》《近鉴》《言行见闻录》等，共十六种五十四卷。

一

张履祥的祖父名海，号晦庵，心地仁厚，乐于为善，未赴科举却酷好学问，经史传记、医卜杂家无不通晓。父名明俊，号九芝，明万历邑增广生，生性至孝，事亲无违，家中常挂一联："行己率由古道，存心常畏天知。”母沈孺人，旌表节孝。兄名履桢，字正叟，邑庠生。

张履祥自幼聪明好学，五岁，父亲教读《孝经》。七岁，父亲取名为“履祥”，希望以元代大儒金履祥为榜样，入私塾读书，师从余姚孙台衡先生。九岁丧父，哀痛如成人。母亲教导说：“孔子、孟子亦两家无父之子，只因有志向上，便做到大圣大贤。”从此更自勉自爱，发奋读书。十一岁，因家贫，至钱店渡外祖家就读，师从陆时雍（字昭仲）先生。十五岁，到甑山钱氏鹤堂就读，师从诸董威（字叔明）先生，并结交钱寅（字字虎）等友人。同年应童子试，补县学弟子员。十八岁，取妻诸氏，诸董威先生侄女。二十岁，祖父去世；第二年，母亲去世。同年，结交同里颜统（字士凤），二人一同师从傅光曰（号石畲）先生。

崇祯十五年（1642），赴杭州应乡试，与友人一起拜见黄道周于灵隐寺。黄道周以淡泊守志、勿图近名相劝，张履祥感佩铭记，终身服膺。崇祯十七年（1644）二月，与钱寅一起到绍兴拜刘宗周为师，刘宗周教导“从诚敬做工夫”。张履祥取出平时自学所记《愿学记》请教，得到批点后抄录成《问目》一书，回去后以刘宗周的《人谱》《证人社约》等书教导学生。五月，听闻李自成入北京，明朝灭亡，张履祥哀恸欲绝，缟素不食，徒步回家。第二年，清兵入浙，携全家避乱吴兴。此后，张履祥抛弃诸生，绝意科举，息交绝游，隐居乡野，以教书、务农终老一生。

自二十三岁起，张履祥先后在同里及菱湖、苕溪、嘉兴、海盐等处做塾师四十多年，撰有《澉湖塾约》《东庄约语》等著名学规。塾师生涯最为重要的是在同里颜统、海盐何汝霖（字商隐）、崇德（康熙元年改称石门县，今属桐乡市）吕留良（号晚村）三位友人家。在颜统家教授颜家子弟，并与颜统相互砥砺，交友谨慎而不乱赴文社。张履祥与何汝霖也是性命之交，他在何家做塾师时，开始编撰《备忘录》。此书后来成为理学名著，影响深远。又与曹序（字射侯）论水利，开列嘉兴地区水利章程，后为官府所用。康熙八年（1669），因吕留良的再三聘请，到石门县南阳村东庄的讲习堂，除了教授吕家子弟之外，还与吕留良一起选刊二程、朱熹等先儒的遗著数十种。这些“天盖楼”版儒学名著传播很广，推动了程朱理学的发展。

张履祥重视农耕，曾说：“治生当以稼穑为先，能稼穑则无求于人，而廉耻立；知稼穑艰难则不妄取于人，而礼让兴。”每逢农忙，必回乡务农，或箬笠草履，送饭下田；或亲率家人，下地劳作。熟谙农情，于艺谷、栽桑、育蚕、畜牧、种菜、莳药，无不精通。著有《补农书》，以补湖州涟川沈氏《农书》之不足。因其有益于民生日用，刊行后流传于东南各省，成为中国农学史上的一部名著。

二

张履祥是明末清初著名的教育家，《训子语》是其晚年的重要著述。该书倡导以忠信笃敬为本，以立身行己为要，积善与耕读的农士家风；提出了立身四要“爱、敬、勤、俭”，居家四要“亲亲、尊贤、敦本、尚实”，以及“正伦理，笃恩谊，远邪慝，重世业”“以守身为本，继述为大”等等，形成了一个完整的家庭教育理论体系。认真研读此书，可助以理解古人及其教育理念，亦可助以自修以及作为现代家庭教育之参照。

张履祥作为严守儒家道统的理学家，对于学术的传承，家族的延续，自然是重视有加。加上一个重要的客观原因，自己年老而儿子尚幼，担心儿子在自己故去之后得不到足够的教育，使先人之志无法承继，因此撰有《训子语》。这在《训子语·自序》中也作了交代："予少壮生子，不幸俱殇，先人之绪，几于不传。丧乱以后，忧病相寻，虽复举子，已迫衰暮。大惧弗及教诲，使先人志事子孙罔得闻知，则予之重罪益不可赎，至痛益不可解矣。"除此之外，还因为他年幼时就失去了父亲，由祖父、母亲抚养成人。他在《训子语》的结尾写道："今汝诸兄俱殇，汝生已晚，汝弟生益晚，又存亡绝续之际也。所望以继先祖之志者，惟汝稍长，故谆切为汝言。"因此张履祥写下了这一部体现其家庭教育思想并对之后的文化、教育史产生重要影响的家训。

《训子语》作为张履祥的遗作，一开始由他的儿子收藏，后来收录于姚琏编订、何汝霖与凌克贞审订的《杨园先生全集》之中。康熙四十三年（1704），该书由海昌范鲲取去雕版刊行，这是包括《训子语》二卷在内的《杨园先生全集》的第一个刊本。《训子语》刊行之后，得到诸多有识之士的赞许。同是浙江桐乡人的著名藏书家、文学家汪森从范鲲处取得此书，并作了《训子语跋》，也曾将此书加以刊刻。他说："阅之味其持己接物，承前裕后，一切人情事理，觍缕详赡，非独先生之子当遵而不失，即凡为子者，皆可作座右铭也。"他自己就打算将此书作为自己教育子女的训导："今年春，甫举一子，他日就傅时，诵读能上口，便当持先生之书朝夕训迪之。俾之知所趋向，以好修饬行，则先生之嘉惠后学弘矣。”《训子语》的单行本，后来还有光绪九年津河广仁堂刊本、光绪十二年汗青簃刊本、光绪十四年山西解州书院刊本等多种不同的版本。《训子语》又被收入同治江苏书局刊本的《杨园先生全集》，该书现有中华书局2002年出版的陈祖武先生的点校本。

雍正、乾隆时期的理学名臣陈弘谋（1696—1771）整理编辑《五种遗规》，影响后世深远。他采录前人关于养性、修身、治家、为官、处世、教育等方面的著述事迹，分门别类辑为遗规五种：《养正遗规》《教女遗规》《训俗遗规》《从政遗规》和《在官法戒录》，总称《五种遗规》。一直到清末，《五种遗规》还被定为中学堂的修身读本。民国年间，《五种遗规》也被定为官员从政的必读书，可见其影响之广。其中《养正遗规》辑录了张履祥《学规》二则之《澉湖塾约》与《东庄约语》。陈弘谋写了如下按语：“张履祥，学术纯正，践履笃实，伏处衡茅，系怀民物。立论不尚过高，惟以近里着己为主。敦伦理，存心地，亲师友，崇礼让，一篇之中，三致意焉。读其遗集，不能不想慕其人，而叹其未见诸施行也。”其中《训俗遗规》辑录了《训子语》的部分条目。按语说：“人期望其子，莫不在荣名厚禄，至于立身行己，则以为迂，似可不必学者也。岂知立身行己，不可无学。此而不学，虽幸邀荣名厚禄，而处非其据，适足取辱耳。先生以躬行所得，为训子之语，事不越于日用伦常，理惟主于忠信笃敬，实为立身行己之极则，所宜家置一编者也。以限于卷帙，所录止十之三，读而有得，更当考全书而悉之。”《训子语》认为为学根本目的在于“立身、行己”，而不是“荣名、厚禄”，要求人们据此端正学习态度。并列举了许多体现在日用伦常中的“立身行己之极则”的忠、信、笃、敬行为。这种说理、举证与谈自己体会相结合的论说方式，循循善诱，很有说服力，值得后人借鉴学习。

当代学者编撰的各种“家训”类著作之中，大多也收录《训子语》的一些条目，如陆林主编《中华家训》、赵忠心编著《中国家训名篇》、楼含松主编《中国历代家训集成》，等等。徐少锦、陈延斌著《中国家训史》，对《训子语》也有较为全面的研究，其中指出：“从总体看，张履祥的家训在教子以及对子弟在从业的指导上的观点都是非常正确的，特别应该强调指出的是，与以前的家训相比，他关于耕读并重的思想及其实践，都达到了前人所没有达到的高度，从而在传统家训教化史上写下了浓重的一笔，奠定了他在这方面的地位。”

三

《训子语》分上下卷，上卷包括：《祖宗传贻积善二字》，凡六条；《子孙固守农士家风》，凡九条；《立身四要：曰爱，曰敬，曰勤，曰俭》，凡十一条；《居家四要：曰亲亲，曰尊贤，曰敦本，曰尚实》，凡十七条。下卷包括：《正伦理》，凡二十七条；《笃恩谊》，凡十七条；《远邪慝》，凡八条；《重世业》，凡十七条；《承式微之运，当如祁寒之木，坚凝葆固，以候春阳之回。处荣盛之后，当如既华之树，益加栽培，无令本实先拨》，凡八条；《平世以谨礼义、畏法度为难，乱世以保子姓、敦里俗为难。若恭敬、撙节、退让，则无治乱一也》，凡八条；《恂恂笃行是贤子孙，佻薄险巧、侮慢虚夸是不肖子孙》，凡七条；《要以守身为本，继述为大》，凡八条。总计十二篇，共一百四十三条。

张履祥在《训子语》开篇即以“积善”作为所守家风的根本，认为“善”要从小积起，“其始至微，其终至巨”，善则和气应，不善则乖气应。存心厚薄为寿夭祸福之分，宽和之气是天地盛德之气，不可刻急烦细，更不可存有阴恶之心。在“子孙固守农士家风”一节中，张履祥指出了职业与道德的关系：人须有恒业，无恒业则丧其本心，终至丧身。个人有“立身四要”，即爱、敬、勤、俭，以爱敬存心则一切邪恶均不得入，持家以勤俭为主，做人要以孝友睦姻任恤为主。“居家四要”之亲亲、尊贤、敦本、尚实，这些是儒家三纲五常的大体，然而在书中讲得更为朴实，值得遵循敬守。下卷的第一节“正伦理”中，张履祥指出人之所以不同于禽兽，就是因为人类的纲常伦理。要使家道正，就要遵循家庭之“六顺”——父慈、子孝、兄友、弟恭、夫倡、妇随。“笃恩谊”一节重在劝导兄弟叔侄、婚姻亲戚、邻里乡党等之间要相互尊重、相互亲爱，谦以持身、恕以接物、诚敬待人。“远邪慝”主要是告诫子孙不要亲近邪术，交游择友要慎重。“重世业”一节主要告诫子孙，先世遗留下来的祭田、祭器、谱系、影像、图书、手植树木等要敬守弗失。在“承式微之运”一节中，张履祥强调人处贫困、困厄之时不可怨天尤人，不可依赖他人，尤需刻苦自励；遇顺境时也不可志骄气满，要居安思危，常怀栗栗危惧之心。在“平世以谨礼义、畏法度为难”一节，张履祥以为子弟朴钝者不足忧，惟聪慧者可忧。“恂恂笃行是贤子孙”一节则告诫子孙要以忠信谨慎为先，切戒胸襟狭窄、性情急躁、轻视别人，不可只顾眼前利益而忘他日之害。“要以守身为本，继述为大”则是《训子语》的最后一节，强调要守住自身的名节，继承先辈的品德与事业。

概括来说《训子语》的主要内容，及其在现代社会之中还有积极意义、值得继续弘扬的家庭教育理念，主要有以下几个方面。

第一，重视家庭教育，传承家族事业。

在张履祥看来，教育的目的在于顺人心之良善以引导之，实现养正为圣之功，在日常生活中表现为子孝长慈。张履祥在《训子语》中说：“虽有美质，不教胡成？即使至愚，父母之心安可不尽？中等之人，得教则从而上，失教则流而下。子孙贤，子以及子，孙以及孙；子孙弗肖，倾覆立见，可畏已。”教育不仅仅是为了子女自身的德行修养，教育更是传承家族的事业。张履祥有着极强的家族观念，对家族的衰微而深感遗憾。他写道：“子孙何以贤？惟尊礼师傅以修身，继述祖宗以启后，是大节目。”“家之兴替，只宗族辑睦。”他认为儿子读书修身才能给九泉之下的自己以安慰。古语说：“道德传家，十代以上；耕读传家次之；诗书传家又次之；富贵传家，不过三代。”张履祥重视耕田传家，勤力耕种祖先遗留下来的田地，也重视读书传家，对丧葬及祖屋的要求都以遵循义理为要务，这正是对“道德传家”的倡导。这一“重世业”和“道德传家”的家庭教育思想对我们在现代社会中如何教育子孙，如何让子孙守业、创业都有极强的启发和借鉴作用。“富不过三代”，不一定是子孙的过错，而极有可能是长辈对晚辈培养观念及教子实践的过失。

第二，修养德行为先，成就人生价值。

在张履祥看来，读书不是为了追求富贵，也不是教子竞趋功利，“攻浮文以资进取”，而是为了砥砺德行，达到修身齐家治国平天下的目的。教子读书也是教育子弟自幼勤读“圣贤之书”，修养德行。先做人，具备了忠心、诚信、践行、敬重的品德，然后才能成就一番事业。人生的幸福是追求尊重的需要和自我实现的需要。而人品高尚是实现这些需要的基础，张履祥说：“以忠信为心，出言行事，内不欺己，外不欺人，久而家庭信之，乡国渐信之，甚至蛮貊且敬服之。”张履祥提出了立身四要——“爱、敬、勤、俭”与居家四要——“亲亲、尊贤、敦本、尚实”。以一颗忠诚信实的心说话做事，家里人会信任他，一乡的人，继而一国的人都会信任他，甚至边远落后的少数民族部落的人也会崇敬信服他。这种尊重来自德行的感召力，从而让人感受到自己的人生价值。

第三，倡导耕读相兼，以劳动促德育。

张履祥说：“近世以耕为耻，只缘制科文艺取士，故竞趋浮末，遂至耻非所耻耳……耕则无游惰之患，无饥寒之忧，无外慕失足之虞，无骄侈黠诈之习。”在以农业为主的传统社会里，士、农、工、商四民的分工是明显的，互不相兼。为农的百姓，不识一字，不明义理；为士子的读书人，流为学究，耻学农耕稼穑之事。针对这种观念，张履祥提出：“虽肄诗书，不可不令知稼穑之事；虽秉耒耜，不可不令知诗书之义。”耕种和读书应该结合起来，“治生”与“修生”也要相结合。因此，张履祥在家庭教育中，既重视知识的传授，又重视稼穑方法的教育。他说：“子孙苟能耕田读书，识义理，免饥寒，使家风不替，可谓善述矣。”他要求“子孙固守农士家风”：“人须有恒业。无恒业之人，始于丧其本心，终至丧其身。然择术不可不慎，除耕读二事，无一可为者……然耕与读又不可偏废，读而废耕，饥寒交至；耕而废读，礼义遂亡。”读书和耕种是人应该坚守的恒业，因为它们能帮助我们解决生存问题并继而懂得礼仪道义，涵养自身德行。当然，张履祥作为清初一个抗志不出仕的前朝遗民，怎样谋生也成了他人生的一个难题，除了迫不得已地处馆教书，还向往陶渊明式的田园生活。这不是诗意的追求，而是“治生”的需要，也是“修生”的需要，更是教育子弟的需要。他说：“知诗书滋味，乃免于臭；知稼穑艰难，乃免于硬；知名节堤防，乃免于滑。”读书和稼穑是为了修养更健全的人格。张履祥说：“贫贱忧戚，玉汝于成，惟修德可以逭灾，恐惧可以致福。通计天下之人，苦多于乐。人之一生，亦当使苦多于乐。只看果实，未来甘者，先必苦涩酸辛，其淡者已绝少矣……人当困厄之日，不可怨天尤人，当思动心忍性，生于忧患之意。”子弟经受了磨难，才能促进自我的成长与道德的完善。为了子孙后代的长远考虑，不要过于看重家族物质财富的积累，而要特别看重子孙能否懂得道义。

“耕读传家”思想源远流长，是儒家伦理思想的重要组成部分。这是一种以劝导人们勤于耕种和学会做人为主要内容的家庭建设和社会风气建设的思想，具有深刻的伦理文化意蕴。耕田可以事稼穑，丰五谷，养家糊口，是生存之本。读书可以知诗书，达礼义，修身养性，是教化之路。现代社会分工更细，古代意义上的“耕读相兼”已不现实，但其中不死读书，通过参与劳动来了解自然、实践知识、锻炼身体、磨练意志、开阔视野、健全人格的思想，仍有积极的借鉴意义。我们已经走出农耕时代，正在加速实现现代化，但农耕文化与乡土教育在现代化背景下如何焕发新的生机，仍然值得思考，比如让留守儿童不再守着荒芜的田园，让农民背井离乡成为打工者不只为改善家庭的经济条件。仔细审视传统的耕读文化的兴衰，我们可从中发掘出积极的现代意义。“耕读传家”所包含的以勤劳俭朴、知书达理、和谐共济为主要内容的具有普遍价值与意义的伦理文化，可以扩展到以“工读传家”“商读传家”等作为主要途径的传家方式。

第四，注重教育方法，培育优秀子女。

说到教育的具体方法，张履祥有许多观点，其中特别重要的则有四个方面。其一，重视提高教育者自身素质。父母是子女最早的教育者，父母自身的素质，在言传身教中对子女的成长有极大影响。张履祥认为，父母提高自身素质是教育好子女的前提，是家庭教育成功的保障。他说：“人各欲善其子，而不知自修，惑矣!”又说：“修身为急，教子孙为最重，然未有不能修身而能教其子孙者也。”父母一方面要提高自己在道德思想、文化知识方面的修养，另一方面还要运用正确的教育方法。没有不能教的孩子，只有不会教的父母！在现代社会有太多的父母，子女不听话就责怪子女，而不考虑自己是否理解子女，自己运用的教育方法是否得当。家庭教育的首要问题，是家长进行自我教育并营造良好的家庭环境。

其二，对于立志的强调，也是张履祥教育思想的一个重要特点。父母的慈爱最重要的体现是善于教育，讲求教育的方式方法，而子弟的孝顺最重要的表现是能继承父辈的志向。张履祥说：“父慈以善教为大，子孝以承志为大。”教育以立志为先，只有立下了志向，才有为之拼搏奋斗的动力。张履祥认为，任何有所作为者，必在幼时即已接受良好的教育，自幼便有奋发向上之志。他还说：“凡人小有成就，幼稚之日必见奋起之志。若举动无恒，苟且颓惰，即将来无一济矣。”如果一个人做事没有恒心，马马虎虎，颓废懒惰，将来就会一事无成。据一项调查表明：有27%的人没有目标，60%的人目标模糊，10%的人有清晰但较短期的目标，只有 3%的人有清晰而长远的目标。25 年后，3%的人几乎都成为各界成功人士，10%的人大都生活在社会中上层，60%的人都生活在社会中下层，剩下 27%的人在抱怨着他人和社会也讨厌着自己。现代的教育理念印证了张履祥关于立志教育的重要性的论断，他以睿智的格言语重心长地提醒着家长。

其三，张履祥认为，严教才能让子孙成为贤者，过于溺爱则会导致子弟不肖。他说：“子弟童稚之年，父母、师傅严者，异日多贤；宽者，多至不肖。其严者，岂必事事皆当？宽者，岂必事事皆非？然贤不肖之分恒于此。严则督责笞挞之下，有以柔服其血气，收束其身心，诸凡举动，知所顾忌而不敢肆；宽则姑息放纵，长傲恣情，百端过恶，皆从此生也。观此，则家长执家法以御群众，严君之职不可一日虚矣。”他反对父母溺爱子弟，认为溺爱只会使孩子是非不明，沦为不肖之徒。这样的孩子长大后，不仅会败坏“家声”，甚至可能“陷于刑戮”，故父母应“勿以幼儿而宽之”。当然张履祥认为，虽然必须自幼就实施严格的教育，但是在家庭教育的实施过程中，严厉并非事事正确，宽容亦不是事事都错，而是说总体而言应该严厉。严厉是对子弟成为期望中的人才的高标准要求。《战国策·触龙说赵太后》：“父母之爱子，则为之计长远。”这就需要父母督促孩子从小就养成良好的习惯。现代教育家叶圣陶先生指出：“教育是什么，往简单方面说，只须一句话，就是要养成良好的习惯。”心理学家威廉·詹姆士有段名言：“播下一个行动，收获一种习惯；播下一种习惯，收获一种性格；播下一种性格，收获一种命运。”一种良好的习惯，在开始养成阶段少不了严格，一旦养成，就会终身受用。

其四，教育的成败，还在于一生的师友选择，看其是否能以贤者为师友。人容易受到环境的影响，因此在读书过程中如何选择书籍、选择老师、选择朋友事关一个人的德业成就。朋友之间的交往，是因为“道义”而在一起，交往长久，成为世交旧友，才能相互依靠，祸福共担。张履祥重视教育中的环境熏陶，在选择老师方面认为，经师易得，人师难求。他说：“师必择其刚毅正直、老成有德业者，事之终身。”据《示儿》所书，他为自己的孩子选择了“嘉兴屠先生、海盐何先生、同县邱先生、乌程凌先生”等几位德业高尚的人师。在选择书籍方面，他在《训子语》中明示：“读圣贤之书，亲仁义之士，则德可以进，业可以修，其益无穷。”要有良师益友帮助自己成长，就必须善于知人辨人。只有知人，才能亲贤人远小人，从而安身保家。张履祥列举了二十多种“贤人”与

"不肖"的特征，对贤与不肖之人做了具体而细微的辨析，如"贤者必刚直，不肖者必柔佞；贤者必平正，不肖者必偏僻；贤者必虚公，不肖必私系；贤者必谦恭，不肖必骄慢；贤者必敬慎，不肖必恣肆；贤者必让，不肖必争；贤者必开诚，不肖必险诈；贤者必特立，不肖必附和；贤者必持重，不肖必轻捷；贤者必乐成，不肖必喜败；贤者必韬晦，不肖必裱褛；贤者必宽厚慈良，不肖必苛刻残忍……"这些论述具有真知灼见，在现代仍是评判品德高低优劣的标准，在选择朋友时仍具有借鉴价值。

《训子语》语言凝练，情意真切，教导子弟时，也是循循善诱，推心置腹。语气如师友般语重心长，像几个人围炉夜话，听智者娓娓道出琐碎生活中做人的道理，令人自觉地升华为对生活的智慧抉择和对生命的自足自信。张履祥以儒家的伦理规范来教育子弟，包含的内容很全面，在最后他再次强调其家庭教育思想的宗旨："大要是正伦理，笃恩谊，远邪慝，重世业。而以守身为本，继述为大。"这种教育思想，是一个乡村教育家和一位在艰难处境中寻求修身养性之道的儒者，在社会发生重大变故的过程中，站在现实的角度对儒家克己复礼精神或理学格物思想在生活中的具体化。他的有些教育方法与实践可能因为时代的限制而存在着一定的片面性，但是，其中提出的许多问题和建议仍然值得我们进一步思考和借鉴。应该说，《训子语》给后人留下了一笔丰厚的教育思想遗产。

学校教育的发达，科学的昌明，知识经验获得的多渠道等因素，使传统家训在现代社会渐渐被人淡忘。但只要家庭生活存在，伦理规范仍然需要家庭作为首要的中介来传播。这就需要家长开发教育的智慧，将传统伦理道德的精华与时代精神相结合，让孩子树立正确的人生观、价值观。我们可以结合个人家庭的实际和时代的新要求，因时因人制宜地改编出适合自己家庭的《家规》或《家训》，而张履祥的《训子语》将会是建设良好家风的一个重要参考。

四

除了组成本书第一部分的《训子语》一书，张履祥也在与友人或弟子的书信之中，经常谈论如何教育子弟、如何读书等问题，其中特别著名的有《答颜孝嘉论学十二则》《与何商隐论教子弟书》，这两通书信的名字是后来被收入《清经世文编》以及各种文选、方志时编者所取。在前者之中，张履祥从为学始于立志、以圣贤为师、为有用之人、知劳、明理、择善、修己、择友、惜阴、慎习、学理义、行孝道等十二个方面提出为学与立身之道，后者则重点指出如何以敬畏、诚实来根治子弟们的傲气与浮气。张履祥写给长子张维恭（1657—？）的书信《示儿》两篇，可与《训子语》一书参看，也可与《先考事略》《先世遗事》这两篇记述先人事迹的文章结合起来。张履祥结合自己的幼年经历来教育儿子“有志向上”“耕田读书，承先启后”，知道生存的艰辛，知道如何选择师友、如何做到忠信笃敬。而在《先考事略》《先世遗事》等文章当中可以看出张履祥的一片纯孝之情，如其中感叹：“今日欲得一杖之加，其可得乎？痛哉，痛哉！”父母对他的教诲，他终身不忘，为了教导后人故而详细记录。

张履祥论教育的代表作还有《澉湖塾约》与《东庄约语》这两种著名的学规，正如陈弘谋所说，其中指点了“彻上彻下工夫”：在对学子每日的读书与言行提出严格的要求的同时，切切强调不可辜负“七尺”“父兄”“师友”，也就是他说的“吾人生于天地之间，当为可有不可无之人”，学子的“为业”与“修德”必须结合起来。至于具体规则，如学者的通病——五闲：“闲思虑，闲言语，闲出入，闲涉猎及接闲人与闲事”；为学“功夫须是绵密，日积月累，久自有益”，以及“尤忌等待，眼前一刻，即百年中一刻”，等等，至今仍可作为座右铭。张履祥不写应酬文章，但对于友人恳请的书斋题记之类的文章，却从不拒绝。在《全集》中有《困勉斋记》《始学斋记》等多篇，如《困勉斋记》以农事比喻一个人的修身过程，很有意思。还有一篇《自箴》，选择以“自”相组合的一百个词，围绕自我修养提出了一百条劝诫；《辛丑元旦春联》则是寓教育于祝愿之中的极佳对联；还有《补农书》的《总论》也多有与家庭教育相关的论述。上述两类与《训子语》相关的文章，作为“补编”。除此以外，另附严辰与本书译注者所作的传记，以便“读其书”而“知其人”。

本书以同治江苏书局版《杨园先生全集》为底本进行点校、分章、编号，参校了康熙四十三年（1704）海昌范鲲主持刊刻的《训子语》二卷本。因体例限制，原《训子语》分卷标示予以删除。此外，点校参考了陈祖武先生点校的《杨园先生全集》（中华书局2002年版）；注释、翻译参考了张天杰、徐金松等选注的《张履祥诗文选注》（浙江古籍出版社2014年版），张天杰、郁震宏著《张履祥传》（浙江人民出版社2016年版），张天杰著《张履祥与清初学术》（浙江古籍出版社 2011 年版）等。

译注，主要分为三部分。“今译”，将文言的原文翻译成为白话文，以紧扣原文为原则，译文的字句在原文中都能找到依据，而原文的意思则在译文中都能得到落实。也有少数有助于理解原意的补充信息，一般用括号来作标示。“简注”，因为另有“译”，故本书的注释较为简明扼要，主要针对生僻的字词标了汉语拼音，并作了解释；文中涉及的人名、地名、书名，以及引用的古书原文、典故、术语等，作了简要的介绍，信使、仆人等一般不作注；人物第一次出现，予以详注，再次出现则简注或不注。“实践要点”，不方便在“注”或“译”中加以讲解的，诸如本则家训所包含的要点的概括，所隐含的道理在实践上的古今异同，以及在认识上的误区等，作一些必要的说明。

本书的导读，由张天杰、余荣军合作完成；《训子语》部分，由余荣军负责译注并撰写实践要点等；补编部分，由张天杰负责译注并撰写实践要点等，张天杰还负责全书的统稿等工作。本书一定还存在诸多的不足之处，恳请专家、读者批评指正！

本书的编撰，还得到了桐乡市委宣传部、桐乡市文联，以及乌镇镇人民政府的大力支持，在此特表谢忱！

张天杰　余荣军

2020 年 10 月于梧桐之乡

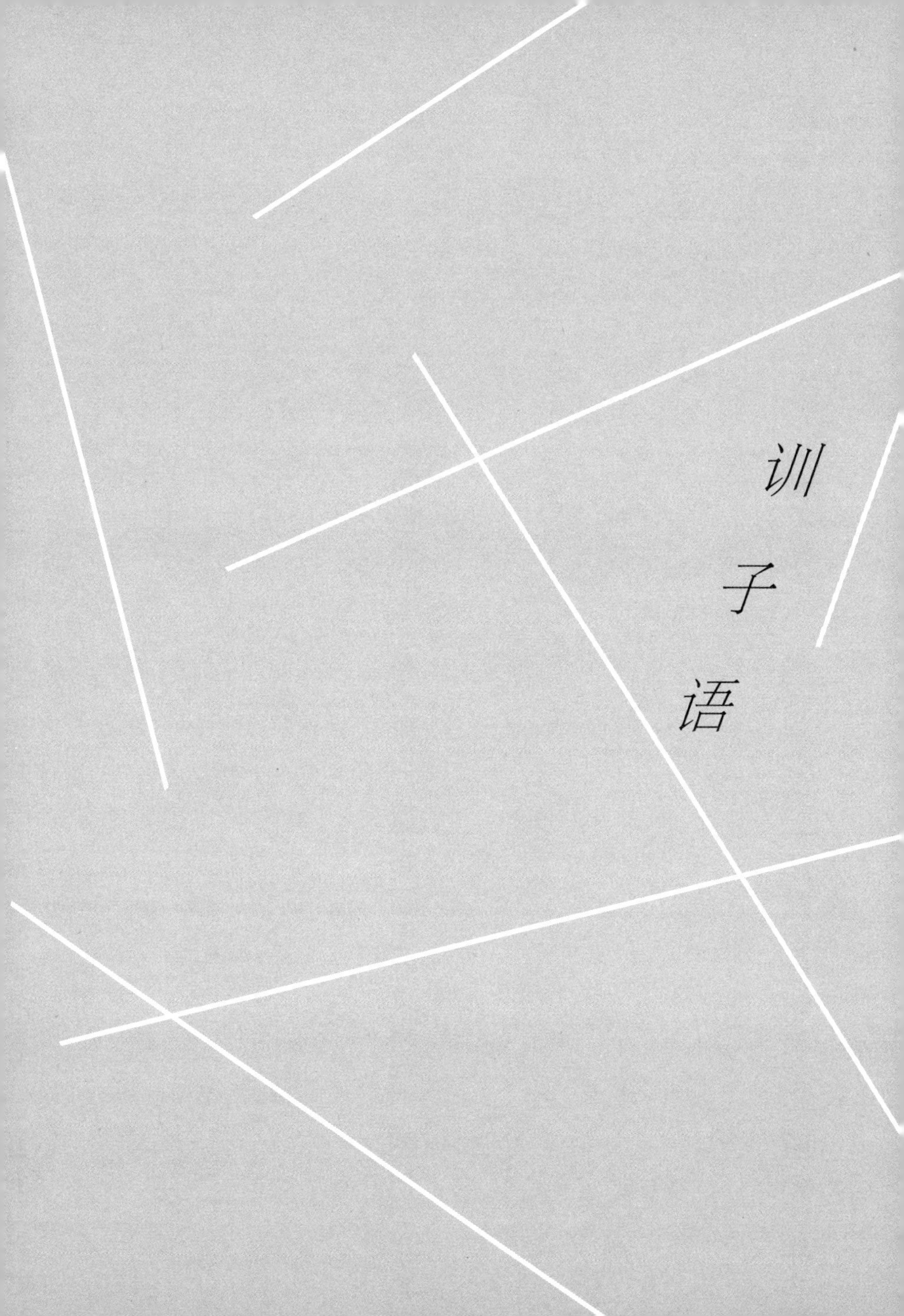

训子语

训子语自序

予少壮生子，不幸俱殇[①]，先人之绪[②]，几于不传。丧乱以后，忧病相寻[③]，虽复举子，已迫衰暮。大惧弗及教诲，使先人志事子孙罔得闻知，则予之重罪益不可赎，至痛益不可解矣。因于课读之暇，笔述数条，以示维恭，其敬识之。《诗》曰："无念尔祖，聿修厥德。"[④]又曰："夙兴夜寐，无忝尔所生。"[⑤]汝父念兹在兹，五十有余年矣，言尽于此，意犹不尽于此。呜呼！可不慎乎？乙巳孟秋，书于海盐何氏之遗安堂[⑥]。

今译

我少壮之时生的儿子，不幸都夭折了，祖宗留下的事业，几乎无法传承。时局动乱以后，忧患疾病接连不断，虽然又生育了儿子，但我已经逼近迟暮之年。特别担心来不及教诲子女，使先人的志向与事业不能被子孙们知晓，那么我的重大罪业不能弥补，我的最大痛苦也就不能解除了。于是在教学的闲暇，用笔来记述几条训语，给我的儿子张维恭，希望他能谨记。《诗经》上说："怎能不去思念祖先，学习他们的德行。"又说："早起晚睡，不要有愧于生你养你的父母。"你的父亲念念不忘这件事，已经有五十多年了，要说的话都在这里，但是心意还不全在这里。唉！怎能不小心谨慎呢？乙巳年孟秋，写于海盐何汝霖家的学馆遗安堂。

简注

① 殇（shāng）：未成年而死。

② 绪：前人未完成的事业、功业。

③ 相寻：相继，接连不断。

④ 语出《诗经·大雅·文王》，此诗歌颂周文王姬昌。聿（yù）：文言助词，无义，用于句首或句中。厥（jué）：其，他。

⑤ 语出《诗经·小雅·小宛》。夙：早。兴：起来。寐：睡。忝（tiǎn）：辱，有愧于，常用作谦辞。所生：生育你的人、父母。

⑥ 乙巳：即康熙四年（1665）。遗安堂：海盐半逻作者友人何汝霖家的学馆，当时作者在此处教书。

实践要点

古人特别重视家族的延续，对子嗣问题特别看重。张履祥的妻子诸氏生有几子都夭折了，侄儿在十多岁的时候也夭折了，这些对他影响很大。长子张维恭出生时张履祥已经四十七岁，所谓衰暮之年生子，最担心的就是来不及加以教诲，因此而撰写《训子语》。此序作于康熙四年，是张履祥开始撰写《训子语》之时。

值得注意的是，对于教育好自己的孩子，要有责任感、使命感和紧迫感。宋代的程颐说："人生之乐，无如读书；至要，无如教子。"明代的方孝孺说："爱子而不教，犹为不爱也；教而不以善，犹为不教也。"家长是影响孩子成长最重要的人，作为家长一定要发挥好时空优势和情感优势，为孩子的成长营造良好的环境。

七月中旬作也。下旬疾作，月余方间，又二十日而愈，幸也。若遂病不起，竟为绝笔矣！为抚卷歔欷[①]者久之。重阳后十日又书。

今译

七月中旬写下这些。七月下旬，疾病发作，隔了一个多月才好点，又病了二十天总算痊愈了，真是幸运！如果就这样一病不起，这就成了绝笔了！抚摩着这卷书，唏嘘了很久。重阳节之后十日又补写。

简注

① 歔欷（xūxī）：哀叹抽泣。

实践要点

张履祥的补记，其实是再次强调，人生在世，总有许多不确定的因素，故而作为家长，一定要及时教育孩子，不可等待所谓的将来。家长还要不断地提升自身素质，时刻学习各种教育方法和信息，思考如何才能成为合格的家长。

衔恤鸣序

衔恤[1]者何？予幼而孤蹇[2]，长更丧乱，入也无归，出也无归，盖终其身衔恤之人也。癸巳冬病，自分沟壑[3]已矣。明年春，得起，其夏，兄子又丧。先人之绪，殆茫茫欲坠。后三年，而长子生，又越八年，而次子生。于是似续之心复切，式毂之望[4]不得不深。予乃年逾六九[5]矣，因以昔之所闻笔授厥长，将以继述之重，责之望之。

| 今译 |

为什么要心怀忧伤呢？我幼年之时就陷于孤独和困顿，长大后又经历了时局的动乱，在家没有安心的地方，外出也没有安心的地方，大概一生都是个心怀忧伤的人。癸巳（1653）那年的冬天生了一场大病，自以为将要死了。第二年春天，方才病愈起床；到了夏天，兄长的儿子却又夭折了。祖先留下的家业，大概就要茫茫然坠落不传了。三年以后，我的大儿子出生；又过了八年，我的第二个儿子出生。于是似乎还能继续家业的心愿又急迫起来，所以教育儿子向善成长的期望不能不深远。我已经过54岁了，因此将我过去听说的道理，用笔记下来传授给儿子，以传承发展家业的重任要求他，期望他。

简注

① 衔恤：含哀，心怀忧伤。《诗·小雅·蓼莪》："无父何怙？无母何恃？出则衔恤，入则靡至。"

② 孤蹇（jiǎn）：孤独而困顿。

③ 沟壑：即死亡，语出《孟子·梁惠王下》："凶年饥岁，君之民，老弱转乎沟壑，壮者散而之四方者，几千人矣。"

④ 式穀之望：教育儿子向善成长的期望。穀，善。语出《诗经·小雅·小宛》："螟蛉有子，蜾蠃负之。教诲尔子，式穀似之。"

⑤ 六九：即五十四岁，《训子语》作于康熙四年，作者当年虚岁五十五。

实践要点

作者九岁丧父，成为孤儿；明崇祯十七年甲申，三十四岁时遭遇明亡清兴的易代之乱；顺治十年癸巳，四十三岁时又得了几死的大病，这些都使其心怀忧伤。他的妻子诸氏生有几子都夭折了，只有三个女儿长大嫁人；作者的侄儿在十多岁的时候也夭折了。四十岁时作者为了家族的延续而纳妾朱氏，长子张维恭出生时他已四十七岁，次子张与敬出生时生时他五十二岁。《训子语》寄托着年暮之父对于儿子承继家业的殷殷期望。此书又名《衔恤鸣》，此序作于康熙十一年壬子，作者时年六十二岁。三国时诸葛亮临终前写给他儿子诸葛瞻的《诫子书》，其中的殷切教诲与期望，成为后世家训的名篇，“非澹泊无以明志，非宁静无以致远”等千古名句泽被后人。张履祥的《训子语》，其用意也是一样的。

鸣者何？曾子曰：“鸟之将死，其鸣也哀。”①衰疾之人，恻怛在心，靡从语语，托诸楮墨②，用传厥声。俾子若孙，永鉴勿谖③。求为可继，则余之责也夫。

今译

为什么要鸣叫呢？曾子说：“鸟将要死去时，它的叫声是悲哀的。”衰老患病的人，悲伤怜悯都在心里，却无从说起，所以托付于文字，用以留存他的心声。希望子孙们，长久鉴戒而不忘。谋求家业的传承，就是我的责任呀！

简注

① 语出《论语·泰伯》：“鸟之将死，其鸣也哀；人之将死，其言也善。”

② 楮墨：纸与墨，借指诗文。

③ 谖（xuān）：忘记。

实践要点

父母的伟大在于无私，总想着把自己一生最为宝贵的东西留给孩子。最宝贵的东西是什么？不是金钱，不是房产。物质只能满足一时之需，若是因此养成孩子的惰性，则反成了坏事。父母能留给孩子的应该是其一生的经验教训，待人处世的人生智慧。张履祥因为担心自己不能言传身教，而将对孩子的告诫写成文字，这个办法值得学习。现代的父母，也应当随时总结，随时写下家教文字，留下宝贵的精神财富。

启诸同志先生暨伯兄

前年草稿方就，继以疾作，不及誊写。内禀正于伯兄，外求定于诸先生，未敢辄示稚子[①]。兹于疾疢[②]之余，心火易炽，弗克展读旧书，因之徐录成帙[③]，用尘明鉴，伏望别其可否，指其得失。兼复冗者汰之，漏者益之，庶乎乖谬减少，可以传示将来。亦使蒙幼无知，重以严师、伯父之命，乃勉率从已尔。丁未仲夏之望[④]，履祥敬启。

今译

前年把《训子语》的草稿刚写好，疾病就发作了，故来不及誊写。在内则向我的兄长禀明求正，在外则向诸先生请求改定，还不敢立刻出示于孩子。现在生病之后，心火容易激发，不能打开旧书来读，故趁此机会将《训子语》旧稿慢慢抄录成册，请教诸位，恭敬地盼望诸位同志之友，辨别《训子语》是否可行，指出其中的得与失。另外还要将繁琐的地方淘汰一些，将缺漏的地方增补一些，差不多就能使得错处减少，方可留传给子孙。也使我家那蒙昧、年幼无知的孩子，重视严师和伯父的命令，从而勉励遵从吧。丁未年仲夏，五月十五日，张履祥敬请收信人开启。

简注

① 稚子：幼子，小孩。

② 疾疢（chèn）：泛指疾病。

③ 帙（zhì）：书，书的卷册、卷次。

④ 丁未：即康熙六年（1667）。望：月圆，农历每月十五日。仲夏之望，农历五月十五日。

实践要点

《训子语》初稿写于康熙四年，作者曾请其兄长张履祯与其早年的老师诸董威审定。到了康熙六年，再次修订、誊写，又请诸位同志之友帮助审定。在此书信之中，作者诚恳希望友人能够指出其中的得失，除去重复、冗长者，补充遗漏者。

在现实生活中，孩子会把父母的谆谆告诫当成啰嗦，张履祥也因此而希望孩子能够理解父母的良苦用心。有个故事：一个年轻人在大山里迷路了，突然夜空中传来一个声音：“年轻人，地上有石子，捡几颗，天亮会有用的！”这个声音不厌其烦地响起。年轻人将信将疑，心不在焉地弯腰捡了几颗石子攥在手心，渐渐走出了大山。天亮了，年轻人放开手心，看到自己攥着的竟然是闪闪发光的金子。此时他后悔了，早知道如此就该多捡些呀！年轻的时候，多听点长者的智慧之言，就能少走些弯路。

祖宗传贻积善二字凡六条

（一）洪武[①]御制："江南风土薄，只愿子孙贤。"此赐义门郑氏[②]语也。子孙何以贤？惟尊礼师傅以修身，继述祖宗以启后，是大节目。吾家数世以来，未尝显盛，只有"积善"二字，家门守之，乡里亦信之。此风可长，不可失也。

今译

明洪武皇帝的御制对联说："江南风土薄，只愿子孙贤。"这是赏赐给浙江浦江郑氏的对联语。子孙凭什么贤能？只有尊敬老师、礼待老师从而修身，继承遵循祖宗的遗志从而为后人开辟道路，才是关键之处。我们家几代以来，不曾显赫隆盛，只有"积善"两个字，家族中人一直都遵守着，同乡中人也信奉着。这种风气只可以助长，不可以失去呀！

简注

① 洪武（1368—1398）：明太祖朱元璋的年号。明太祖给郑氏赐联原作："江南风土薄，惟愿子孙贤。"

② 义门郑氏：指浙江浦江郑氏，以孝义治家名冠天下。自南宋至明代，合食义居十五世计三百多年，历代屡受旌表。明太祖朱元璋赐称"江南第一家"，人称"郑义门"。

实践要点

张履祥与吕留良等明清之际的思想家一样，都非常欣赏郑义门，因为能够世代合族而居，这是古代世家大族的共同向往。故而此条强调"尊礼师傅"与"继述祖宗"，个人的修身与家族的承先启后，自然都是从"积善"开始。

（二）《易》曰："积善之家，必有余庆。积不善之家，必有余殃。"[①] 又曰："善不积不足以成名，恶不积不足以灭身。"人之为善，修其孝弟[②] 忠信，只是理所当为。其不为不善，亦由此心之良不敢自丧，以沦入禽兽，非欲徼[③] 福庆于天也。然论其常理，吉凶祸福，恒亦由之。积之之势，不可不畏也。涓涓之流，积为江河；星星之灼，燎于原野。其始至微，其终至巨。父子兄弟，心术念虑之微[④]，夫妻子母幽室墙阴[⑤]之际，勿谓不足动天地感鬼神也。天地鬼神不在乎他，在吾身心而已。善则和气应，不善则乖气应，轻重迟速，等于桴鼓[⑥]，人自弗觉耳。古称："明德馨闻，秽德腥闻。"总非朝夕之故，是在辨之于早。

今译

《周易》里说："修善积德的家庭，必然有更多的吉庆。作恶坏德的家庭，必定遭受更多的祸殃。"又说："不能坚持不懈地做大量有益于人的事，就不能成为一个名声卓著的人；而一个落得身败名裂、自我毁灭的人，是他长期干坏事的结果。"人做好事，对孝、悌、忠、信的理念认真学习并付诸行动，这是按道理应当做的事情。人之所以不做坏事，也是因为不敢丧失自己的良心，以至于沦为禽兽，并不是想向上天求取福庆。然而按照通常的道理，吉凶祸福，也总是由心而起。其累积之势，不可不敬畏啊。细微而缓慢的流水，慢慢积蓄成江河；星星点点的火光，终于在原野上蔓延。它开始很细微，最终却特别巨大。父子兄弟，一念之间，夫妻子母在私人自处的地方，不能说不足以感动天地鬼神啊。天地鬼神不在其他地方，就在我的身心而已。善良，那么和谐之气就会相呼应；不善良，则乖戾之气就会相呼应。呼应轻重慢快，就像桴鼓之应一样，人自己感觉不到而已。古人说："德性完美者声名美好，德行邪恶者臭名远扬。"总不是一朝一夕的缘故，而在于一开始就要明察。

简注

① 余庆：前代人留下的恩泽。余殃：前代人留下的灾祸。语出《周易·坤卦·文言》。

② 弟：通"悌"，友爱兄长。

③ 徼：求取。

④ 心术念虑之微：指一念之间。

⑤ 幽室墙阴：深闺卧房，代指阴暗的、私人自处的地方。

⑥ 桴鼓：桴，鼓槌。这是"桴鼓之应"的省文。

实践要点

张履祥说，就常理而言，则"吉凶祸福，恒亦由之"，但还是强调"积"字。无论为善为恶，积累得多了久了，便会影响深远，不只是影响自己的一生，还会影响整个家族的世世代代，所以《周易》里才会说："积善之家，必有余庆。积不善之家，必有余殃。"至于和气、乖气，也即为善为恶的一种气息、气象，细细琢磨总是有的，因为天理、良知自然影响着人的一言一行，所以不可不慎。

（三）唐[①]、虞[②]教人以“五典”[③]，曰：“父子有亲，君臣有义，夫妇有别，长幼有序，朋友有信。”成周[④]教人以“六行”[⑤]，曰：“孝、友、睦、姻、任、恤。”人之善道备举矣。至洪武间，所颁《乡约》六言，曰：“孝顺父母，尊敬长上，和睦乡里，教训子孙，各安生理，毋作非为。”则又贤愚共晓，若能恪遵此训，即知为善之路。孔子所谓“正鹄”[⑥]，孟子所谓“安宅正路”[⑦]，无逾是。

今译

尧舜用“五典”（五常）教导人民，说：“父子之间要有亲情，君臣之间要有礼义，夫妇之间要有区别，长幼之间要有次序，朋友之间要讲诚信。”周公用“六行”教导人民，说：“对父母孝顺，对朋友友好，能邻里和睦，对妻子以礼相待，对社会有责任感，体恤老百姓。”人们从善的道理都详细地列举了。到明朝洪武时期，颁发的《乡约》有六句话，说：“孝顺父母，尊敬长辈上级，与同村的人和睦相处，教育训练好子孙，各自安心从事自己的职业，不要做不该做的事情。”那么贤能的人和愚昧的人就都能知晓，如果大家能够恭谨遵守这些训语，也就知道了做善事的方法。孔子所说的正确的目标，孟子所说的行仁义的正路，并没有超出这些道理之外。

简注

①唐：即陶唐氏，传说中远古部落名，居于平阳（今山西临汾），尧是这个部落的首领。

②虞：即有虞氏，传说中远古部落名，居于蒲阪（今山西永济市西蒲州镇），舜是这个部落的首领。

③五典："五常"的一种说法，指五种行为规则，语出《尚书·泰誓下》。

④成周：指西周。

⑤六行：西周大司徒教民的六项行为标准，《周礼·地官·大司徒》："六行：孝、友、睦、姻、任、恤。"

⑥正鹄（gǔ）：正、鹄，均指箭靶子。画在布上的叫正，画在皮上的叫鹄。箭靶的中心，后引申为正确的目标。语出《礼记·射义》"发而不失正鹄者，其唯贤者乎？"

⑦安宅正路：比喻仁义。指以仁居心，以义行事。《孟子·离娄上》："仁，人之安宅也；义，人之正路也。旷安宅而弗居，舍正路而不由，哀哉！"

实践要点

此条详细列出"五典""六行"以及洪武时期颁布的《乡约》六条等训语，教导子孙如何注意人伦关系，如何与人相处方才是善，方才是行仁义之路。

（四）《书》曰：“惟民生厚，因物有迁。”[1]概观世运[2]，厚则治，薄则乱。其在于家，祖宗以厚德启其后昆[3]，则浸昌浸炽[4]；子孙削薄其德，丧败随及。古今不易之道也。盖土薄则易崩，器薄则易坏，酒醴厚则能久藏，布帛厚则堪久服。存心厚薄，固寿夭祸福之分也。虽然，有本有末，厚于本，靡有不厚，本之薄，靡有不薄。不亲其亲，不长其长，而谓于他人厚者，未之闻也。《中庸》言：“君子之所不可及者，其惟人之所不见。”[5]厚之与否，要当察于用心之际。

今译

《尚书》上说：“天生之民本性宽厚，但因世俗中所见所做之事物的引诱，秉性也随之改变。”大略地观察世间治乱，百姓本性宽厚则天下安定，百姓本性刻薄则天下就会动乱不安。这个道理体现在家庭中就是：祖宗用深厚的恩德启发教育子孙，那么家族就会渐渐昌盛发达；子孙减损祖宗的德行，家族的破落随后就到了。这是从古到今不变的道理。土层薄了就容易崩坍，器壁薄了就容易被损坏，酒味醇厚则能保存长久，布帛厚实才能穿得久。心怀念头的宽厚与刻薄，本来就是长寿与短寿、享福与遭祸区分的依据。虽然如此，但是有根本有末节，根本宽厚，没有不宽厚的；根本刻薄，没有不刻薄的。不能亲近自己的父母，不能尊敬自己的长辈，却说对其他人宽厚，从来没有听说过这种情况。《中庸》说："君子让人赶不上的德行，正是那些别人看不到的地方。"为人处世是否敦厚，关键应当明察他的想法心思。

简注

① 语出《尚书·君陈》。

② 世运：世间盛衰治乱的气运。

③ 后昆：后裔、子孙。左思《吴都赋》："虞、魏之昆，顾、陆之裔。"

④ 浸昌浸炽：渐渐昌盛发达。浸，渐渐。《易·遯》："浸而长也。"孔颖达疏："浸者，渐进之名。"

⑤ 语出《中庸》第三十三章。

实践要点

"存心厚薄，固寿夭祸福之分也"，也即做人要讲求其本心，为人到底是宽厚，还是刻薄，关系到一个人，乃至一个家族的长寿或短寿、享福或遭祸。年少之人，容易自以为是，容易意气用事，不注意到他人的感受和利益，所以必须时时处处注意警醒自己，要宽容、厚道，共同进步、共同发展才是长久之计。

（五）凡做人，须有宽和之气。处家不论贫富，亦须有宽和之气。此是阳春景象，百物由以生长，所谓“天地之盛德，气也”[①]。若一向刻急烦细[②]，虽所执未为不是，不免秋杀气象，百物随以凋殒。感召之理有然，天道人事，常相依也。刻急烦细，与整齐严肃不同。整齐严肃，是就纲纪名分而言，凡尊卑、大小、亲疏、内外，截然不可假易是也。正如四时寒暑，节序各殊，而元气未尝不流行于其间也。

今译

凡是为人处世，必须有宽厚温和的气象。持家不论贫穷还是富贵，也必须有宽厚温和的气象。这就像是阳春三月融洽和谐温暖的气息，众多不同的生物依赖它生长，这就是所谓的“天地的深厚恩德，是仁厚之气”。如果为人处世一向苛刻严峻、繁杂琐碎，即使他做的事未必是不对的，也免不了有一种肃杀之气，各种生物就会随着它凋敝衰亡。感召的道理正是这样的，自然法则和人情事理常常彼此依赖。苛刻严峻、繁杂琐碎，与秩序井然、令人敬畏不一样。整齐严肃，是对国家社会的秩序与规律、所居地位的名义和所应有应尽的职分来说的，凡是地位高低、年龄大小、关系亲疏、家庭内外，必须界限分明，不可宽纵。正如四季之中寒冷与酷暑的变化，节气的顺序各有不同，可是元气未曾不流行在其中。

简注

① 语出《礼记·乡饮酒义》：“天地温厚之气，始于东北，而盛于东南，此天地之盛德，气也，此天地之仁气也。”

② 刻急烦细：苛刻严峻，繁杂琐碎。

实践要点

做人、持家都要有“宽和”之气，如同阳春三月，万物生长；反之，“刻急烦细”之气，则如同秋日之肃杀，百物凋零。任何时代，待人接物的态度与方法，都是需要特别讲求的。虽说各人都有各人的脾气、性情，此间的差别也得明白，但是还得尽力去寻求春天般的融洽与温暖。

（六）做人最忌是阴恶。处心尚阴刻，作事多阴谋，未有不殃及子孙者。语云：“有阴德者，必有阳报。”① 德有凶有吉，吉报不当希望于天，凶报可不惧乎？先人有言：“存心常畏天知。”吾于斯语夙夜念之。

今译

做人最让人憎恨的是背后做坏事。心里阴险刻毒，做事情多阴谋诡计，没有不殃及子孙的。《淮南子·人间训》里说："暗中做有德于人之事的人，在人世间就能得到好的报应。"品行有坏有好，好的报应不应该寄希望于天，不好的报应能够不畏惧吗？先人说："心里怀有的念头常常担心天知道。"我在心里天天都会念叨这句话。

简注

① 语出《淮南子·人间训》："夫有阴德者，必有阳报；有阴行者，必有昭名。"

实践要点

作为儒者，张履祥一般不谈因果报应，但在其家训之中，特别是涉及"阴"之事件时，还是沿用了诸多传统说法。他父亲的书房有联语说"存心常畏天知"，这是他一辈子念念不忘的话。确实就所谓的报应而言，也就是对于天命、天知的一种敬畏，这其实与科学技术无关，因为在德与福之间，多有道理可循，即便不那么明显易懂。

子孙固守农士家风凡九条

（一）子孙只守农士家风，求为可继，惟此而已。切不可流入倡优下贱，及市井罡棍[①]、衙役里胥一路。

今译

子孙只要坚守务农之人的家风，寻求家族可以传承下去的方法，如此罢了。切不可堕落为以表演歌舞技艺为业、出身卑贱或地位低下的人，以及街市上的恶棍无赖、衙门里的差役和管理乡里事务的公差之类的人。

简注

① 罡棍：恶棍，专门索诈官民的地痞无赖。罡，同“刚”。

实践要点

一家有一家的家风，其中也涉及职业的选择，即便说是“路径依赖”，也有依赖的道理，至少可以维系家族的体面。当然有大才能的后人，自然可以选择突破这个依赖，在开拓自己事业的同时，开拓家族事业。然而家风之精华却不可忽视，比如农士家风——耕田与读书、德与业交相促进的精神，则是做任何职业都应当懂得的。

（二）人须有恒业。无恒业之人，始于丧其本心，终至丧其身。然择术不可不慎，除耕读二事，无一可为者。商贾近利，易坏心术；工技役于人，近贱；医卜之类，又下工商一等；下此益贱，更无可言者矣。然耕与读又不可偏废，读而废耕，饥寒交至；耕而废读，礼义遂亡。又不可虚有其名而无其实，耕焉而田畴就芜，读焉而诗书义塞。故家子弟坐[①]此通病，以至丧亡随之。古人耕必曰“力耕”，学必曰“力学”。天之生人，俱有心思智虑，俱有耳目手足，苟能尽力从事，何患恒心或失而世业弗永乎？

今译

每个人都必须有固定的产业。没有固定产业的人，从一开始就会丧失他的天生的善性，最终则会丧失他的性命。然而选择技艺不可不谨慎，除了从事农业劳动和读书教学两个行业之外，没有其他一个职业是值得从事的。商人追逐利益，容易使人心思败坏；各类工匠被别人役使，近乎卑贱；医生占卜这一类人，又在工匠商人下一等；在这些之下就越发卑贱了，更加没什么可说的。然而农业劳动与读书教学又应该兼顾，读书教学却荒废农业劳动，饥饿和寒冷就会一起来到；从事农业劳动却不读书教学，礼法道义就会失去。又不可以空有其名而没有实际行动，从事农业劳动可是田地荒芜，读书教学可是诗书义理不通晓。昔日官宦人家的子弟往往因为这些共同的毛病，而招致灭亡。古代人耕作时一定是“努力耕作”，学习时一定是“努力学习”。上天生下我们，都具有心思智虑，都具有耳目手足，如果能竭尽全力去做，怎么会担心没有恒心而使祖先遗留的产业不能永存呢？

简注

① 坐：由于，因为。

实践要点

《孟子》之中说“有恒产者有恒心”，张履祥显然是认同这一点的。在他看来，每个人都要有自己的固定产业、职业。他反对商业，认为逐利容易败坏品德，这当然是历史的局限性。他强调从事农业（体力）劳动的重要性，以及读书（脑力）劳动也应当兼顾，所谓“耕读相兼”，这一点其实非常有现实意义。因为一定的体力付出，可以谋取衣食，一定的脑力付出，特别是为了知识与品德提升而读书，则是任何时代都应当注意的。做到“耕读相兼”，也即德与业的兼顾，方才能够使得祖先留下的产业传承下去。现代社会产业、职业发生了变化，然而德、业之兼顾则始终都是必需的。

（三）穷通寿夭，盛衰绝续，命也。做好人，可以长久不替。常言：“耕读俱好，学好便好；创守俱难，知难不难。”①若要做好人，只尊礼师傅、亲近贤人是第一事。

今译

穷困无助还是通达有为，寿长还是命短，家族的兴盛与衰亡、断绝与延续，都是命中注定的。做好人，可以（使得好的命运）长长久久而不被替代。常言说：“耕作读书都好，学习好的东西就是好；创业和守业都难，知道难的地方也就不难了。”如果要做个好人，只有尊敬礼待师傅、亲近贤能的人才是最重要的事情。

简注

① 吴敬梓《儒林外史》第二十二回：“读书好耕田好学好便好，创业难守业难知难不难。”吴比张晚近百年，故此联当是“常言”，然文字略有异同。

实践要点

张履祥其实讲求的是“修身俟命”，然而在家训类著作之中常讲如何改换命运，如何积福得报，这也是传统家训的特点之一。“尊礼师傅”与“亲近贤人”，方能在“夹持”之中努力做一个好人。这一点说得非常好，一个人成功与否，关键在于师友的帮助。

（四）士为四民之首[①]，从师受学，便有上达[②]之路，非谓富贵也。富贵、贫贱，一时之遇；丰约、通塞，定命不可为。若贤士君子，则人人可为。读圣贤书，愚者因之以智，不肖因之以贤。学之既成，处有可传之业，出有可见之功。天爵之贵，无逾于此。所以人自爱其身，惟有读书；爱其子弟，惟有教之读书。

人徒见近代游庠序[③]者至于饥寒，衣冠之子多有败行，遂以归咎读书。不知末世之习，攻浮文以资进取，未尝知读圣贤之书，是以失意斯滥，得志斯淫，为里俗羞称尔。安可因噎而废食乎？试思子孙既不读书，则不知义理，一传再传，蚩蚩[④]蠢蠢。有亲不知事，有身不知修，有子不知教。愚者安于冥顽，慧者习为黠诈。循是以往，虽违禽兽不远，弗耻也？一世废学，不知几世方能复之，足为寒心。然则诗书之业，何可不竭力世守哉？

今译

读书人为士、农、工、商四民之首，跟随老师接受教育，便是上达天理的路径，这说的不是有财富有地位。富裕、显贵，贫穷、卑贱，都是一时的际遇；丰盈与简约、通畅与阻塞，则是命中注定不可以改变的。假如说做一个贤能的人，做一个君子，那是人人都可以做到的。研读圣贤的著作，愚昧的人会因此而智慧，品行不好的人会因此而贤能。学习有了一定的成就，处世也就有了可以传承的家业，外出也会有可以预见的功绩。高尚的道德修养是天然的爵位，没有什么能够超过它了。所以人若是爱惜自身，只有读书；若是爱惜自己的子弟，只有教他们读书。

人们只是看到近代曾有就读于府或州县学宫的人到了饥寒贫困的地步，名门世族家的子弟多有伤风败俗的恶行，于是就归罪于读书。却不知道一个朝代衰亡时期的恶习，便是攻读外表华丽却内容空泛的文章以谋求功名，从来不知道要读圣贤之书，因此一旦不能实现自己的志愿就胡作非为，一旦实现志愿就贪婪骄纵，为乡里之人所羞于称道。怎么可以因为吃饭噎住就索性不吃饭了呢？因为有人读书而不成体统就不去读书了呢？试着想想，子孙既然不读书，就会不明白做人的道理，一代代地传下去，就会变得无知愚蠢。有亲人不知要奉养，有身心不知要修养，有子女不知要教育。愚蠢的人安于自己的冥顽孤陋，聪明的人习惯于奸诈狡猾。这样发展下去，即使是距离禽兽也不远了，不觉得可耻吗？一代人荒废了学业，不知要过几代才能恢复起来，实在是令人寒心呀！既然这样，诵诗、读书的事业，怎么可以不去竭力世代守护呢？

简注

① 士为四民之首：中国古代职业主要分为士、农、工、商四类，读书人称为士，居于四民的首位。

② 上达：语出《论语·宪问》："子曰：不怨天，不尤人。下学而上达，知我者其天乎！"

③ 游庠（xiáng）序：就读于府或州县的学宫。庠序，古代的乡学，后泛称学校。

④ 蚩（chī）：无知，痴愚。

实践要点

读书人在古代有着崇高的社会地位，向上则还可以懂得天理，成为圣贤。张履祥认为富贵、贫贱都是暂时的，能否成圣成贤也是由所谓命运决定。只有做一个贤人、君子，则是只要努力，就能够做到的，而实现的途径就是读圣贤之书。若是爱惜自己以及自己的子弟，唯一的道路就是读书，养成高尚的品格，那么一旦有了机会，就能够成就一番事业，这一点古今皆然。

（五）圣贤所言之理，无非天之理；圣贤之言，即天之言也。侮圣人之言，则逆天理；逆天理，则有天殃。

自古及今，无有不然。子孙即不能通经学古，《四书》[①]《小学》[②]不可不通晓；即不能通《四书》，不可不将《小学》熟读详解，佩服终身。果能笃信此书而服行之，虽为农夫，足有君子之行矣。

今译

圣人与贤人讲的道理，无一不是自然的法则；圣人与贤人的话，就是上天的话。轻视、侮蔑圣人的话，就违逆自然法则；违背了自然法则，就会有天降的祸殃。从古到今，无不如此。子孙即使不能通晓儒家经典，学习古代典籍，《四书》与《小学》也不能不透彻地了解；即使不能透彻地了解《四书》，也不能不将《小学》熟读并详加理解，遵循终身。如果能够忠实地信从这本《小学》并且实行，那么即使是个农夫，也足以拥有君子的品行。

简注

①《四书》：即《大学》《中庸》《论语》《孟子》的合称。宋代以《孟子》升经，又以《礼记》中的《大学》《中庸》二篇，与《论语》《孟子》配合。至淳熙间朱熹《四书章句集注》，“四书”之名始立。此后，长期成为传统社会科举取士

的主要参考用书。

②《小学》：中国旧时的儿童教育课本。宋朱熹、刘子澄编，辑录符合传统道德的言行，共六卷，分内、外篇。内篇包括《立敬》《明伦》《敬身》和《稽古》，外篇包括《嘉言》和《善行》。明朝陈选作《小学集注》，清朝张伯行作《小学集解》。

实践要点

张履祥在这里强调圣贤所讲的道理都是符合自然法则的，而这些道理就在儒家经典之中，因此研习经典非常重要。此处又指出具体进修的阶梯：最低也要学习并践行《小学》，这样才能具有君子的品行；进一步则必须透彻了解《四书》与《小学》，成为贤人；再向上发展则是“通经学古”，成就圣人的智慧与德行。

（六）子弟七八岁，无论敏钝，俱宜就塾读书，使粗知义理。至十五六，然后观其质之所近，与其志尚，为农为士，始分其业。则自幼不习游闲，入于非慝①，易以为善。虽肄②诗书，不可不令知稼穑③之事；虽秉耒耜④，不可不令知诗书之义。

今译

七八岁的子弟，不论聪明还是愚钝，都应该到私塾读书，使他粗略知道做人的道理。到了十五六岁，然后观察他的资质禀赋和个人志向，做农民还是读书人，开始辨别他的职业发展方向。这样从幼年起就不会游手好闲，堕入不良、邪恶的境地，也就容易教育成为善良仁爱的人。即使研习诗书，也不可以不让他知道播种与收获的农事；即使拿着农具劳动，也不可以不让他知道诗书中的道义。

简注

① 慝（tè）：奸邪，邪恶。

② 肄：研习、学习。

③ 稼穑（jiàsè）：春耕为稼，秋收为穑，即播种与收获，泛指农业劳动。

④ 耒耜（lěisì）：农具的总称。耜是古代一种像犁的翻土农具，耒是耜上的弯木柄。

实践要点

张履祥认为孩子七八岁的时候就应该开始读书，知道伦理道德与行事准则。但不是一味强调只能做读书人，而是要根据孩子的资质和志向辨别孩子的职业方向。在现代教育体系中，义务教育之后开始对学生进行分层分流的教育教学，一部分学生进入职业高中，成为技术技能型人才；一部分学生进入普通高中，进一步深造。根据社会需求，通过高考再次分流，分别进入研究型大学、应用型大学等等。张履祥一直强调耕与读的辩证统一，所谓耕读相兼。其实“鞠躬尽瘁，死而后已”的诸葛亮，就曾躬耕于南阳，耕读以待明主；“耕读莫懒，起家之本；字纸莫弃，世间之宝”，则是北宋名相范仲淹的家训。随着时代的发展，传统的“农耕”发生了变化，与时俱进，便有了商读相兼、工读相兼，也即从事任何职业都不要废弃读书。

（七）近世以耕为耻，只缘制科文艺[①]取士，故竞趋浮末，遂至耻非所耻耳。若汉世孝悌力田[②]为科，人即以为荣矣。实论之，耕则无游惰之患，无饥寒之忧，无外慕失足之虞，无骄侈黠诈[③]之习。思无越畔，土物爱，厥心臧[④]，保世承家之本也。但因而废学，一任蚩顽，则不可耳。

今译

近代的人以耕田务农为耻，只因为朝廷以科举考试选拔人才，所以争先恐后地追逐科考功名这类浮名，而忘记了农耕之本，于是把不应引以为耻的事情视作耻辱。如汉朝把孝悌的德行和耕作的才能都作为选拔官员的科目，人们就会把耕田务农当作荣耀了。其实，耕田务农则不会有游荡懒惰的祸患，不会有饥饿寒冷的担忧，不会有向外羡慕他人而误入歧途的过虑，不会有骄纵奢侈、狡猾奸诈等等恶习。在思想上，则严守庄稼人的底线，爱惜庄稼，心地善良，就能保持宗族世代相传的家业根本。但是如果因此而荒废学业，任凭他愚昧顽固，则是不可以的。

简注

① 制科文艺：即八股文。明清时期以科举考试选拔人才，主要依据八股文的写作水平。

② 孝悌力田：汉代选拔官员的科目之一，始于汉惠帝时，名义上是奖励有孝悌德行和能努力耕作的人。中选者常受到赏赐，并免除一切徭役。到汉文帝时，为郡县中掌教化的乡官。

③ 黠（xiá）诈：狡猾而奸诈。

④ 臧：善。

实践要点

张履祥批判了古人读书的功利性：为了追逐科考上的浮名，就忘了农耕之本。在科举时代，大多数读书人的目的就是参加科举以求做官，因为做官了就能给读书人带来经济与地位的丰厚回报。在现代社会中，同样不能只为考试而读书，而是学习知识，增长才干，懂得道义。他认为时人引以为耻的耕田务农能让人免受饥饿，免入歧途，爱惜庄稼，心地善良，这些才是保持祖宗家业的根本。

（八）文武本无二道。古者农人为卒伍，公卿为将帅。兵亦儒者当知，安可不学？但目前所见，人家子弟才习兵矢，便有犯上作乱之事。戾[①]傲施于父兄，恣睢[②]行于同列。小则败行危身，大则流为盗贼。又似武事决不可学，何也？由其始初未尝教以孝悌忠信，使知礼义，而所训习之人，率皆嚣悍无赖。故其血气心知之险导其端，而迸发如决溃堤，泛滥四出也。须看子弟年三十左右，德性驯良，学粗有得，志趣远大，才足干济者，乃延笃学名儒，本其平日所肄经史大纲，益加详究。若朝廷邦国、礼乐刑政、天文律数、屯田水利、边方险要之类，事事讲求，则兵法亦是一种学问。或能负笈远游，博学无方，固皆分内当为，不可自限。然此等子弟，自是不易得，非可一概论也。若方幼少，启以搏击战斗，使不仁之机先动于气志，而得善其终者寡矣。

今译

学文与学武，原本不是两个不相干的发展方向。古代农夫可以成为士兵，朝中的公卿也可以成为将领统帅。兵法、武艺也是读书人应该知道的，怎么可以不学习呢？但是就目前的情况来看，一个家族里的子弟才开始练习兵器，就会有犯上作乱的事情发生。对待父亲、兄长性情乖张傲慢，对待同辈放纵暴戾。往小的方面说会败坏品行危及自身，往大的方面说就会成为盗贼。似乎武艺又是决不可学习的，为什么呢？因为在开始的时候不曾用孝悌忠信教育子弟，使他们知道礼法道义，而那些练习武艺的人，大多强悍而蛮不讲理。所以就会因为他们的血气之勇、心理智力之粗浅，而引发道德败坏的危险，爆发出来就如同河流决堤，以致泛滥四出无法控制。必须等到子弟三十岁左右，道德品行和顺善良，学业大略有所领会，志向和兴趣长远而广阔，才能也足以济世，就聘请专心好学、颇有名望的儒者做老师，根据他平时学习的经史大纲，进行更加详细地探究。如国家的礼乐制度、刑法政教、天文历算、屯田水利、边防险要之类，每一件事都能有所讲求，那么兵法也是一种学问。有的人能够背着书箱到外地求学，学识广博且不限定在某一个方向，这本来就是学者分内的事，不可自我限制。然而这样的子弟，自然是不容易得到的，不可一概而论。如果子弟正当年少，用搏击、战斗来开导启发，使得他们不太仁慈的一面比正当的志向更早被开发出来，那么将来能够得到善终的人就很少了。

简注

① 戾（lì）：性情乖张。

② 恣睢（suī）：放纵、暴戾的样子。

实践要点

“文能安邦，武能定国。”品行端庄、体格健壮、知识渊博、文武双全，是中国传统文化对英才的至高要求。张履祥强调“文武本无二道”一条，就是对人才培养的一种期待。在中国历史上文韬武略双全的人不在少数：杰出的政治家、军事家、文学家曹操，“十五好剑术”的诗仙李白，参与平定安史之乱的“大唐书魂”颜真卿，率领抗金义军的豪放词人辛弃疾，平定叛乱的心学大师王守仁，等等。现代教育也要求促进学生德、智、体、美、劳的全面发展，其实道理都是相同的，关键在于德育为先。

（九）盗贼、倡优①、人奴之类，辱家门，蹈刑戮②，父不欲以为子，祖不欲以为孙，兄弟、族人不欲其为兄弟、族人，世所知也。若夫不孝敬于父兄，不率从于师长，不顾是非，不畏刑宪，豪横无耻，与游惰无业、市侩徒隶之类，其流实有甚于盗贼。种种者与众绝之，岂云过乎？

今译

盗贼、戏子、奴仆这一类人，常使家族蒙羞，遭受各种刑罚，父亲不想把他当作子女，祖父不想把他当作子孙，兄弟、族人不想把他当作兄弟、族人，这是世人都知道的。至于对父母兄长不孝顺、尊敬，对老师长辈不顺从，不考虑是非，不畏惧刑法，强暴蛮横而没有羞耻之心，以及无业游民、贪图私利的人、服劳役的犯人等，他们的等级实在比盗贼还要低下。老百姓想要与这些各色各样的人断绝往来，怎么能说是过分呢？

简注

① 倡优：古代称以音乐歌舞或杂技戏谑娱人的艺人。

② 刑戮：受刑罚或被处死，亦指各种刑罚。

实践要点

古代是农业社会，认为戏子、奴仆以及做生意的人等等，没有任何生产资料，不从事耕作劳动，要靠别人来养活，与乞讨无异，因此被人看不起而地位低下。现代社会市场经济发达，社会分工更加细化，人们对精神生活的追求日益增长，故而从事表演、服务、商业等活动都是社会所必需的。那么张履祥的话就不太符合当下实际了，这是社会发展的结果，不能因此苛求古人的认知局限性。张履祥在此强调的其实还是子孙对父母兄长的孝顺、尊敬，对老师长辈的顺从，以及做事考虑是非曲直，要能自力更生，要有羞耻之心。

立身四要：曰爱，曰敬，曰勤，曰俭凡十一条

（一）“立爱自亲始”，爱身爱之本也；[①]“立敬自长始”，敬身敬之本也。以爱敬存心[②]，而入于邪慝者希[③]矣。

今译

树立仁爱的观念要从自己的父母开始，爱惜自身是仁爱的根本；树立恭敬的观念要从自己的长辈开始，敬重自身是恭敬的根本。心里怀有仁爱与恭敬的意念，却堕入邪恶境地的人是很少的。

简注

① 亲：父母。身：自身、自己。《礼记・祭义》：“子曰：‘立爱自亲始，教民睦也。立敬自长始，教民顺也。教以慈睦，而民贵有亲。教以敬长，而民贵用命。孝以事亲，顺以听命，错诸天下，无所不行。’”

② 存心：犹居心，谓心里怀有的意念。《孟子・离娄下》：“君子所以异于人

者，以其存心也。君子以仁存心，以礼存心。仁者爱人，有礼者敬人。爱人者人恒爱之，敬人者人恒敬之。”

③ 希：现写作“稀”，少。

实践要点

爱的培育，要从爱自己的亲人开始，爱心首先表现为孝心；恭敬之心的培养，要从尊敬自己的长辈开始，其他的一切，都是从孝悌之心推广出去的。所以说，教育孩子，第一任老师就是父母，第一课堂就是家庭。

（二）人有此生，当思不虚此生之意。在门内[①]，勉[②]任门内之事；在宗族，勉任宗族之事，不可辄[③]起较量[④]、推卸之私心。充较量一念，势必一钱尺帛，兄弟叔侄不相通；充推卸一念，必至父母养生送死有不顾。门内如此，况宗族乎？即父母不若无此子，即祖宗不若少此子孙，又况其余？安有一步推得去？人家譬如屋室也，有栋梁，然后有椽檐、榱[⑤]槛，然后有墙壁、门户，大小长短各效[⑥]其能以为用，便可成室。若各各自私，毋论不足成室，究竟一无所用而已。抑思天下为一家，中国为一人，而仁为己任者，独非人乎？乃不求为柱石栋梁，甘自弃为沟中之断[⑦]，哀已！

今译

一个人只拥有这一辈子，应当时刻想着不要虚度此生。在家里，就努力承担家里的事务；在宗族之中，就努力承担宗族里的事务，不可总有计较利害、推卸责任只为自己打算的念头。一旦内心充斥计较利害的念头，必然就会导致因为一点钱财、一尺布帛，兄弟叔侄之间不相互来往；内心充斥推卸责任的念头，必然就会导致子女对父母生前的奉养与死后的安葬都不考虑。家里都是这样，更何况宗族呢？父母不如没有这个子女，祖宗不如少了这个子孙，更何况其他的事情呢？怎么凭这一点就类推得出来的呢？一个家就好像是房屋，先有栋梁，之后有椽子屋檐、木条栏杆，之后有墙壁、门户，虽然大小长短不一，但是能够发挥各自不同的功用，方才可以成为房屋。如果各种物件只为自己打算，不用说不能成为房屋，最终将会毫无用处。想着天下人是一家人，中国人是一个整体，把实现仁爱看作是自己使命的，难道不正是人吗？竟然不求成为房屋的柱石栋梁，甘愿自我放弃而成为水沟里没有用处的废料，悲哀呀！

简注

① 门内：家庭。

② 勉：尽力、努力。

③ 辄：总是。

④ 较量：计较。

⑤ 榱（cuī）：即椽，放在檩上支持屋面和瓦片的木条。《说文》：“榱，秦名

为屋椽，周谓之榱，齐鲁谓之桷。”

⑥ 效：献出。

⑦ 断：也作“簖”，插在河中拦捕鱼蟹的竹栅，指没有多大用处之物。

实践要点

《论语·泰伯》曾子曰：“士不可以不弘毅，任重而道远。仁以为己任，不亦重乎？死而后已，不亦远乎？”一个人不可以没有坚强的意志，因为他肩负着重大使命，路程又很遥远。把仁看作自己的理想，不也很重大吗？到死为止，不也遥远吗？张履祥其实把曾子的话加以发展了，强调一个人不虚此生，就不要计较利害得失，而要承担责任，将“仁爱”作为自己的使命，其实是任何人、任何时代都需要的，只有这样才能发挥出个人最大的潜力。

（三）人不可孤立，孤立则危。天子之尊，至于一夫而亡，况其下乎？一家之亲而外，在宗族当不失宗族之心，在亲戚当不失亲戚之心，以至乡党朋友亦如之，以至朝廷邦国亦如之。欲得其心，非他，忠信以存心，敬慎以行己，平恕以接物而已。人情不远，一人可处，则人人可处，独病在我有所不尽耳。贤者与之，不贤者去之，何伤？久而不贤者终将服之。匪人昵之，正人弃之，殆已，究则匪人亦将离之。是以君子不求人，求己；不责人，责己。

今译

人不可以独自生存，独自生存就危险了。最为尊贵的君王，到了成为孤家寡人的时候他的天下也就灭亡了，更何况君王之下的人呢？一家的亲人之外，在宗族中应当不失去仁爱宗族的念头，在亲戚中应当不失去仁爱亲戚的念头，到了乡亲、朋友之中也要像这样，到了朝廷、国家也要像这样。想要做到这样，没有其他办法，就是要怀着忠诚信实的念头，恭敬谨慎地立身行事，平等宽容地待人接物罢了。人与人之间的关系情分并不遥远，可以与另一个人相处，就可以与任何人相处，只需担心我有不够尽心尽力的地方而已。和贤能的人交往，远离不贤能的人，会有什么妨碍呢？时间长了之后，不贤能的人终究也会信服你。如果亲近行为不端的人，远离正直的人，那就危险了，最终就会连行为不端的人也远离他。因此正人君子不会去责求别人，而是责求自己；不会要求别人，而是要求自己。

实践要点

如何立身行事？张履祥告诉我们：要有仁爱之心，即怀着忠诚信实的念头，恭敬谨慎地立身行事，平等宽容地待人接物。张履祥特别强调，求己不求人，责己不责人，做最好的自己，不去苛求他人，这就是儒家一以贯之的忠恕之道。一个有德行的人，就像春风一样，吹过大地，万物生长，普通人都会受到影响而被感化。

（四）作家①以勤、俭为主，做人以“孝、友、睦、姻、任、恤”②为主。

今译

治理家庭以勤劳、节俭为主，为人处世以对父母孝顺、对朋友友爱、与邻里和睦、夫妻以礼相待、对社会有责任感、体恤老百姓为主。

简注

① 作家：治家，理家。

② 孝、友、睦、姻、任、恤：即古之“六行”，语出《周礼》。

实践要点

儒家的“六行”概括了六种主要善行，其目标是成为德行高尚的人。对父母孝顺，夫妻以礼相待，家庭内部和睦，就能家道昌盛；对朋友友爱，与邻里和睦，与外面的人和谐共处，就能事业成功。对社会有责任感，体恤老百姓，就能造福社会、造福百姓。这些传统的思想，其实可以转化为现代文明建设的理念，究其根本都是一样的家、国、天下，一步一步推广开来。

（五）凡读史传，至世德之门，孝义之里，或乡间所称，或朝廷所表，未尝不甚慕之。谓子孙何幸得生其家？乃终不知反求诸身，岂非惑乎？夫彼非有异道也，父子笃，兄弟和，尊卑得其序，内外大小得其常而已。吾犹是，父子犹是，兄弟犹是，尊卑大小内外不能如彼，何也？得非①身之不修，彼怀仁义，而爱敬敦让以化之，我则怀利，而傲慢贪戾以败之与？美恶之习，始于一人二人，其流必及数世，诚之所感，不言而喻。故意向不可不端，立身不可不正。源远者流长，根深者实遂②。前人植基③，职惟修德；后人踵武④，庶其式谷⑤哉。

今译

每次阅读历史传记，读到具有累世功德的家族，行孝重义的乡里，有的被同乡称道，有的被朝廷表彰，没有不非常羡慕的。有人说，他们的子孙怎么那么幸运，出生在他们家？而不知道反过来从自己身上找出问题的症结所在，这难道不是糊涂吗？他们也没有什么特别的方法，父母与子女之间心意诚厚，兄弟姐妹之间和睦相处，地位高的人与地位低的人有一定的次序，家里家外、大事小事按照人伦道理去处理罢了。我是这个样子，父母与子女是这个样子，兄弟之间也是这个样子，地位高的人与地位低的人、大事与小事、家内与家外，都不能像他们那样，为什么呢？莫非是没有修养身心，他人具有仁爱和正义的念头，用仁爱、恭敬、谦让来感化人，我却怀有自私自利的念头，用傲慢、贪婪、乖张来败坏人？好的或者坏的习性，从一两个人开始，它的风气一定会影响到几代人，以诚心待人就会使人感动，这不用说就可以明白。所以意愿、志向不可以不端正，立身处世不可以不正直。江河源头很远就会流程很长，树木根系发达就会果实丰硕。前人建立根基，只是因为行善积德；后人能够继承前人的事业，不就是因为前人赐予的福禄吗？

简注

① 得非：得无，莫非是。

② 语出韩愈《答李翊书》："根之茂者其实遂，膏之沃者其光晔。"

③ 植基：建立根基。

④ 踵武：踩着前人的足迹走，比喻效法或继承前人的事业。

⑤ 式穀：赐以福禄。

实践要点

古语云："道德传家，十代以上；耕读传家次之；诗书传家又次之；富贵传家，不过三代。”与其羡慕他人家业发达，不如自己做好身心的修养，踏实做好家内家外的每一件事情，只有行善积德，才能渐渐建立起可以传之后世的家业。现代社会，往往都是小家庭，但是也要想着让子子孙孙传承优良家风，那么就从个人自己的品行修炼开始吧。

（六）古者选士于乡，以乡党耳目至近至众，其为贤不肖如鉴之照物，不可掩也。盖一人之爱憎喜怒则莫不私，众人之是非好恶则莫不公。吾人立身，欲考①在己之得失，借鉴于乡党；其观人取友，采听②之乡党，可以鲜失。要以善者好、不善者恶为准。

今译

古时候在乡里选拔人才，因为乡里乡亲的都知道，并且距离近而人数多，人才贤能、不贤能，就像镜子照出来的一样清清楚楚，无法掩盖。因为一个人的爱憎、喜怒，没有不是自私的，而大多数人的是非、好恶，没有不是公正的。我们立身处世，想要考察自己的得与失，就应该在乡里乡亲之中得到借鉴，从中吸取经验教训；观察他人选择朋友，采纳、听取乡里乡亲的意见，就可以减少失误。要将好人所喜欢的、坏人所厌恶的作为标准。

简注

① 考：审察，察考。

② 采听：收集听取。

实践要点

评判一个人的时候，应该综合更多人的意见，才能趋于客观公正。乡里乡亲距离近而人数多，对于所评判的人了解得清清楚楚，所以说口碑非常重要。当然口碑也不是绝对的，因为一乡之人中有善人，也有恶人，有君子，也有小人，他们的标准也是不同的，所以既要看“数量”，也要看“质量”。现在已经不是乡土社会，传统的乡里乡亲转化为身边的同事、同学以及邻居，通过熟悉的人多了解一些信息，总是没错的。

（七）处人伦事物之间，有顺有逆，即不能无德怨。曾子曰：“出乎尔者反乎尔。”①《诗》曰：“投之以桃，报之以李。”② 盖言施报也，然微有不同。自处之道，有树德，无树怨，固然也。人情则不可知。处之之道，我有德于人，无大小不可不忘；人有德于我，虽小不可忘也。若夫怨出于己，当反己而与人平之；其自人施于我，则当权其轻重大小。轻且小者可忘，忘之；重而大者，报之为直，不能报为耻。要之，作事当慎谋其始。德不可轻受于人，怨须有预远之道。施德，当体上天栽者培之之心，处人则念“怨不在大，期于伤心”之义。小如陵侮侵夺等类，大则义关伦纪者也。

今译

身处不同的人伦关系以及各种事物之间，有顺境，也有逆境，就不能没有感恩与抱怨。曾子说：“你怎样对待别人，别人也会反过来怎样对待你。”《诗经》说：“把桃子送出去，用李子来报答。”说的就是要知恩图报，但是稍微有点不同。自己的立身处世之道，是尽量树立美德，而不要结下怨恨，本来就应该这样。人与人之间相处就难说了。相处之道是，我对别人有恩惠，无论大小都不可以不忘记；别人对我有恩惠，即使很小也不可以忘记。如果怨恨出于自己，就应当反省自己，并和他人平息怨恨；如果别人有施加于我的怨恨，那么就应当衡量其中的轻重大小。轻而小的怨恨可以忘记的，就忘掉它；重而大的怨恨，就以正直公道来对待它，不能报复就是耻辱。总之，做事情应当谨慎地谋划它的开始。不要轻易接受他人的恩惠，对于怨恨，必须要有所预备，并且寻求远离的方法。施加恩惠，应当体会上天栽培人才的心理，与人相处就要想到“怨恨不在有多大，而在于是否伤了他人的心”的道理。小的怨恨，比如凌辱、侵占、抢夺等，大的怨恨，就关乎伦理纲常了。

简注

① 语出《孟子·梁惠王下》。

② 语出《诗经·大雅·抑》。

实践要点

面对恩怨该怎么做？张履祥强调要树立美德而不要结怨，我对别人有了恩惠，无论大小都要忘记；别人对我有了恩惠，即使很小也要记住；来自他人的怨恨，小的尽量忘掉；重而大的就要以正直公道来对待，不可使之成为耻辱。面对仇怨，一般有以下几种方式：以忍报怨，以怨报怨，以直报怨，以德报怨。以忍报怨：面对仇怨没有据理力争的抗争意识，对所遭受的不公习以为常地忍耐，这其实是一种妥协。以怨报怨：有怨就报怨，有仇就报仇，这会导致循环往复的积聚仇恨、冤冤相报，最终酿成灾难。以直报怨：以正直公道对待自己怨恨的人，有错论错，就事论事，在法治社会可以用法律的武器维护自己的权益。以德报怨：用包容精神、宽容意识去面对不公正遭遇，这是一种圣人情怀，大多数人是做不到的。张履祥的意见，其实就是以忍报小怨，以直报大怨，值得我们参考。至于“怨不在大，期于伤心”一句，其实很关键。不可以伤害人，更不可以使人伤心，维护他人的自尊心，格外重要。

（八）有田亩便当尽力开垦，有子孙便当尽力教诲。田畴不垦，宁免饥寒？子孙不教，能无败亡？疏沟导渠以备旱涝，蓄粪完器以乘①时令，治田畴之急务也；择业授事以戒惰游，延师肄②经以远非慝③，教子孙之急务也。人生无一事可不尽力，此其大者。

今译

有田地就应当尽力开垦耕种，有子孙就应当尽力教导训戒。有田地而不开垦耕种，难道能免除饥饿寒冷吗？有子孙而不教导训戒，怎么会不失败和灭亡呢？疏导沟渠用来预防干旱洪涝，储蓄家肥用来顺应农事的节令，这是从事田地耕种的紧急事务；选择职业、安排工作用来戒除游手好闲，聘请老师、学习经典用来远离错误与邪恶，这是教育子孙的紧急事务。人的一生没有一件事可以不竭尽全力，而这是人生中的重大事情呀！

简注

① 乘：顺应。

② 肄：学习，练习。

③ 非慝：疑惑烦恼的问题和恶念。

实践要点

“人生无一事可不尽力，此其大者。”张履祥认为，人生最应该尽力的事情，一是耕种田地，二是教诲子孙，即耕读相兼。凡事都尽力，是一种奋斗者的姿态。喜欢读张履祥之书的曾国藩也说：“人生有可为之事，也有不可为之事。可为之事，当尽力为之，此谓尽性；不可为之事，当尽心从之，此谓知命。”尽性就是尽量发挥出自己天赋的个性，做好自己的事情。但是这个世界上还有未知的事物，无法解决的问题，知命就是一种生命的豁达：心存敬畏，遵循生命的自然规律。面对现实的人生，鼓起勇气改变可以改变的，也有胸怀接受不能改变的；做好能够做到的，也直面那些无法做到的。

（九）男子服用固宜俭素，妇人尤戒华侈。妇人只宜勤纺织、供馈食，簪珥[①]衣裳简质而已。若金珠绮绣求其所无，“慢藏诲盗，冶容诲淫”[②]，一事两害，莫过于此。况妇德[③]无极，闲[④]家之道，当以为先。稚子侈心，益当豫戒。

今译

男人的穿着、用度本来就应该俭约朴素，妇女更应该戒除豪华奢侈。妇女只应辛勤地纺纱织布、供应食物，首饰、衣服简单质朴就可以了。至于金银、珠宝以及有纹饰的丝织衣服等，宁可没有，“社会疏于治理，就会诱人盗窃；女子修饰得很妖媚，就会引诱别人产生淫欲”，一件事情产生两样害处，没有比这件事情更典型的了。况且妇女德行的培养是没有止境的，约束家人的方法，应该把这个作为首要事务。幼小的孩子有了奢侈之心，也应当预先有所防备。

简注

① 簪：用来绾住头发的一种首饰。珥：耳环。

② 语出《周易·系辞上》。

③ 妇德：妇女贞顺的德行，为妇女四德之一。《礼记·昏义》：“教以妇德、妇言、妇容、妇功。”

④ 闲：限制，约束。《易·家人》：“闲有家”。孔颖达疏：“治家之道，在初即须严正立法防闲。”

实践要点

张履祥强调男人应该俭约朴素，妇女更应该戒除豪华奢侈，幼小的孩子也应该从小养成俭省朴素的习惯。子曰：“士志于道，而耻恶衣恶食者，未足与议也。”有志于探求真理，却以吃得不好，穿得不好，生活不如别人为羞耻的读书人，是不值得跟他谈论的。司马光在《俭训示康》中写道：“众人皆以奢靡为荣，吾心独以俭素为美。”勤俭节约是中华民族的传统美德，现代社会物质生活丰裕，仍不可以铺张浪费。现代管理学教授斯科特·索南史恩在其著作《俭省：释放少的潜能，取得多的成就》一书中写道，俭省不等于吝啬，俭省思维有几个好处：第一，俭省者关注长远目标；第二，俭省者的攀比心理比较弱，不会陷入追逐者绝境；第三，俭省者总是尽可能利用现有的资源；第四，俭省者更具有创造性。

（十）凡人用度不足，率因心侈。心侈，则非分以入，旋非分以出，贫固不足，富亦不足。若计口以给衣食，量入以准日用，素贫贱行乎贫贱，素富贵不忘艰难，所需自有分限，不俟求多也。若能于膳养之余，节省繁冗，用广祭产，与置赡族公田，非惟可以上慰祖宗之心，即下及子孙得以永久不替，理甚易明。世之亟于自私，缓于公义，侈于奉己，啬于亲亲者，吾每亲见其立覆矣。

今译

凡是一个人的费用开支不够的，大概是因为有了奢侈之心。心若奢侈，他的钱财往往来自不正当的途径，很快也会在不应支出的地方挥霍掉，这样的话，贫困的本来就不够用，富裕的也会不够用。如果按照人口来供给衣服食物，根据收入的多少来确定日常生活的支出，向来贫穷、卑贱的人所作所为符合其贫贱的身份，向来有钱又有地位的人不要忘记曾经的艰难，自己所需要的自己定一个界限，不可要求得太多。如果能够在赡养父母之外，节省繁琐庞杂的开支，扩充用于祭祀的产业，设立供给宗族的公有的“族田”，不仅向上可以抚慰祖宗的心灵，向下也使得子孙后代能够永不衰败，这道理很容易明白啊！世间只顾汲汲于个人利益，对于公家宗族的事情漠不关心，奢侈地奉养自己，对于父母双亲却吝啬的人，我常常亲眼见到他们即刻覆灭。

实践要点

“心侈，则非分以入，旋非分以出。”这句话真是能够警醒世人啊！《增广贤文》中有一句“人无横财不富，马无夜草不肥”，但它还有下半句“横财不富穷人命，夜草不肥痨病马”。横财这种东西，过惯了穷日子的人往往消受不起。不管这个横财有多少，对于那些贪婪的人，也不能从根本上改变他们的命运。张履祥告诉我们，关于如何进行家庭收支的分配，提出“节俭”与“量入为出”，这也是中华民族长久以来的持家传统。

（十一）予平生居家，非祭祀不割牲，非客至不设肉，然蔬食为多。惟农人、工人，不免以酒肉饷。虽佳辰令节，未尝觞酒豆肉，无故，夫妇同之也。幼少之日，寒一帛，暑一绢，非敝[①]尽不更制。壬午以后，则布衣布裳终焉而已。固缘贫穷孤蹇[②]，情事莫伸，有痛于心而然；亦由壮岁经凶经乱，见饥死者父子兄弟不能保，罹兵者城邑村落为邱墟。同兹覆载[③]之人，孰非尽人之子？一念及之，恻恻于怀，栗栗[④]于肤。幸兹布衣蔬食以延先祀，于分过矣，于赐厚矣，敢萌侈心？后人虽遇太平，处丰乐[⑤]，愿勿忘此意也。

今译

我平时在家，不是祭祀不会宰杀牲畜，没有客人到家不会上肉食，还是以蔬菜为主。只是来家里干活的农夫、工匠，免不了要用酒肉款待。即使是美好的时节，也不曾喝酒吃肉，没有别的原因，夫妻一起过着简单的生活。幼年的时候，天冷一身衣服，天热一身衣服，不到破旧得不能再穿是不会更换的。壬午年之后，就这一身布衣穿到了现在。固然是因为贫困孤单，心中的情感无处诉说，心里有痛苦才会这样；也是因为壮年之时经历了乱世和人生的不幸，看到饥饿的人连父母子女兄弟的性命都不能保全，遭受战乱之后城市村落成为废墟。同在这片天地之间的人，谁不是别人的子女呢？一想到这些，就会心里悲悯，浑身颤抖。

幸亏现在还有这些布衣疏食用来延续对于祖先的祭祀，就本分来说已经过头了，就恩赐来说也很厚重了，哪里还敢萌发奢侈的想法？后来的人虽然得享太平，岁丰熟、民安乐，但愿不要忘了忧患意识。

简注

① 敝：破旧。

② 孤蹇：孤单、困难。

③ 覆载：天地。

④ 栗栗：战栗，畏惧貌。

⑤ 丰乐：岁丰熟、民安乐。

实践要点

从个人立身来说，俭以养德；从家庭生计来说，治家当以勤俭为主；就国计民生来说，民生在勤，勤则不匮。张履祥平生居家，“非祭祀不割牲，非客至不设肉，然蔬食为多”，严格履行着俭朴的美德。他还强调居安思危的观念：太平岁月，也要有忧患意识，特别是培养子弟，更要坚持俭朴的生活作风；奢侈不但丧志，而且丧身。所谓“富不过三代”，无非奢侈而败亡。张履祥讲“勤俭”，将“治生”与“修身”相结合，也即“德业交养”。更为难能可贵的是，他能时时现身说法，借助自己的亲身实践来阐明高深枯燥的哲理，因不流于说教，读来令人感到亲切而易于接受。

居家四要：曰亲亲，曰尊贤，曰敦本，曰尚实凡十七条

（一）三纲五常[①]，礼之大体，百世不能变易。古谓之道，后世谓之名教。命之自天，率之自性，人人具有，人人当为。全之则人，失之则入于异类。不可不敬求其义，不可不力行其事。“君子修之吉”，修此也；“小人悖之凶”，悖此也。[②]

今译

三纲五常，是最重要的礼教准则，千百世以来都不能改变。古代称它为道，后世称它为名教——名分与伦常的道德准则。它是上天之所命，顺应人的本性，人人都具有，人人都应当做到。保全它就是人，失掉它就是禽兽。不可以不恭敬地探求它的含义，不可以不尽力按照它的要求去做事。君子修习这些就会吉祥，修习的就是这些礼；小人背离这些就会凶险，违背的就是这些礼。

简注

① 三纲：指我国传统社会所提倡的君为臣纲、父为子纲、夫为妻纲。五常：一指五种道德观念：仁、义、礼、智、信。一指五种伦常道德：父义、母慈、兄友、弟恭、子孝。

② 君子修之吉、小人悖之凶：语出周敦颐《太极图说》。

实践要点

“三纲五常”是中国传统社会的基本道德规范，确立了家庭和社会的秩序，家庭和社会才能良性发展。当然“三纲五常”也有禁锢思想、压抑人性的消极一面。所以在新的时代，就要取其精华，弃其糟粕。现代社会需要激发人的创造力，也要加强道德教育。符合时代发展方向的道德准则，依旧是人人都需要遵守的，所谓做人的根本，是千百年都不变的，故而实现“三纲五常”的创造性转化，也是时代的要求。

（二）父子、兄弟、夫妇，人伦之大。一家之中，惟此三亲而已，不可稍有乖张，父子尤其本也。一处乖张，即处处乖张，安有缺于此而全于彼者？自古人伦之变，祸败所贻，常及数世，无或免者，天道然也。

今译

父母与子女、兄弟与姐妹、丈夫与妻子，这是人与人之间最重要的关系。一个家庭里面，只有这三类关系，他们之间不可以稍有背离，父母与子女更是这种关系的根本。有一处关系背离，就会处处关系背离，怎么会有此处残缺而彼处还能保全的呢？从古至今，人与人关系的变化所产生的祸患，常常会影响到几代人，没有谁能够幸免，天理自然的法则就是这样啊。

实践要点

“五伦”是中国社会人与人之间五种基本的道德关系，即父子、君臣（今天泛指职场上下级关系）、夫妇、兄弟、朋友。张履祥强调，父母与子女、兄弟与姐妹、丈夫与妻子是最重要的关系，而父母与子女更是根本。也有人认为“夫妇，人伦之始”，意思是指夫妻关系是人间伦常的基础，因为有了夫妻关系，才有父子、兄弟以及各种家庭、亲戚关系，人伦道德才得以出现。在现代家庭关系中，核心是夫妻关系，然后才是亲子关系。夫妻关系是一个家庭的定海神针，只有夫妻形成坚强而亲密的共同体，才能给双方的原生家庭提供强有力的、长期稳定的支持和帮助，才能使家族和谐、团结、稳定、幸福。

（三）一族之人有贤有不肖[①]，正如一体之中有心志耳目，即有足趾爪发。在贤者，当体祖宗均爱之心，曲[②]加扶持保护，不使一人至于失所。毋论富贵贫贱，无不如之。孟子所谓"亲爱之而已矣"[③]。若专己自私，不相顾恤[④]，有伤一体之谊，是为得罪祖宗，不孝孰大焉！葛藟[⑤]犹能庇其本根，可以人而不如草木乎？

或疑贫贱易至失所，富贵何待扶持保护？不知富贵之失所，盖有甚于贫贱者。教其不知而正其过失，所以安全之也。自好者，每因族人富贵即与之疏。其富贵者，亦不知其可忧，疏远族人，以蹈危亡。故及此。

今译

一个家族里的人有贤能的也有品行不好的，正像身体中有心、耳朵、眼睛，也有脚趾、指甲、毛发。作为贤能的人，应当体察祖宗平等爱护每一个族人的念头，多方面加以扶助保护，不使一个人失去他的安身之处。无论富贵还是贫贱，没有人不应该这样去做。正像孟子说的"只是亲近他爱护他罢了"。如果独断专行自私自利，不能相互照顾、相互体贴，以致损害作为一个整体的感情，这就是在得罪祖宗，还有比这更大的不孝吗？葛的藤蔓还知道要保护它的根，身为人难道连草木都不如吗？

有的人会有疑惑，贫苦而卑贱的人，本来就容易失去安身之处，有钱财有地位的人，又何必去扶持保护呢？他不知道，其实有钱财有地位的人失去安身之处，比贫贱的人更容易发生。教给他不知道的东西并且改正他的过错，这是用来保全他的方法。洁身自好的人，常常因为族人有钱有地位就与他疏远。而那些有钱有地位的人，却不知道自身的忧患，从而疏远族人，以至于面临覆亡的危险。所以必须要提一提这些话。

简注

① 不肖：品行不好，没有出息。

② 曲：周遍，多方面。

③ 语出《孟子·万章上》。

④ 顾恤（xù）：照顾体贴。

⑤ 藟（lěi）：藤蔓。

实践要点

张履祥把一个家族比喻成身体，家族里的每个成员都代表身体的不同部位。每个部位的作用不同，就如每个人才能、品行不同一样，共同组成不可分割的整体。族人之间紧密关联，相互体恤、协助，共同承担着家族的命运。张履祥特别强调有钱财有地位的人比贫苦而卑微的人更容易失去安身之处，这是发出一种警示。家族也是有生命、需要成长的，人类社会也是命运的共同体。一个家族，以书香为环境，以道德为灵魂，以技艺、学术的传承与创新为生命力。家族的使命和目标，与民族的使命和目标相统一，与国家的使命和目标相统一，乃至与人类的使命和目标相统一，这个家族就会成为一个人才辈出、可持续发展的大家族。

（四）宗族亲戚之人，或贤或否[①]，此由天定，无可取舍。贤者自当爱而敬之，否者无失其亲而已。至于师友，一入家门，子弟志尚因之以变，术业因之以成，贤则数世赖之，否亦害匪[②]朝夕，不可谓非家之所由存亡也。择之又择，慎之又慎，夫岂不宜，而可随人上下乎？

今译

宗族亲戚中的人，有的贤能有的不贤能，这是由上天注定的，没有办法选择和舍弃。对贤能的人，自然应该喜爱并且尊敬他；对不贤能的人，不要疏忽他的父母双亲也就罢了。至于老师、学友，一旦进入家门，子弟的理想、志向因此而改变，技术、学业因此而成就，若是贤能的人，后世几代人都可以倚靠他，若是不贤能的人，其祸害也不限于短时间之内，这不能说不是一个家族生死存亡的关键。选择又选择，慎重再慎重，难道不应该吗？怎么可以盲目听信他人？

简注

① 否（pǐ）：坏，恶，不贤。

② 匪：通“非”，不，不是。

实践要点

如何对待家族和亲戚中贤能与不贤能的人？首先要接纳他们，因为这是上天注定，没有办法选择和舍弃的。然后要区别对待：对于贤能的人，要亲近、尊敬他；对于不贤能的人，要照顾好他的父母双亲。因为一个人不贤能，首要表现就是不能孝顺父母。他的父母深受其害，族人无法教导、影响不贤能的人，就只能照顾好他的父母。对于子弟，则需要挑选有理想、有学术、有技艺的老师、学友来教导。良师益友，是会影响几代人的。至于祸害人的，其影响也不是暂时的，同样也会影响几代人，甚至关系到一个家族的存亡。张履祥这种对于家人的态度，也值得现代人学习，无论贤与不贤，亲戚之间如何相处，确实还是一个难题。

（五）人无论贵贱，总不可不知人。知人则能亲贤远不肖，而身安家可保；不知人则贤否倒置，亲疏乖反[①]，而身危家败，不易之理也。然知人实难，亲之疏之亦殊不易。贤者易疏而难亲，不肖者易亲而难疏。贤者宜亲，骤亲或反见疑[②]；不肖者宜疏，因疏或至取怨。所以辨之宜早。略举其要，约有数端：

今译

人不管高贵还是卑贱，总不可以不知人（体察人的品性才能）。能知人就能亲近贤能的人，远离不贤能的人，那么自身能够安定，而家庭也可以保全；不能知人，则贤能的人与不贤能的人就会颠倒位置，亲近与疏远就会背反，以致自身危险、家庭衰败，这是不变的道理呀！可是知人实在太难了，亲近一个人或疏远一个人，也很不容易。贤能的人容易疏远而难以亲近，不贤能的人容易亲近而难以疏远。贤能的人应该亲近，突然亲近则可能反而会被怀疑；不贤能的人应该疏远，又因为疏远则可能会招致怨恨。所以，对贤能与不贤能，应该早一点分辨清楚。大略而言，分辨的要点大约有以下几种情况：

简注

① 乖反：相反，违背。

② 见疑：被怀疑。见，表被动。

实践要点

如何知人，也即如何体察人的品行才能，这关乎自身和家庭的安定。可是知人又没有确定的方法，亲近一个人或疏远一个人，都很不容易。贤能的人容易疏远而难以亲近，不贤能的人容易亲近而难以疏远。贤能应该亲近，但突然亲近则会被怀疑；不贤能的人应该疏远，但因为疏远又会招致怨恨。因此，知人应该提前分辨贤能与不贤能，这是非常重要的事情。无论古今，人际交往都极难，张履祥此条点出，最难的就是知人，非常有见地。

贤者必刚直，不肖者必柔佞①；
贤者必平正，不肖者必偏僻②；
贤者必虚公③，不肖必私系④；
贤者必谦恭，不肖必骄慢；
贤者必敬慎，不肖必恣肆；
贤者必让，不肖必争；
贤者必开诚，不肖必险诈；
贤者必特立⑤，不肖必附和；
贤者必持重，不肖必轻捷⑥；
贤者必乐成，不肖必喜败；
贤者必韬晦，不肖必褦襶⑦；

贤者必宽厚慈良，不肖必苛刻残忍；

贤者嗜欲必淡，不肖势利必热；

贤者持身必严，不肖律人必甚；

贤者必从容有常，不肖必急猝更变；

贤者必见其远大，不肖必见其近小；

贤者必厚其所亲，不肖必薄其所亲；

贤者必行浮于言，不肖必言过其实；

贤者必后己先人，不肖必先己后人；

贤者必见善如不及，乐道人善，不肖必妒贤嫉能，好称人恶；

贤者必不虐无告[⑧]，不畏强御[⑨]，不肖必柔则茹之、刚则吐之[⑩]。

今译

贤能的人一定刚强正直，不贤的人一定阴柔谄媚；

贤能的人一定公平端正，不贤的人一定偏颇不正；

贤能的人一定大公无私，不贤的人一定关心私事；

贤能的人一定谦恭有礼，不贤的人一定骄傲怠慢；

贤能的人一定恭敬谨慎，不贤的人一定放肆无忌；

贤能的人一定谦让，不贤的人一定互争；

贤能的人一定开诚布公，不贤的人一定阴险狡诈；

贤能的人一定有独立的见解主张，不贤的人一定毫无定见随声附和；

贤能的人一定行事稳重，不贤的人一定为人轻浮；

贤能的人一定乐于成全别人，不贤的人一定将别人的失败作为自己的快乐；

贤能的人一定韬光养晦，不贤的人一定自我夸耀；

贤能的人一定宽容厚道、孝慈善良，不贤的人一定苛刻刁难、暴虐狠毒；

贤能的人对于嗜好、欲望必定较为淡泊，不贤的人对于权势、利益必定非常热衷；

贤能的人要求自己必定严格，不贤的人要求别人必定过分；

贤能的人一定举止从容、经久不变，不贤的人一定遇事急迫、反复无常；

贤能的人一定能看到长远而广大的事情，不贤的人一定只看到近期而琐碎的事情；

贤能的人一定重视与他亲近的人，不贤的人一定轻视与他亲近的人；

贤能的人一定行动重于言语，不贤的人一定言过其实；

贤能的人一定优先考虑他人的利益，不贤的人一定优先考虑自己的利益；

贤能的人见到善人一定会生怕自己赶不上，就会努力去做得像别人一样好，乐于称道别人的优点，不贤的人一定对品德、才能比自己强的人心怀怨恨、嫉妒，喜欢说别人的缺点；

贤能的人一定不侵害有苦无处诉、处境不幸的人，不惧怕有权势的人，不贤的人一定吃下软的吐出硬的，欺软怕硬。

简注

① 柔佞：阴柔、伪善、谄媚。

② 偏僻：偏颇，不公正。

③ 虚公：无私而公正。

④ 私系：为私事所系。

⑤ 特立：有独自见解主张，不附和于人。

⑥ 轻捷：为人轻浮。

⑦ 裱（biǎo）襮（bó）：亦作表襮，指自炫。

⑧ 无告：有苦而无处可倾诉，现形容处境极为不幸，古时常特指鳏、寡、孤、独之类的人。

⑨ 强御：豪强，有权势的人。

⑩ 柔则茹之、刚则吐之：语出《诗经·大雅·烝民》。

实践要点

张履祥结合自己的人生感悟，列举了二十一种“贤者”与“不肖”的特征，以便知人、识人。他对贤与不贤的各种特征的提炼、概括，贤与不贤的比较，每一条讲述一个方面的问题，从性格、品行到言行举止，细致入微，极有见地。

若此等类，正如白黑冰炭，昭然不同，举之不尽，总不外公私、义利而已。世谓知人之明不可学，予谓虽不能学，实则不可不学也。《中庸》言知人“不可以不修身”[①]，而修身又“不可不知人”，二者相因，得则均得，失则均失。人苟能为知人之学，庶其无殆矣乎！

今译

像这些类别，正如同白色与黑色、冰块与炭火，明显不一样，也列举不完，不过总不外乎公与私、义与利罢了。世人总说识别人的品行才能，其方法不可学，我认为虽然不容易学，实际上却是不可不学的。《中庸》里说知人“不可以不修养身心”，可是修养身心又“不可以不知人”，这两个方面互为因果，一得俱得，一失俱失。人们如果能够懂得知人的学问，大概也就没有危险了！

简注

① 语出《中庸》：“故君子不可以不修身；思修身，不可以不事亲；思事亲，不可以不知人；思知人，不可以不知天。”

实践要点

最后，又从根本处加以总结，"贤者"与"不肖"的区别，主要在于对待公与私、义与利的态度。知人，关键在于个人的自我修养，也即自知，自己先要成为一个贤能的人。知人、自知两个方面互为因果。

（六）古人为家惟尚礼义，今人为家惟尚货财。不知货财多寡有无，自有定分，非人所能为也。《论语》"富不可求"，《大学》"悖入悖出"[①]，《孟子》"为富不仁"，言之非不甚明，人不之信耳。凡物得之难，失之亦难；不义得之，即不义失之，真若影响也。农人终岁勤动，丰年所得已无几何。无田者以半输租，有田者供赋役三之一，衣食之计，不免称贷典质[②]之苦，故曰"稼穑艰难也"。然养生送死，思无越畔，世世恒于斯。仕宦而入厚禄，商贾而拥丰赀，非但子孙再世将不可问，身命之不保者众矣。子孙苟能视货财轻，则自能视礼义重。圣贤以非有而取，同于御与穿窬[③]。呜呼！几见杀越人以货、穿窬之盗，得长保所有以没齿乎？

今译

古人治理家庭只崇尚礼法道义，现在的人治理家庭只崇尚钱财。不知道钱财的多与少、有与无，都是命里注定的，不是个人力量所能左右的。《论语》中说“财富不可以谋求而得”，《大学》说“用不正当手段得来的财物，又被别人以不正当手段夺去”，《孟子》说“要聚敛财富便会不讲仁慈”，说的不是不明白，只是有人不相信而已。凡是财物得到它难，失去它也难；用不义之道得到的，就会以不义之道而失去，真的就是像这样感应迅捷呀！农夫整年辛勤劳动，丰收的年份收成也没有多少。自己没有田地，租种地主田地的农夫，还要将一半的收成交纳租税；有田地的农夫，交纳赋税和徭役也要花去收成的三分之一。为了穿衣吃饭等方面的用度，免不了遭受向人告贷和典押的痛苦，所以说：“从事农业劳动，艰辛困难呀！”然而一家人生前的奉养与死后的安葬，所想的事情不能超过这个界限，世世代代都是这样。做官的享有丰厚的俸禄，商人也拥有丰厚的资产，不但子孙两代无法追问，就连自己的身家性命都保不住的人也很多呢！子孙如果能够将钱财看得轻一些，自然就能将礼法道义看得重一些。圣明贤能的人，把谋取不是自己所应得的东西的人，视同大盗与窃贼。唉！何曾见过害人性命、抢人东西的窃贼强盗，能够一直保有他的钱财直到生命的终了？

简注

① 悖入悖出：用不正当手段得来的财物，又被别人以不正当手段夺去。

② 称贷：举债，向人告贷。典质：即典押。

③ 穿窬（yú）：挖墙洞和爬墙头，指偷窃行为。

实践要点

如何治理家庭？张履祥对比古今，说古人治理家庭只崇尚礼法道义，批判现在的人治理家庭只崇尚钱财。因为只崇尚钱财，就会想尽办法用不正当的手段来获取。《大学》说："言悖而出者，亦悖而入；货悖而入者，亦悖而出。"用违背情理的话去责备别人，别人也会用违背情理的话去来报复你；用不正当的手段得到的财物，也会以不正当的方式散失掉。君子爱财，取之有道；不义之财，必然带来灾难。君子有了德行这一根本，财富的获得才能水到渠成。此条讲如何看待财富，许多话都令人警醒。

（七）事无大小，必有成法[①]。循之为力既易，终焉无敝[②]；违之为力虽劳[③]，终必失之。是以不可不学也。然欲务学，必先求师。稼穑必于老农，诗书必于宿儒，下至巫医百工，各有所传所受，况为人之道而可无所受教乎？予幼少不学，颠沛屡经，以至居丧弗能如礼，葬埋不知尽道，苟且徇俗[④]，痛悔终身，已无可及，他无论已。周子曰："师道立则善人多。"[⑤]国不崇学，家不隆师，乱亡之征莫过此矣。

今译

事情不论大小，一定有既定的法则。依照既定的法则出力做事就容易，最终也没有弊端；违背既定的法则，即便辛苦费力，最终也一定会失败。因此不可不学习既定的法则。可是想要致力于学习，必须先找到老师。从事农作必须要找经验丰富的老农夫，学习诗书必须要找学养高深的老先生，即便是巫师、医生以及各种工匠，也都有各自能够传授的技艺，更何况为人处世的道理，难道可以不找人传授教导吗？我年少的时候没有好好学习，屡次经受困顿颠沛，以至于亲人死后在家守丧不能依照礼法，埋葬亲人不能竭力做到符合道义，只能敷衍了事顺随时俗，这是终身痛苦后悔的事，却已经没有办法回到以前，也就没有什么可说的了。周敦颐说："为师之道确立，好人就会多起来了。"一个国家不崇尚学习，一个家庭不尊重老师，败乱衰亡的征兆没有超过这个的。

简注

① 成法：既定之法。

② 敝：同"弊"。

③ 劳：辛苦，费力。

④ 苟且：随便，敷衍了事。徇俗：顺随时俗。

⑤ 周子：周敦颐，字茂叔，道州营道（今湖南道县）人，学者称濂溪先生。北宋著名思想家，理学的奠基人，其哲学思想主要见于《太极图说》和《通书》。

师道立则善人多：语出《通书·师第七》。

实践要点

“事无大小，必有成法。”成法就是道，天地有运行之道，人类也有生存之道。朱熹说：“事必有法，然后可成。”即做任何事情都要有相应的方法，找到方法，才能把事情做成。方法是达到目的的手段和途径，只有掌握了科学可行的方法，才能取得事半功倍的效果。面对任何事情都要认真思考其中的规律，才能想到解决的方法。张履祥认为掌握既定的法则，就需要致力于学习；致力于学习，必须先要找到老师。所以说，尊师重道，就是一个家庭兴旺发达的关键。

（八）古者易子而教，后世负笈[①]从师，近代延师教子。世变虽殊，要无不教其子者。天子之子，特重师傅之选，为国家根本在是也。下自公卿大夫，以逮士庶，显晦贫富不同，其为身家根本，一而已。虽有美质，不教胡成？即使至愚，父母之心安可不尽？中等之人，得教则从而上，失教则流而下。

子孙贤，子以及子，孙以及孙；子孙弗肖，倾覆立见，可畏已。近日师道不立，为子孙计者，孰知尊师崇傅之道？甚之生子不复延师。盍思为人父母，将以田宅金钱遗子之为爱其子乎？抑以德义遗子之为爱其子乎？不肖之子遗以田宅，转盼[②]属之他人；遗以多金，适资丧身之具。孰若遗以德义之可以永世不替？夫贤师世未尝少，求则得之，存乎诚敬而已。司马温公[③]虽谓“积阴德于冥冥之中”，然何若求贤师教之于昭昭之际乎？古称民生于三，事之如一，世人但知不可生而无父，岂知尤不可生而无师乎！

子弟三十以前，心志血气未有所定，虽贫且贱，不可辄离师傅。贤智者可使义理日进，愚不肖者可使非慝日远，全身保世，无出于此。师必择其刚毅正直、老成有德业者，事之终身。

今译

古代的人相互交换孩子来进行教育，后来则子弟背着书箱到外地去跟从老师学习，近代的人又聘请教师教育孩子。时代变了，求学的方式也不一样了，但重要的是，从来没有不教育子弟的。君王的子弟，特别重视老师的选择，因为治理国家的根本就在这里呀！往下从朝廷中的高官，以至于读书人和普通百姓，虽有显赫与低下、贫困与富贵的区别，但教育作为修养身心、治理家庭的根本则是相同的。即使有了良好的素质，不接受教育怎么能够成才？即使子弟非常愚蠢，父母教育子弟的心意怎么能够不尽到呢？才智中等的人，受到教育就能够提升才智，失去教育就会沦为才智下等的人。

子孙贤能，子女以及子女的子女，孙辈以及孙辈的孙辈就都贤能；子孙不贤能，覆亡立刻就能看到，令人畏惧呀！近代尊师重道的风尚没有树立起来，为子孙考虑的人，哪里知道尊崇老师的道理？过分的是，生养了孩子，却不为其聘请老师。何不想想，作为父母，将来把田地、房产、钱财给予孩子，是真爱孩子吗？还是把德行道义传给孩子，才是真爱孩子？不贤能的子孙，把田地房产给他，转眼就归了别人；把很多钱财给他，正好成为资助他丧失性命的工具。怎么比得上把德行道义传给孩子，可以永世都不衰败呢？世上贤能的老师并不稀少，只要去找就能找到，只要有诚意与恭敬即可。司马光虽然说“对于人力无法控制的事情，多多积累阴德”，然而为什么不去寻求贤能的老师，光明正大地教育子孙呢？古人所说的人民生计有三个方面——父母生养、师长教导和君主给食，以同样的态度侍奉他们，世人只知道成长不能没有父母，哪里知道成长更不能没有老师呀！

子弟三十岁之前，心意志向勇气还没有稳定，即使贫苦而卑贱，也不可立刻离开老师。贤能智慧的人，可以使得心中的义理一天天地长进；愚昧、不太贤能的人，也可以使得过错、邪念一天天地远离，保全身家性命以及家族之世代相传，没有比这个更重要的。一定要选择刚毅正直、老练成熟、有德行与功业的老师，并且一生都师从于他。

简注

① 负笈：背着书箱，指游学外地。

② 转盼（xì）：转眼。

③ 司马温公：即司马光，字君实，陕州夏县（今属山西）涑水乡人，世称涑水先生，卒后被追封为太师温国公，北宋著名思想家、史学家。

实践要点

孟子说“君子之泽，五世而斩”，是指君子的品行和风范经过几代人之后，就不复存在了；也指先辈积累的家产经过几代人就会败光。古语说：“道德传家，十代以上；耕读传家次之；诗书传家又次之；富贵传家，不过三代。”一个家族，凭着仁义道德，可以延续十代以上不衰败；如果凭借勤劳地耕种来延续家族，可能要比十代少；如果凭借着出文人、吟诗作赋来延续家族，可能比农耕还要少几代；如果凭借着财富来延续家族，最多不过三代就会衰败。第一代人挣下了巨额的财富，到第三代，因为从小就享受着富足的物质生活，容易滋生腐败，骄奢淫逸，并失去创业的初心和拼搏的勇气，在激烈的竞争中被淘汰，财富积累得再多也有败光的一天。想要延续家族，靠的就是德行，而不是财富。

一个家族的仁义道德如何传承呢？靠教育！由谁来教？孟子说：“古者易子而教之；父子之间不责善，责善则离，离则不祥莫大焉。”古时候的人互相易子而教，父子之间不求全责备，否则就会导致亲情淡薄，日益疏离就是更大的不幸了。张履祥也主张应延请贤能的老师来教导，而且一定要选择刚毅正直、老练成熟、有德行与功业的老师来教育子弟，以维持父子的亲情，保持家庭和谐，也使家业得以传承。

（九）自天子至于庶人，各有职分当为之事。早作夜思，不离职分之内，为君便是圣明，为臣便是忠良，士则为良士，民则为良民。自幼至老，为子弟有子弟之职分，为父兄有父兄之职分，世无无职分之人，人无无职分之日。求尽其职分，自不容不朝夕乾惕①。古人不敢怠荒②，日有孳孳③，不知年数之不足，凡以此耳。人不安本分，正如鱼脱于水，不免死亡及之。程子亟称“要不闷，守本分”④之言，其示人切矣。

今译

从帝王到平民百姓，各自都有自己本分之内应当做的事情。如果一大早就开始工作，到了晚上还在思考问题，而不离开自己的职分之内，做帝王就是英明圣哲的帝王，做臣子就是忠诚正直的臣子，做读书人就是贤良的读书人，做百姓就是贤良的百姓。从年幼到年老，做子弟有子弟的职分，做父母兄长有父母兄长的职分，这个世上没有无职分的人，任何一个人也没有无职分的日子。想要尽到自己的职分，自然就不容许不勤奋谨慎。古代的人不敢偷懒放荡，每天都能不懈努力，以至于忘掉余日无多，大多都是这样子的。一个人若是不安于自己的本分，就像是鱼离开了水，免不了死亡。程颢、程颐两位先生极力赞扬“一个人想要不郁闷，就要守着自己本分之内的事”这样的说法，他们告诉世人的这句话很真切呀！

简注

① 朝夕乾惕：亦作朝乾夕惕，是说终日勤奋谨慎，不敢懈怠。

② 怠荒：懒惰放荡。

③ 孳孳（zī）：同“孜孜”，勤勉，努力不懈。

④ 程子：指二程，即程颢、程颐兄弟，河南洛阳人。要不闷，守本分：语出《程氏外书》卷十二祁宽所记《尹和靖语》。

实践要点

“守本分”就是守住做人的道德底线，尽自己的最大能力，做好自己应该做的事情。守本分的前提是要勤劳谨慎。张履祥说的“朝夕乾惕”，出自《周易》乾卦：“君子终日乾乾，夕惕若厉，无咎。”品德高尚的人应该整日自强不息，夜晚小心谨慎如临险境，不能懈怠，这样就没有灾难了。在新时代，我们需要勇于改革、大胆创新的人才，但坚守本分、勤劳谨慎，仍然是应该提倡的优良品质，也是改革与创新的前提。

（十）大凡人之心，想多只向好底一边，希望至于老死不已。贫想富，贱想贵，劳想逸，苦想乐，转转憧憧[①]，无所纪极[②]。且思天下岂有人人富贵逸乐之理？亦岂有在我尽受富贵逸乐，在人尽受贫贱劳苦之理？妄想如此，是以分内全不思省，宜其祸患猝来不意[③]也。天地间人，各有分内当修之业，当修而不修，缺失不知几何？念及分内所缺、所失，自不得不忧，自不得不惧。知忧知惧，尚何敢肆意恣行，以取祸败？故曰："君子安而不忘危，治而不忘乱，存而不忘亡也。"[④]此心自幼至老，何可一日不栗栗持之乎？

今译

大概人的心里，多数都是向着好的一面想，满怀希望直到年老死去都不停止。贫穷的人想要富有，低贱的人想要高贵，劳累的人想要安逸，辛苦的人想要快乐，兜兜转转来往不断，没有尽头。想一想，天下哪有人人都富有、高贵、安逸、快乐的道理？又哪有我享尽一切富有、高贵、安逸、快乐，而他人则只能遭受贫穷、低贱、劳累、辛苦的道理？总像这样妄想，以致本分之内的事情完全不去思量、反省，那么祸患突然临头也就不意外了。生活在天地之间的人，各自都有本分之内应当建立的功业，应当建立却没有建立，失去的不知有多少？想到本分之内缺少的、失去的，自然不能不忧虑，自然不能不畏惧。懂得忧虑，知道畏惧，还怎么敢不顾一切由着自己的性子任意妄行，以至于招致祸患与败亡呢？所以说："君子安定的时候不要忘记可能遭遇的危险，国家太平的时候不要忘记可能遭遇的祸乱，生存的时候不要忘记可能遭遇的败亡。"从幼年到老年，怎么可以有一天不战战兢兢地怀有这样的想法呢？

简注

① 憧憧（chōng）：摇曳不定的样子。

② 纪极：终极，限度。

③ 猝来不意：意想不到地突然到来。

④ 语出《周易·系辞下》。

实践要点

张履祥强调"君子安而不忘危"，即居安思危。《左传·襄公十一年》："居安思危，思则有备，有备无患。"虽然处在平安的环境里，也要想到有出现危险的可能，随时有应对意外事件的思想准备。居安思危是中华文化的传统观念，反映了中华民族在历史发展中形成的忧患意识。现代社会物质生活充裕，不用担心饥饿和寒冷，生活圈舒适。但是没有远虑，必有近忧，所以要教育子女做一个有远见的智者，用发展的眼光看问题。不仅要懂得居安思危的重要性和必要性，更要在现实生活中训练处理危机的智慧和能力。这对于个人的成长，对于家族的发展，对于国家的长治久安，都有着非常重要的价值和现实意义。

（十一）人生饥渴不能无饮食，寒暑不能无衣裳，以及冠婚丧祭、岁时伏腊、馈问庆吊，俱不能无资于货财。然其源不可不清，其流不可不治。源则问其所自来，义乎？不义乎？流则问其所自往，称乎？抑[①]过与不及乎？果其取之天地，成之筋力，如君子之劳心，禄入是也；小人之劳力，稼穑、桑麻、畜牧是也。下此则百工执艺之类，又下则商贾负担之类，皆义，外是非义也。果其量入为出，权轻重，审缓急、先后，宜丰不俭，宜寡不多，斯为称。否则非当用而不用，即不当用而用矣。世人不治其流，求其源清固不可得；其源不清，欲其流治亦不可得也。以是二患成其百恶。明有视听，幽有鬼神，君子赢得为义，不言利而利存；小人赢得为利，利未得而害伏，愚哉！

今译

人活着，饥饿、口渴不能没有饮食，冷天、热天不能没有衣服，以及冠礼、婚礼、葬礼、祭礼，一年四季时节更替，馈赠慰问、喜事庆贺、丧事吊慰，都不能不依靠钱财、货物的供给。但是钱财的来源不可以不清楚，钱财的去向不可以不管理。所谓来源，就是要问钱财从哪里来，是正义的？还是不正义的？所谓去向，就是要问钱财用到什么地方了，是恰当的？或是用得过多还是过少了？钱财如果是从天地之中得来的，在体力中生成的，像地位高的人费心思，依靠俸禄所得就是这样；地位低的人从事体力劳动，依靠春耕秋收、种桑养蚕、饲养牲畜所得就是这样。在这之下的就是各种工匠之类，再之下的就是商人小贩之类，这些都是符合正义的收入，除此之外就是不符合正义的。如果根据收入的多少来决定开支的限度，权衡开销的轻重，仔细考虑支出的紧急程度和先后顺序，应该丰厚的不能节省，应该少的不能多，这就是恰当。否则不是应当支出的却没有支出，就是不应当支出的却支出了。世上的人不去管理钱财的去向，想要钱财来源清楚当然办不到；钱财的来源不够清楚，想要将钱财的去向管理到位也难以做到。因此这两种祸患就会造成各种各样的恶果。在人世间有看得到和听得到的人，在幽暗的阴间有亡魂与神灵，君子得到的符合道义，不说利益可是利益已来；小人得到的是利益，利益还没有得到而危害的种子就已经埋下，真是愚昧啊！

简注

① 抑：或是，还是。

实践要点

人生于世，处处时时都需要钱财。张履祥认为钱财的来源要符合正义，钱财的使用要量入为出，权衡轻重缓急，恰到好处地管理、支出钱财。传统的财富观认为面对财富要“重义轻利”。财富的获取必须有正当合法的途径，要恪守礼法，坚持仁义。这种传统的财富观，包含着中国政治、经济、文化的历史底蕴，具有中国哲学的智慧。有人归纳了十种“不义之财”，足以引以为鉴：顺手牵羊之财、违法乱纪之财、抵赖债务、寄存款、共有钱财、公共财产、借势苟得钱财、非法经营钱财、诈骗投机钱财、赌博钱财。在现代以创造财富为导向的发展模式中，财富的创造、分配、使用等过程中会出现新的问题，如贫富差距的悬殊。因此就需要我们借鉴中国传统的财富观念，处理好源和流、义和利的关系。

（十二）一方有一方之物产，天地生此以养人，在人为财货。（如山之竹木、海之鱼盐、泽国茭芡[①]、斥卤[②]木棉、莽乡[③]羊豕之类。吾乡则蚕桑、米麦是也。）但能反求诸己，竭力从事，不闭塞其利源，养生送死可以无憾。何事妄求，以为心害哉？

今译

一个地方有一个地方出产的物品，天地生长这些物品用来养育人民，到了人民的手上就成为钱财。（比如山中的竹子树木、大海里的鱼与食盐、沼泽里的菱芡、盐碱地的木棉、草原的羊与猪之类。在我的家乡就是养蚕与种桑、大米和小麦。）只要能够反过来在自己身上寻找原因，竭尽全力做好自己的事，不堵塞钱财的来源，子女对父母生前的奉养与死后的安葬就可以没有遗憾了。为什么要非分地要求，以致成为心中的祸害呢？

简注

① 芰（jì）：菱。芡（qiàn）：一年生水草，茎叶有刺，亦称“鸡头”。

② 斥卤：盐碱地。

③ 莽乡：草丛、草原。

实践要点

董仲舒《春秋繁露·服制象》说：“天地之生万物也，以养人。故其可食者以养身体，其可威者以为容服，礼之所为兴也。”天地生长万物，就是用来养育人民的。所以那些可以食用的东西用来养护身体，那些使人有尊严的东西可以用来穿衣打扮，礼仪于是就建立了。“一方水土养一方人”，人与地理环境之间存在着密切的联系。人民只要勤劳，尽力做好自己的事情，就能从天地间获得钱财，就可以赡养父母，在父母死后办好丧事。如果有什么非分的想法，就会带来祸害，张履祥想说的其实是这一句。

（十三）天地间人各一心，心有万殊，何能疑贰[①]不生，始终若一？所仗忠信而已。以忠信为心，出言行事，内不欺己，外不欺人，久而家庭信之，乡国渐信之，甚至蛮貊[②]且敬服之。由其平生之积然也。故曰："诚能动鬼神。"若怀欺挟诈，言不由中，行无专一，欺一二人，将至人人疑之；一二事不实，事事以为不实。凡所接对，莫不猜防怨恶，将何以自立于天地之间？每见年少之日，自谓智能，虽在父子兄弟间，说不从实，举动诡秘，见恶亲长，取贱乡邻，虽至老死，后人犹引以为戒。哀哉！

今译

天地之间的人，各自都有自己的思想，思想各不相同，怎么能够不生因猜忌而引发的异心，始终一个想法呢？依靠的就是忠诚信实罢了。把忠实、诚信作为根本，说话做事，对内不欺骗自己，对外不欺骗别人，久而久之家里的人就会相信他，家乡的人也会渐渐相信他，甚至四方未开化的蛮族也会恭敬佩服他。这是因为他向来所积累的诚信才能这样的。所以说："诚信能够感动鬼神。"如果怀有欺诈别人的念头，言不由衷，做事不一心一意，欺骗了一两个人，就会导致人人都怀疑他；在一两件事上不诚实，就会被认为在所有事情上都不诚实。凡是接待应对，没有人不会猜忌、防范、抱怨、厌恶，自己又凭什么在天地之间立足呢？每次看到有人年轻的时候，自认为智慧贤能，即使在父子兄弟之间，也从来不说实话，行为举止隐秘不易捉摸，被亲友长辈厌恶，被家乡人轻视，这样的人即便是死后，后来的人也会把他作为警戒。真是悲哀啊！

简注

① 疑贰：亦作"疑二"，因猜忌而生异心。

② 蛮貊（mò）：亦作"蛮貉""蛮貌"，古代称南方和北方落后部族，亦泛指四方落后部族。

实践要点

张履祥强调为人处世要讲"忠信"，忠实诚信为道德之本。"忠"从心从中，内忠于心；"信"从人从言，外信于人。说话，做事，最终都归结于有什么样的心。"信"以"忠"为基础，从"尽心"出发。"忠"来自人的内心，是人的内心品质，体现的是内在的自我修养和自我完善。"信"体现的是外在的社会关系和道德实践。忠信是个人立身处事的基础，是一个人应当具备的最基本的道德品质。忠信也是交往之道的核心，是实现人与人之间沟通与合作的重要前提，还是社会政治制度得以健康运行的基础与保障。

（十四）子孙于祖父，奉养之日多少不可期，甚乃一日不逮①养者。昊天罔极②，惟追远③一事得以终身行之。不只终其身而已，子孙服未尽，犹得以尽其心也。若祠墓之祭，则又不可以世计，故礼以祭为重。古人之所以事死如事生，事亡如事存。凡门中小大男女，不可不知此义。

今译

子孙对于祖辈父辈，奉养的时间有多少是无法预计的，甚至有一天都来不及奉养的。父母尊长的养育恩德如此深广，总觉得无可报答，只有虔诚祭祀以追念先人这件事可以终身奉行。不只是自己的一生而已，子孙也要一直实施下去，而且还要他们能够尽心。至于在祠堂与墓地的祭祀，又不能完全按照世代来计算，所以说礼仪中把祭祀作为最重要的事。这就是古代人说的侍奉已经去世的先人，就像侍奉他们还在世的时候一样的原因。凡是家族中的小孩与大人、男人与女人，不能不知道这个道理。

简注

① 不逮：不及。

② 昊天罔极：形容父母尊长的养育恩德极大。

③ 追远：祭祀尽虔诚，以追念先人。

实践要点

“子孙于祖父，奉养之日多少不可期，甚乃一日不逮养者。”正所谓“树欲静而风不止，子欲养而亲不待”。生死存亡，并不随个人意愿而转移。子女希望为双亲尽孝时，父母可能都已亡故，所以说行孝必须及时，不要等到父母去世之后。至于祭祀先人，张履祥强调“事死如事生”，好像先人还没有离开，这就是孝顺、诚敬精神的体现。

（十五）墓祭饮馂[①]，以子弟之师为宾，妣族[②]一人为客，务尽诚敬之道，使子孙观法，永为可继。若妣党或因道远不能邀致，犹当馈以祭肉，勿令渐成遗忘。师则别燕[③]为宜。但族人长少不得咸在，故欲于祭之日以礼相示。若有祠堂，则于祠祭之日行之。

今译

在墓地祭祀后吃喝祭品，要把子弟的老师作为贵宾，将已故母亲的亲属中的一个人作为客人，务必做到诚恳恭敬，让子孙观看祭祀的礼仪，使之永远继承下去。如果已故母亲的亲属有时因为路途遥远而不能受邀前来，也应当将祭肉送给他们，不要让后人渐渐遗忘了。老师则另外设宴较为合适。但是家族里年长者、年少者不可能都在场，所以需要在祭祀的时候将礼法演练给他们看。如果有祠堂，就在祠祭的那一天举行祭祀的各种礼仪。

简注

① 饮馂（jùn）：祭祀后吃喝祭品。

② 妣（bǐ）族：妣，已故的母亲。妣族，已故的母亲的亲属。下文“妣党”意同。

③ 燕：同“宴”，宴饮。

实践要点

古人“事死如事生”，在墓地为逝者摆设丰富的供品用于祭奠逝者，祭品有酒有肉有果盘。墓祭之礼结束后，参与祭祀的人当场吃掉、喝掉，意为“饮福”，希望逝者能保佑生者，给亲人朋友带来福气。如期举行祭祀之礼，并让子孙观看、学习祭祀之礼，从而传承文化、传承孝道，现代的中国人依旧需要弘扬。虽然许多传统的做法多有改变，但是其中的恭敬之意，诸如如何对待孩子的老师、已故母亲的亲属等等，都值得现代人学习。

（十六）报本之义，豺獭皆知，而况于人？笾豆①之实，牲殽粢醴②之将，自古未有飨③之者也。孝子孝孙，尽心以格祖考④，庶几⑤飨之而已。诚敬之不至，尚何祭祀之有？是不知其本始者也。本始之不知，犹云有子孙乎？

今译

知恩图报的道理，连豺和獭都知道，更何况人呢？盛于笾豆之内的祭品，牛、羊、猪以及谷物、甜酒等，自古以来没有人用这些来祭祀的。这是后来的孝顺子孙，想用丰厚的祭品来感动祖先，或许也能这样祭祀吧？没有诚恳恭敬的态度，即使有了丰厚的祭品，又怎么能算祭祀呢？这是不知道祭祀的根本所在。不知道根本所在，又怎能说得上有了孝顺的子孙呢？

简注

① 笾（biān）豆：古代祭祀及宴会时常用的两种礼器，竹制为笾，木制为豆。借指祭仪。

② 牲：古代特指供宴飨祭祀用的牛、羊、猪。殽：同“肴”。粢（zī）：泛指谷物。醴（lǐ）：甜酒。牲殽粢醴，泛指祭品。

③ 飨（xiǎng）：祭祀。

④ 格：感通，感动。祖考：祖先。

⑤ 庶几：差不多，近似。

实践要点

张履祥认为祭祀不在于祭品如何丰厚，而在于祭祀的人内心诚敬。祭祀是为了追思逝去的先人，出于对先人的敬畏。一个家族的传承有赖于祖先的血脉，作为一个家族之源，祖先不能被忘记。所谓“慎终追远，民德归厚”，祭祀在于感恩，教育后人传承一代代先人的优秀品质，并启发子孙后代的孝心。

（十七）亲友庆吊，称情量力，以诚为主，不以文[①]为先。世俗浮奢，非礼之礼，不足循也。称情者，亲亲则有杀[2]，尊贤则有等。厚其所宜薄，薄其所宜厚，逆情倒施，小人之道也。量力则称家之有无，富而吝财非礼也，贫而求备亦非礼也。

今译

亲戚、朋友之间喜事的庆贺与丧事的吊唁，要衡量情感的亲疏量力而为，以诚心为主，不要把礼仪作为首要的事情。世间的习俗浮夸奢侈，不是真正符合礼法的礼仪，不值得遵循。所谓衡量情感的亲疏，意思是亲戚与亲戚之间有差别，尊者与贤者之间有等第。重视那些应该轻视的，轻视那些应该重视的，做事违反常理，这是小人的做法。量力而为就是要考虑自己家中的情况，富有但是吝啬钱财是不合礼法的，贫困但是事事要求做到完美无缺也是不合礼法的。

简注

① 文：礼节仪式。

② 杀（shài）：差，等差。

实践要点

中国自古就是人情社会，形成了一套礼尚往来的礼俗，主要表现在拜贺庆吊。拜贺庆吊需要通过财物等来体现，有人以财物的多少来衡量感情的深浅，张履祥却认为要根据情感的亲疏并衡量自己的财力，以诚心为主。随着时代的发展，社会生活节奏的加快，物质日益充裕，礼节和仪式则渐趋简化，以金钱和物品来承载情感成为趋势，人情礼俗呈现出“简化”和“物化”的特点。然而具有传统“人情味”的礼俗，“诚敬谦让，和众修身”的精神，在现代社会仍然有着不可替代的文化价值，值得我们辩证地继承和发扬。

正伦理凡二十七条

（一）礼本诸天地，莫大于名分①之际。尊卑上下，名分所以定也。名分一乱，未有不亡，家国一也。其端多始于嫡庶②、主仆之际，小加大，淫破义，祸乱随之以生。至于夫妻、父子、兄弟爰及③宗族，衅隙④既成，萧墙祸稔⑤，纵不灭绝无后，鲜不数世崩离。《记》曰："坏国、丧家、亡人，必先弃其礼。"古今一辙。

今译

礼源自天和地，没有什么是比名分之间的差别更为重大的。尊卑、上下，名分就是用这些来确定的。名分一旦混乱，没有不因此而败亡的，家庭和国家都是一样。名分的开端多起始于嫡与庶、主人与仆人之间，地位低的凌驾于地位高的，淫乱破坏礼义，灾祸和变乱就会随之发生。以至于夫妻、父子、兄弟以及宗族之间，裂痕既已形成，内部祸乱也已发生，即使还没有灭绝，也很少不是几代以后就分崩离析了。《礼记》说："要使一个国家衰败，一个家族瓦解，一个人灭亡，必定要先废除礼仪。"从古到今都是一样。

简注

① 名分：儒家思想中，君臣、父子、夫妻的关系称为“名”，相应的责任、义务称为“分”。

② 嫡（dí）：系统最近的、正统的，传统宗法制度中指正妻，正妻所生的孩子。庶（shù）：宗法制度下家庭的旁支，非嫡配所生的孩子。

③ 爰（yuán）及：与。爰，助词，无义。及，与，和。

④ 衅隙（xìnxì）：裂缝，意见不合，感情有裂痕。

⑤ 萧墙祸稔：祸乱发生在内部。萧墙，古代宫室内当门的小墙，比喻内部。稔（rěn），事物积久养成。

实践要点

礼是维系国家和家族的纽带，也是人的立身之本。礼出自周朝，被儒家广泛推崇；法兴起于战国。礼是用于社会活动的指南，法是社会运行的规范，都是用以维护社会安定繁荣、长治久安的。在全面推进依法治国的今天，倡导继承传统礼治的精神，并非是要取代法治，而是要着眼于人的心理需要，挖掘和传承我国传统文化的精华，汲取营养，择善而用，建立一种相互补充、互为支撑的社会秩序机制。

（二）人之所以异于禽兽者，为其有纲常伦理也。若废纲常、败伦理，与禽兽无异，即使人不及诛，天必诛之。故乱臣贼子，内乱萧墙之变，与夫挟持左道，毁蔑圣贤，未有不杀身戮尸，洿宫潴室①，灭门殄类②者。盖禽兽之道固然也。自天子至于庶人，一而已，《大学》教人以修身为本，夫岂迂哉？

今译

人类之所以与禽兽不同，在于人类有三纲五常等人与人相处的道德准则。如果废弃三纲五常，败坏人与人相处的各种道德准则，以致与禽兽没有什么不同，那么，即使这个人还不到被诛杀的程度，上天也一定会诛杀他。所以不守君臣父子之道的人，在内部引发祸乱，以及依靠邪门歪道，诋毁蔑视圣人和贤人，没有不被杀害并陈尸示众，家室被毁坏，家族被灭绝的。因为禽兽的相处之道本来就是这样的。从帝王到平民百姓，原本就是一个道理，《大学》教导人们把修养自己的身心作为一切的根本，这难道是不合时宜的话吗？

简注

① 洿（wū）宫：掘毁的宅第。潴（zhū）室：聚积水的房屋。此处指被毁

的家室。

② 殄（tiǎn）类：灭绝族类，意指株连九族。殄，尽，绝。类，族类。

实践要点

孟子说："人之所以异于禽兽者几希，庶民去之，君子存之。舜明于庶物，察于人伦，由仁义行，非行仁义也。"人和禽兽的差别其实很小，普通百姓抛弃了它，君子保持了它。舜明白事物的道理，了解人伦常情，因而是以仁义为出发点行事的，不是为行仁义而行仁义。三纲五常等道德准则都是以仁义为基础的，而人与禽兽的差别就是仁义。有人认为人与动物的区别就是会劳动，会制造劳动工具，但这并没有解释清人与动物之间的根本差别。因为人会劳动，会制造劳动工具，只是能得到比禽兽更多的物质需求、更多的安全需求，这只是数量上的差别，不是本质上的差别。人只有具备了仁义，才会变成没有禽兽特征，本性高尚的人类，所以必须要强调修身为本。

（三）家之六顺：父慈、子孝、兄友、弟恭、夫倡、妇随，如是则父父子子[①]、兄兄弟弟、夫夫妇妇，而家道正。反是为逆。顺则兴，逆则废，必然之理。人人言作家[②]，而不知务[③]此，惑甚矣！父慈以善教为大，子孝以承志为大。贻金不慈之大，自贤不孝之大。

今译

家庭之中的“六顺”：父亲慈爱，儿子孝顺，兄长友爱，弟弟恭敬，丈夫倡导、妻子顺从，像这样的话就会父亲像个父亲的样子，儿子像个儿子的样子，兄长像个兄长样子，弟弟像个弟弟的样子，丈夫像个丈夫的样子，妻子像个妻子的样子，那么家庭的发展就走上正路了。反之就是邪路。顺应这些就家庭兴盛，违反这些就家庭废败，这是必然的道理。人人都说要治理好家庭，却不知道致力于这些，真是太糊涂了！父亲的慈爱，以善于教育子女最为重大；子女的孝顺，以继承父辈的志向最为重大。遗留钱财给子女，是对子女不慈爱的重大表现，自以为贤能而妄自尊大，是对父母不孝顺的重大表现。

简注

① 父父：父行父道。行父道，就是按照父亲的守则去做。第一个“父”是名词，父亲；第二个“父”是动词，遵守做父亲的法则。后面的“子子”“兄兄”“弟弟”“夫夫”“妇妇”结构与此相同。

② 作家：治家，理家。如《晋书·食货志》：“桓帝不能作家，曾无私蓄。”

③ 务：致力，从事。

实践要点

《左传》中记载，石碏谏卫庄公提出了六种顺应之道，即“君义、臣行、父慈、子孝、兄爱、弟敬”：国君行事合乎道义，臣子奉命行事，父亲慈爱，儿子孝顺，兄长友爱，弟弟恭敬。后人据此而提出家庭中的六种顺应之道，表现了儒家思想中的伦理关系和社会规范。正确理解“六顺”，不仅可以维系人际关系，也是家庭和谐、社会长治久安的基础，所以在现代依旧有其实践意义。张履祥还特别指出，“父慈”不是留给子女钱财，而是善于教育子女；“子孝”不是妄自尊大，而是继承父辈的志向。

（四）有子不教，不独在己薄[①]其后嗣，兼使他人之女配非其人，终身受苦。有女失教，不特自贻[②]他日之忧，亦使他人之子娶非其偶，累及家门。《诗》云：“恩斯勤斯，鬻子之闵斯。”[③]凡为父母，莫不如是，故劬劳[④]也。婿之与妇，夫非尽人之子与？坐令失所，夫何忍！

今译

有儿子不好好教育，不只是自己轻视自己的子孙后代，还会使得别人的女儿嫁给一个不适合的人，一生遭受苦难。有女儿不好好教育，不只是自己给自己在日后留下隐患，也会使得别人的儿子娶到一个不适合的配偶，连累别人的家族。《诗经》上说：“爱子护子勤于照料，养育子女的操劳，令人怜悯。”凡是身为父母，没有不是这样的，所以劳累呀！女婿与儿媳妇，不都是别人的子女吗？因此让他们失去安身之处，怎么忍心呢！

简注

① 薄（bó）：轻视，看不起。

② 贻（yí）：遗留，留下。

③ 语出《诗经·豳（bīn）风·鸱鸮（chīxiāo）》。该诗以一只失去幼鸟的母鸟的口吻诉说自己过去遭受的迫害，经营巢窠的辛劳与目前处境的艰难。恩，爱，爱护。勤，辛勤，劳苦。鬻（yù），同“育”，养育。闵，通“悯”，怜悯，可怜。

④ 劬（qú）劳：劳累，劳苦。《诗·小雅·蓼莪》：“哀哀父母，生我劬劳。”

实践要点

张履祥提醒我们要教育好自己的子女，这不仅关乎子女的幸福，还关乎子女配偶的幸福，关乎两个家庭及其后代的幸福，推而广之关乎一个家族乃至一个国家的前途命运。尽其所能，把教育好自己的子女作为人生的一项重要事业来做，这是为人父母不可推卸的责任。立足当下，着眼未来，为国家、为社会培养有用的人才。

（五）人子事亲多方，只“生事尽力，死事尽思”二语蔽①之。总以爱身为本。爱其身则能修其身，修其身，然后可以承先，可以启后。“哀哀父母，生我劳瘁。”②所望于子者，岂有他哉？身之不惜，尚何孝之可言！

今译

子女侍奉父母双亲，包括多个方面，只用“父母活着的时候尽心尽力地赡养父母，父母逝世之后能够全心全意思念父母”两句话就能概括了。总的原则是把爱惜身体作为根本。爱惜身体就能够修养身心，修养身心，然后就可以继承前人的事业，就可以为后人开辟道路。“可怜我的父母，抚养我长大，因为辛劳过度而导致身体衰弱。”父母对子女的期望，难道还有其他什么吗？不爱惜自己的身体，还要说什么孝顺父母呢？

简注

① 蔽（bì）：概括。

② 语出《诗经·小雅·蓼莪》。劳瘁（cuì），因辛劳过度而导致身体衰弱。

实践要点

张氏家族是桐乡当地的望族，张履祥的祖父和父亲在当地都是小有名气的人，尤其是他的祖父酷爱学问，举凡经史、传记、医卜杂家，无不通晓。然而在明朝走向覆灭的时候，他的家族渐渐衰落。在他九岁的时候，父亲去世，留下幼儿弱母，仅靠祖产度日。他的母亲是个有见识并且坚强的女人，曾说："孔孟亦两家无父儿，只因有志，便做到圣贤。"在母亲和祖父的教育下，张履祥勤奋好学，虽然体弱多病但能爱惜身体，活到六十多岁，还成了一代大儒。由他的成长故事可以看出，做父母的必须对子女有所期望，而做子女的则首先必须爱惜身体。

（六）兄弟手足之义，人人所闻，其实未尝深体力求①，故泛泛然若萍之偶合也，纷纷然若鸟兽之各散也。盍②思手足二体，持必均持，行必均行，适必皆适，痛必皆痛，偏废必弗宁，骈枝③必两碍，不言而喻，无所期而然。是以为分形连气④也。方其幼时，无不相好，及其长也，渐至乖离⑤。古人谓："孝衰于妻子。"⑥孝衰，悌因以俱衰。人能长保幼时之心，勿令外人得以伤吾肢体，庶⑦可永好矣。世人尝言一人不能独好，意将归恶兄弟也。即此一言，不好情形尽见。果然一人独好，同父母之人安有不好之理乎？

今译

兄弟手足的情义，这是人人都知道的，而它的实际情况却是很多人都不曾深切体验、尽力追求的，所以泛泛地像浮萍一样偶然相遇，又纷纷地像飞禽和走兽一样各自逃散。何不想一想，手与脚这两个器官，持有时必定同时持有，行动时必定一起行动，舒适的时候一定都舒适，疼痛的时候一定都疼痛。只重视某一个器官而忽视或废弃另一个器官，一定会都不得安宁；多余无用的骈枝，又必定会对双方都有妨碍。这是不用说就可以明白的自然而然的浅显道理，不希望这样而竟然这样。这是因为形体虽有分别，而气息其实相连。正当兄弟年幼之时，彼此之间关系良好，感情融洽，等到他们长大后，就逐渐相互背离。古人说："孝道在娶妻生子之后就会衰退。"对父母的孝顺衰退，对兄长的敬重也会因此而衰退。人们能够长期葆有年幼时候的念头，不要让外人伤害我们的兄弟之情，差不多就能永远好好相处了。世人曾说一个人不能只是自己好，意思是说将恶的一面归于自己的兄弟。就是这一句话，兄弟之间相处得不好的情形就彻底显露出来了。如果真的一个人只是自己好，同一个父母的兄弟怎么会有不好的道理呢？

简注

① 深体力求：深刻体验，尽力追求。体，亲身经验，体验，体察。求，追求，谋求。

② 盍（hé）：何不，表示反问或疑问。

③ 骿（pián）枝：骿拇枝指，当大拇指与食指相连时，大拇指或无名指旁所长出来的一个多余的手指；比喻多余无用的东西。

④ 分形连气：形容父母与子女的关系十分密切。后来也用于兄弟间。颜之推《颜氏家训·兄弟》："兄弟者，分形连气之人也。"

⑤ 乖离：抵触，背离。

⑥ 语出《增广贤文》："病加于小愈，孝衰于妻子。"是说疾病总是在快要痊愈的时候加重，病没彻底好就不吃药；孝道在娶妻生子后就会衰退，忘了父母的养育之恩。妻子，妻子和孩子。

⑦ 庶：差不多，也许。

实践要点

宋代苏辙《为兄苏轼下狱上书》说："臣窃哀其志，不胜手足之情，故为冒死一言。"苏辙在其兄长苏轼因"乌台诗案"而被逮捕入狱后，给宋神宗写了一封信，抒写自己与兄长相依为命的手足之情，并请求神宗免除自己的官职为其兄赎罪。张履祥和他的兄长张履祯也是情同手足，康熙十一年，他筑成新房"务本堂"，迁入家庙神主供奉，又接其兄长张履祯同住。此条关于兄弟之情的讲述，可以推广到朋友之情等等，任何情谊都不可以因为诸如娶妻生子之类而渐渐疏远，善始善终总是值得称颂的。这个道理对于当今和谐家庭、和谐社会的建设仍有其积极的意义。

（七）古人有言："难得者兄弟，易得者财产。"人家每因财产伤败彝伦，疏薄骨肉。子孙当学克让，永保家世，勉思此言。

今译

古人有一句话："难以得到的是兄弟，容易得到的是财产。"有些人家常常因为财产而败坏伦常，疏远淡薄父子兄弟之间的骨肉亲情。作为子孙，应当学会克制谦让，永远保全家道、世业，好好体会这句话。

实践要点

"难得者兄弟，易得者财产。"这是说兄弟之间的情谊比财产更加重要。重孝悌，轻财产，是中国传统文化一再强调的。"钱财乃身外之物"，可贪恋荣华富贵又是人的本性，有的人为了钱财背弃情义，有的人为了钱财与亲人反目成仇。特别是兄弟姐妹之间，父母在世时，彼此还能和睦相处；一旦父母离世，往往因为财产的继承问题而对簿公堂，有的大打出手，有的互相揭短，令去世的父母蒙羞。如果能看轻钱财，重视情义，相互克制谦让，那么家族就会永葆和谐安宁了。

（八）古者父母在，不有私财，盖私财有无，所系孝弟之道不小。无则不欺于亲，不欺于兄弟，大段已是和顺。若是好货财、私妻子，便将不顾父母，而况兄弟。不孝不弟，每从此始。近世人子，多有父母在而蓄私财，及父母在而结私债，均是不肖所为。甚或父母以偏私之心，阴厚以财，与不恤[①]其苦，启其手足之衅[②]，为害尤大。

今译

古时候父母在世的话，子女不能拥有私人财产，因为私人财产的有无，与孝顺父母、友爱兄弟的道理关系很大。没有私财就不会欺骗父母，不会欺骗兄弟，大体上已经是平和恭顺了。如果是喜好钱财，偏爱自己的妻子和儿女，就会不顾父母，更何况兄弟。不孝顺父母，不友爱兄弟，常常就是从这里开始的。近代以来做子女的，经常会父母仍在世就积蓄私财，以及父母仍在世就欠下私人所负的债务，这都是品行不好、没出息的行为。甚至有的人，由于父母的偏爱，而暗中得到财物上的优待；还有的人，不顾惜父母的辛苦，使兄弟之间出现感情上的裂痕，为害更大。

简注

① 不恤：不忧悯，不顾惜。

② 衅：缝隙，感情上的裂痕。

实践要点

《礼记》中说："孝子不服暗，不登危，惧辱亲也；父母存，不许友以死，不有私财。"孝子不在冥暗之中做事，不行险以侥幸，怕给双亲带来不善教子的恶名；双亲健在，不应承诺为朋友报仇、卖命，也不应该有私人财产。家庭必定强调一体之感，财物私有就是妨害大家庭一体感的重要因素。财物公有也是为了伦理的需要，父母掌控着家庭财物，也有利于子女依顺父母。子女如果有了私人财物，对父母的依赖就会减少，孝顺之心也会减退。现代社会，子女难以管教的原因之一，不正是子女从父母那里获取了太多的钱财，反而生出了叛逆之心吗？

（九）骨肉构难，同室操戈，天必两弃，从无独全之理。盖天之生物，使之一本[①]。本立则道生，根伤则枝槁，未有根本既伤而枝叶如故者。其有或全，必其弱弗克竞[②]，而深受侮虐者也。

今译

父母兄弟等骨肉之亲结成怨仇，一家人操起刀枪自相残杀，上天一定会把结怨的双方都抛弃，从来没有只保全一方的道理。因为天地创生万物，其根本都是相同的。根本确立了，道就产生了；树根受伤了，树枝就会干枯，没有树根已经受伤而树枝树叶还像原来一样的。有的之所以还能保全，一定是因为太弱小而不能竞争，从而深受欺凌残害的一方。

简注

① 语出《孟子·滕文公上》：“且天之生物也，使之一本。”一本，同一根本。

② 弗（fú）：不。克：能够。

实践要点

骨肉构难、同室操戈的事件，在历史上不计其数，有的为名利，有的为权势……根本原因是没有遵循父慈子孝、兄友弟恭的孝悌之道。“君子务本”，此本就是孝悌，做到了孝悌，才能齐家治国。所以张履祥强调，父子、兄弟之间互相帮助扶持，才能成就幸福的家庭和成功的事业。

（十）典礼，兄弟无子，以兄弟之子为嗣[①]，所以继绝世，笃亲亲也。世俗利于赀产，不顾天伦，因之富则争，而贫则避，迹虽不同，其为不仁一也。兄弟同父之人，从兄弟同祖之人，虽至服绝杀及袒免[②]，推本而言，一人之身而已。何忍利其无子而得财，与薄其无财而莫嗣乎？吾家宗支衰少，先世以来绝嗣者众，往往赘婿为后，兄弟逊让亦弗与争，似于他族为愈。然族姓参乱，祭祀坟墓不复可问。事不由乎礼义，难以久长。今本礼制，约为定例：

凡兄弟无子，以兄弟之子应为后者，嗣不得越序而继，与应继而诡辞以避。其膳产，即于本生之产，随其厚薄，兄弟均分。而嗣父母与所生父母，存则同养，没则合葬。其无子，赀产俟[③]本人夫妇没后，以半归之祖墓，以益祭产，慰其奉先之心；以半为本人夫妇及其本生墓产，供子孙祭祀之费。如是则争端寝息[④]，利心莫生，族姓不杂。存无忧失养而亲亲之道敦，没无忧不祀而血食之计永。虽为家门私则，苟能世守，亦仁义之一事也。

或疑嗣父母贫而本生富，与嗣父母富而本生贫，嗣子兄弟之际，保无嫌隙之生乎？曰：“存乎其人而已。人之无良，无所不争。如其贤也，无不克善。且此亦未尝非均道也。”

今译

礼制规定，兄弟没有儿子，把他的兄弟的儿子作为后代，用来延续断了后的家族，使得亲人更加亲近。世俗的人为了钱财，不顾及父子兄弟等伦常关系，因此富有就争夺，贫困就躲避，做法虽然不一样，他们的不仁却是一样的。同胞兄弟是同一个父亲，堂兄弟是同一个祖父，即使到了五服以外的远亲，若推究其根本而言，还是从同一个人的生命开始的。怎么忍心利用他没有儿子而侵夺他的钱财，或者轻视他没有钱财而不给他过继后代呢？我们家族支派一直在减少，从前几代直到现在，断绝后代的家庭很多，常常招女婿做后代，兄弟之间因为谦让也不去争执，似乎比其他的家族要好。然而家族中的姓氏杂乱，墓地上的祭祀如何进行，也无法过问了。做事情不遵照礼法道义，就难以长久。如今依据礼仪制度，定为惯例：

凡是兄弟没有后代，把兄弟的儿子过继为后代的，嗣子不能越过次序而过继，应该过继却用假话搪塞的要避免。过继父母的财产，就是亲生父母的财产，根据财产的多少，兄弟平均分配。过继父母与亲生父母，活着的时候要一同赡养，去世之后则同葬一穴。没有儿子的，他的财产就等他们夫妻都过世后，将其中的一半归入祖先的墓地，用来增加家族祭祀的财产，以告慰他奉养祖先的心意；另一半财产归于他们夫妻本人以及他的亲生父母的墓地，作为子孙后代祭祀他们的费用。这样一来，争执就会止息，贪心也不会生起，家族的姓氏也不会杂乱。在世的时候不必担忧无人赡养，从而使得爱自己亲人的风尚变得笃厚；也不用担心死后无人祭祀，从而牲牢祭祀的享受可以永远持续下去。这虽然是我们自己家族私定的规则，如果能够世世代代坚守，也会是一件仁义的事情。

有的人会怀疑：如果过继的父母贫困而亲生的父母富有，或过继的父母富有而亲生的父母贫困，嗣子和他的兄弟之间能保证不产生隔阂吗？我的回答是："这要看每个人自己。如果不是品性贤良的人，就会什么都要争。如果是品性贤良的人，没有不会善待的。况且争执也未尝不是一种获得公平的方法。"

简注

① 嗣（sì）：后代，子孙。

② 袒免：袒衣免冠。古代丧礼，凡五服以外的远亲，无丧服之制，唯脱上衣，露左臂，脱冠扎发，用宽一寸布从颈下前部交于额上，又向后绕于髻，以示哀思。

③ 俟（sì）：等待，等到。

④ 寝息：停息，搁置。

实践要点

张履祥详细解说了继嗣的制度。继嗣，也即过继、过嗣，即没有儿子的家庭以兄弟、宗族或亲戚之子为嗣，这是中国传统孝道文化和宗族制度的一种风俗，从汉唐时期就开始流行。过继仪式一般由宗族中辈分较高、德高望重者主持，由中人公证，立下过继文书，具备法律效用。过继关系确定后，嗣子延续香火，享有家庭中的权利与义务，继承家庭财产，承担祭祀等相应事宜。继嗣习俗主要受到孝道、养老、财产等方面的影响。“不孝有三，无后为大”，如果乏嗣绝户，人前人后将会抬不起头，受人排挤欺侮。没有子嗣的家庭为了避免老无所依，受人欺负，必然要考虑解决方案。一旦这个家庭中的男丁去世，经常出现“吃绝户”的事情，遗孺将生存艰难，更会面临家产被族人、乡邻霸占的结果。一旦确定收养关系，立下过继文书，继子就成为入嗣家庭的正式成员，明确继子理应继承家产，并承担相应的义务。张履祥针对过继中可能会出现的问题，提出了具体可行的解决方案。虽说现代社会一般不再有继嗣之说，但就如何处理收养子女或绝嗣亲属的财产问题而言，他的方案还是值得借鉴的。

（十一）古人耻为人后。为夫舍其所生而谓他人父，谓他人昆①者耳。观秦时谪②及赘婿，可推也。若宗支无子，伦序当立而为之后，仁义之道也，奚耻焉③？但此心为义、为利，不可不辨。吾以两言决之：若继嗣不继产，义也，非利也，义则父子有亲，长幼有序；若重产不重嗣，利也，非义也，利则不夺不餍④，夺则不尽不止。义利之分，祸福之阶也。

有谓本生之服不宜降，非也。天之生物，使之一本，斩衰⑤三年而有二，是二本也。有谓子为兄弟后，则所生父母，没其父母之名，而称叔父、伯父，亦非也。非从天降，非从地出，实生我而谓非父母，其谁欺？欺天乎？然则如之何？曰：“为嗣父母服斩衰，恩以义重也。为所生父母之服降，不得，不可以为悦也。”或疑人子无以自尽于所生，如之何？曰：“嗣父母与父母一体也，父母之心弗忍兄弟之无后，故命其子为之后。人子能行父母之心，斯孝矣。义不得复私所生，而私之，非礼也。若夫孝养，则存乎兄弟已，复又奚憾焉[⑥]？况心亦何不可尽之有？”

今译

古代的人以排在别人后面为耻。这是说作为男人，舍弃生他的父亲，却称呼别人的父亲为父亲，称呼别人的兄长为兄长。考察秦朝时如何指责入赘的女婿，就可以推知了。如果同宗族的支派没有儿子，按照次序应当立一个作为他的后代，这是仁义之道，羞愧什么呢？但是这个念头是为了利益，还是为了道义，不可以不辨别。我用两句话来作判定：如果是传宗接代而不继承财产，则是为了道义，不是为了利益，道义就是父子之间要有亲情，长辈与晚辈要有次序；如果看重财产而不看重传宗接代，则是为了利益，不是为了道义，为了利益不抢夺就不会满足，一旦抢夺不抢完就不会停止。道义与利益的区分，就是走向祸或福的台阶。

有人说出嗣之后，对亲生父母死后的丧服不应该降低等级，这是不对的。上天生养万物，使万物归于一个根本。丧服之中最重的一种，守丧三年又加两年，这是片面地理解了这个根本。有人说儿子成为自己兄弟的后人，那么亲生的父母，没了父母的称呼，而是改称叔父或伯父，这也是不对的。不是从天上掉下来的，不是从地里长出来的，确实是生了我却不称作父母，难道是要欺骗谁吗？欺骗天吗？那么应该怎么办呢？我的看法是："为过继的父母穿最重的丧服，从恩情上考虑则以道义为重。为亲生父母服丧则降一个等级，不合乎这个规定，那就不能称心如意。"有的人疑惑：作为儿子，没有尽到对亲生父母的孝道，怎么办呢？我的看法是："过继父母和亲生父母是一体的，亲生父母不忍心自己的兄弟没有后代，所以命令自己的儿子做了兄弟的后人。作为儿子能够奉行父母的心意，这是孝顺啊。按照道义，不能再偏私而去爱自己的亲生父母，如果偏私去爱，就不符合礼法了。至于孝顺、赡养亲生父母，还可以通过兄弟，又遗憾什么呢？况且有孝心在，还有什么不能尽到呢？"

简注

① 昆：哥哥。

② 谪（zhé）：指摘，责备。

③ 奚耻焉：羞愧什么呢？奚，疑问代词，什么。耻，羞愧。

④ 餍（yàn）：满足。

⑤ 斩衰：旧时五种丧服中最重的一种。用粗麻布制成，左右和下边不缝。服制三年。子及未嫁女为父母，媳为公婆，嫡孙为祖父母或高、曾祖父母，妻妾

为夫，均服斩衰。先秦诸侯为天子、臣为君亦服斩衰。

⑥ 复又奚憾焉：又遗憾什么呢？憾，遗憾。

实践要点

张履祥说："义利之分，祸福之阶也。"朱熹说："义利之说，乃儒者第一义。"此条继续讲继嗣制度。张履祥认为，继嗣，不继承财产，就是为了道义，而不是为了利益；过继之后应该为继父母服最重的丧，这也是出于道义。因为过继父母和亲生父母原本就是一体的，顺从亲生父母而过继，所以这些做法原本就是为了孝顺。至于不得已而为亲生父母服丧减了等级，是因为已经出嗣他人，便不可再有偏私。

（十二）天之生物，使之一本。人为万物之灵[①]，恶[②]可反失此义？不幸无子女，兄弟之子犹子也。无兄弟，则从兄弟以及再从、三从之子，亦犹兄弟之子也。若必无其人，袒免以往，终为一本，不失水木之义[③]。薄俗愚民，乃有舍其所亲，而以他人之子女为子女。非其种者，锄而去之，于义岂为过乎？然女犹可，子必不可，以将乱及宗祧[④]也。若已有子，贫乏不能存，出继异姓，谓他人父，不孝莫大焉。与其继于人也，毋宁赘于人。惟赘于人，因冒其姓，必不可。

今译

上天生养万物，使万物归于一个根本。人作为万物之中最具灵性的，怎么可以反过来失去这个道义呢？如果不幸而没有子女，兄弟的儿子就如同自己的儿子。如果没有兄弟，那么同一祖父但不同父亲的兄弟，以及同一曾祖但不同祖父的同辈兄弟、同一高祖但不同曾祖父的同辈兄弟的儿子，也当如同自己兄弟的儿子。如果确实没有合适的人过继，五服以外的远亲，终究是同一个根本，没有失去水生木的情义。违反人情的愚昧民众，才会抛弃自己亲生的子女，却把别人的子女作为自己的子女。不是他播种的，就铲除并且抛弃，对于道义而言，难道不是太过分了吗？女儿还可以，儿子则一定不可以，因为将来会使宗祠混乱。如果已经有了儿子，因为贫困不能养活，而过继给不同姓氏的人家，称别人为父亲，没有比这更大的不孝了。与其过继给别人，不如入赘给别人做女婿。只是入赘给别人做女婿，而冒充对方的姓氏，则必定不可以。

简注

① 万物之灵：世上一切物种中最有灵性的，指人而言。《尚书·泰誓上》："惟天地万物父母，惟人万物之灵。"

② 恶（wū）：表示疑问，相当于"怎么""何"。

③ 水木之义：水生木的情义。水生木，五行学说相生规律之一。水能促进木的生长。

④ 宗祧（tiāo）：宗庙。祧，远祖之庙。

实践要点

此条也是讲过继的问题。张履祥强调应从自己的宗族之中过继，反对收养异姓子女为嗣，也反对异姓入赘后改姓为嗣，因为这样子会乱了宗祠。事实上，明清时期以异姓为嗣的情形很多。宗族之间，有的放任不管，有的则有所限制，在族谱编纂之中发展出一套针对立嗣异姓的规则和安排异姓子孙的方法。现代社会主张男女平等，没有子女则会把财产捐献出去，所以过继的问题已经大不相同了。张履祥的观点，对于理解传统宗族制度，则仍有其意义。

（十三）凡人年寿修短，举子迟早，均不可期。子孙成立，祖父寿终，实为家门之庆。不幸幼弱遭丧，孤嫠[①]在室，固存亡绝续之所系也。国家每因六尺之孤[②]，祸乱四起，下逮[③]臣庶，大小虽殊，其势一也。命不可知，修其人事[④]。古人有言曰："百年之计，莫如树人。商祚[⑤]几危，保衡是安。周室漂摇，叔父[⑥]实定。"宗支戚属之中，岂无贤者能者？必不得已，执友世交可以倚托，夹持左右，以俟其长，足以无虞[⑦]。是在平居，慎择其人，寄之心腹，不至变作张皇，颠倒失措。语云："百足之虫，至死不僵[⑧]。"信夫！

今译

凡是人的寿命长短，生子早晚，都无法预期。子孙成长到可以自立，祖父享尽天年自然死亡，实在是家族的福泽。如若不幸幼时就遭遇失去父亲的丧痛，只有孤儿寡妇在家，确实是处于或存或亡、或绝或续的关键时刻。一个国家常常因为君王幼小，祸患叛乱四处发生，下至臣民，权位的大小虽然不一样，他们的形势却是一样的。命运不可预知，只能努力做好个人的事情。古人有一句话说："关系百年的长远考虑，没有比培养人才更重要的。商代的皇位几近危殆，名臣伊尹却能使之平安。周初王室动荡，叔父周公旦却能使之稳定。"同一宗族的支派、亲属之中，难道没有贤能的人吗？如果实在没有办法，还有志同道合的朋友和世交可以仰仗依靠，请他们在孩子身边匡助教育，等他长大以后，也完全可以太平无事。所以要在平时谨慎地选择这样的人，将自己想要托付孩子的心思告诉他们，就不至于变故来临的时候惊慌失措，本末倒置，不知怎么办才好了。有句老话说："百足之虫，至死不僵。"确实就是如此啊！

简注

① 孤嫠（lí）：孤儿寡妇。孤，幼年死去父亲或父母双亡的人。嫠，寡妇。

② 六尺之孤：此指幼小的君王。六尺指十五岁以下，古人以七尺指成年。

③ 逮（dài）：到。

④ 人事：此处指人力所及之事。

⑤ 祚：皇位，帝位。

⑥ 叔父：指周公旦。姓姬，名旦，亦称叔旦，周文王姬昌第四子，周武王姬发的同母弟。因封地在周（今陕西省宝鸡市岐山北），故称周公或周公旦。周公旦的功德大致有三：一是辅助武王得天下，二是代理成王治天下，三是参与了制定周礼。

⑦ 无虞：没有忧患，太平无事。《尚书·毕命》："四方无虞，予一人以宁。"

⑧ 百足之虫，至死不僵：比喻势力雄厚的集体或个人一时不易垮台。百足，虫名，躯干计二十节，切断后仍能蠕动。僵，仆到。

实践要点

《论语·泰伯第六》中曾子曰："可以托六尺之孤，可以寄百里之命，临大节而不可夺也。君子人与？君子人也。"托孤，指受君主临终前的嘱托辅佐幼君，托孤的对象一定是贤德的忠臣。对于普通父母而言，因年老或疾病不能将子女养大成人，也只能将其托付给挚友或世交，让他们来帮助教育子女健康成长，从而使家族得以保全。张履祥自己九岁丧父，又是晚年得子，所以对于"托孤"一事非常在意。他生前就让其子师事于屠安道、何汝霖、邱云、凌克贞等友人，并在家书中详细交待，故此条可以结合《示儿一》一起体会"托孤"之意。

（十四）女子既嫁，若是夫家贫乏，父母兄弟当量力周恤，不可坐视。其有贤行，当令子女媳妇敬事之。其或不幸夫死无依，归养于家可也。俗于亲戚，富盛则加亲，衰落遂疏远。斯风最薄，所宜切戒。

今译

女儿出嫁以后，如果丈夫家贫穷匮乏，父母兄弟应当根据自己的能力予以周济，不可坐视不管。女儿若有美善的德行，应当让子女媳妇恭敬地侍候她。她如果不幸死了丈夫没有依靠，回娘家奉养父母也是可以的。一般人对待亲戚的态度是，如果亲戚家富裕昌盛就更加亲近，如果亲戚家由盛转衰就远离而不亲近。这种风气最不厚道，一定要避免。

实践要点

张履祥主张婚嫁不要贪荣求利，必须要考虑对方的家教，而不可贪图对方的家财。女儿如果嫁到家贫的婆家，父母兄弟也要照顾这样的女儿。现代社会，重新审视张履祥所说的择偶标准和婚姻观念，还有如何对待出嫁的女儿，依旧有其参考意义。过于势利，其实是害了孩子，无论古今都是如此。

（十五）子女不幸处后母、嫡庶之间，自非为之母者天性慈良，子固苦，女尤苦。在子女，惟有敬畏小心，求当母意，免于罪戾。实在其父能明且刚，弗令得肆其虐，则善矣。若子女方幼，未有知识，与为父者自度刚明不足，又身不克时时顾察，托于兄弟、姑姊妹及其母氏之党，抚育至长，可以无患。盖阴性刻深，不得不虑也。苟母实贤淑，则又不宜妄生猜嫌，有伤慈孝之道。此际正难审处，惟有德者为能孚①而化之。若女子或因许嫁愆期②，有为后母与有庶出子女，父母兄弟当勉以慈爱，不异所生。

今译

子女如果不幸而处在后母以及嫡子与庶子之间，倘若作为继母的人不是本性慈爱善良，做儿子的固然会受苦，做女儿的则尤其会受苦。作为子女，只有既恭敬又畏惧，小心谨慎行事，力求符合继母的心意，避免过失的发生。作为父亲，能够明察并且刚直方正，不要让继母肆意虐待子女，那就是好事啊。如果子女还年幼，没有什么知识经验，做父亲的自我揣度不能做到刚直方正以及明察，自己又不能常常照顾到的话，把子女托付给兄弟、父亲的姐妹、自己的姐妹以及子女母亲的家族，抚养成人，也就可以不用担心了。女性一般比较刻薄严酷，不能不考虑到。如果继母确实贤能善良，那就不应该妄生猜疑，以至于伤害慈爱孝敬之道。这正是难以辨别清楚的地方，只有有德行的人才能使别人信服并且感化别人。像有的女子，因为许配嫁人错过了时间，做了别人的继母，或有了妾所生的子女，父母兄弟应当鼓励她用温柔怜爱的态度对待他们，视同己出。

简注

① 孚（fú）：为人所信服，使信任。

② 愆期（qiānqī）：误期，失期。

实践要点

张履祥列举了未成年的子女亲生母亲去世之后，该怎么办的几种情形：其一，继母不是本性贤良的人，子女只有既恭敬又畏惧，力求符合继母的心意；其二，父亲能够明察、刚正，不让继母虐待子女；其三，父亲不能明察、刚正，不能常常照顾，就应该把幼小的子女托付给亲人；其四，如果继母贤良，那就不应该胡乱猜疑。同时，张履祥也提醒做继母的妇女，要用温柔怜爱的态度对待继子、继女，要与自己所生的子女没有不同。如此细致的分析，其实是每个做父亲的人都应当学习的。

（十六）古者男子三十而娶，女子二十而嫁，其婚姻之订，多在临时。近世嫁娶已早，不能不通变从时。男女订婚，大约十岁上下，便须留意，不得过迟，过迟则难选择。选择当始自旧亲，以及通家①故旧，与里中②名德古旧之门，切不可有所贪慕，攀附非偶。

今译

古时候男子在三十岁时娶妻，女子在二十岁时出嫁，男人和女人订下婚姻之约，大多是在临近这个年纪的时候。近代出嫁、娶妻的时间已经提早了，不能不根据时代的变化而进行调整。男子与女子订立婚约，大概在十岁上下之时，就必须留意，不能太迟，太迟就很难选择配偶了。选择配偶的时候，应当从结为亲戚较久的家族开始，以及彼此世代交谊的故旧之家，和在家乡有名望、有德行的旧家族，不可有贪慕的心理，攀附不适当的配偶。

简注

① 通家：指彼此世代交谊深厚，如同一家。

② 里中：指同里的人。里，居住的地方、街坊。古代五家为邻，五邻为里。

实践要点

张履祥认为男女在十岁左右就应该订婚，这有时代的局限性，传统社会相对封闭，早日订婚有利于维护家族的稳固。订婚对象的家庭从老亲戚开始，再到世交的家族，有名望、有德行的家族，也即讲究“门当户对”。家庭地位相当，价值观差距小，彼此之间容易产生认同感。“门当户对”在新时代有了新的内涵，如果夫妻二人家庭背景、经济实力、学识学历、思想观念较为相当，那么生活习惯、生活圈子更加适配，家庭生活就会更和谐。据调查，大多数年轻人认为门当户对的婚姻在结婚后更幸福，这说明这个观念仍有积极的参考价值。

（十七）古人有言：“妇者，家之所由废兴也。”今人订婚既早，妇之性行未可豫知[①]。世教久衰，闺门气习复难深察。娶妇贤孝，固为幸事。若其失教，在为夫者，谆复教导之；为舅姑[②]者，详言正色以训诫之；妯娌[③]先至者，亦宜款曲[④]开谕，使其知所趋向，久而服习，与之俱化矣。不可遽尔[⑤]弃疾[⑥]，坐成其失也。教妇初来，今日新妇，他日母姑，如何忽诸？

今译

古人有句话说："妇女，是决定一个家庭兴旺、衰败的人。"现在的人订立婚约已经很早，女子的本性与行为无法事先知道。世代相传的礼教久已衰微，女子起居之所的风气和习俗又难以深入考察。娶到的女子贤惠孝顺，固然是幸运的事。如果女子缺乏教养，对于丈夫来说，就要反复叮咛教育开导；作为公婆，就要言语审慎、神色严肃地训诫她；先嫁来的兄弟的妻子，也应当心意殷勤、真诚地启发劝告她，使她知道如何行事待人，久而久之就能习惯适应，与大家保持一致了。不可仓促轻率地放弃，冷眼旁观任她造成过错。教导媳妇要在她刚来的时候，现在是新媳妇，以后要做母亲、做婆婆，怎么能够忽视这件事呢？

简注

① 豫（yù）知：事先知道。豫，通"预"，预先、事先。

② 舅姑：称夫之父母，俗称公婆。

③ 妯娌（zhóu · li）：兄弟的妻子的合称。

④ 款曲：衷情，殷勤诚挚的心意。

⑤ 遽尔（jù'ěr）：仓促，轻率。

⑥ 弃疾：放弃、疾恶。

实践要点

好女人并不是天生的，也是教导、培育的结果。因此张履祥反复强调，女子嫁到婆家之后，丈夫、公婆、妯娌都应该尽力教导、训诫、启发，使她成为贤惠、孝顺的人。现代人也说妻子决定一个家庭的幸福：妻子斤斤计较、无事生非，家庭就永无宁日；妻子大方得体、通情达理，家庭就兴旺发达。现代社会的家庭关系虽然多有变化，但是如何成为一个好妻子，如何培养一个好媳妇，其实还是一个家庭发展的关键，需要家庭成员一起努力。张履祥的这些叮咛，其实还是值得参考的。

（十八）妇之于夫，终身攸托①，甘苦同之，安危与共，故曰："得意一人，失意一人。"②舍父母兄弟而托终身于我，斯情亦可念也。事父母，奉祭祀，继后世，更其大者矣。有过失宜含容，不宜辄怒；有不知宜教导，不宜薄待。《诗》曰"如宾""如友"。宾则有相敬之道，友则有滋益之义。狎侮③可乎？惟夫骄恣妒悍，不顺义理，欲专家政，祸败门风者，为不可容恕尔。

今译

丈夫对于妻子而言，是寄托终身的人，同享甘甜，共度艰苦，安乐、危难都要共同承担，所以说："得到丈夫的喜爱，妻子就可以终生有靠；失去丈夫的欢爱，妻子就一切都完了。"妻子舍弃父母、兄弟而把终身托付给我，这种感情也值得怜惜。侍奉父母，供奉祭祀，使男方家族后继有人，这是更重要的方面。妻子有了过错应该宽容忍让，不应该总是对她发怒；妻子有不知道的地方应该教育指导，不应该总是对她刻薄。《诗经》里说"像对待宾客一样""像对待朋友一样"。像对待宾客一样，夫妻就会互相尊敬；像对待朋友一样，夫妻之间就会相互滋养补益。丈夫怎么可以轻慢戏弄妻子呢？只有那些傲慢任性、嫉妒凶悍，不顺应道义、公理，想要独自掌控家中的事务，败坏家族之中世代相传的准则和风气的人，是不可以被包容宽恕的。

简注

① 攸（yōu）托：寄托的人。攸，相当于"所"。

② 司马光《家范》卷九《妻下》："得意一人，是谓永毕；失意一人，是谓永讫。"

③ 狎侮（xiáwǔ）：轻慢，戏弄，常用以形容人物言行举止。

实践要点

夫妻之间应如何相处？张履祥强调要同甘共苦，还要相敬如宾，相成如友。无论什么年代，夫妻之间必须求同存异，相互支持，相互理解，最终达到情感上、心灵上的交融。现代的夫妻，彼此更加独立，还需要相互尊重、相互信任，更加注重共同成长。

（十九）贞良之妇，固是不易。其为顽钝无耻，必不可化诲者，要亦无几。乃至专肆不肯顺承，多因丈夫先有失德，为其所轻，甚或短长反为所持，故敢放恣耳。所以古人于家室之际，致美肃雍①。盖肃敬则无媟慢②之端，雍和又无寡恩之节。家室宁有不宜乎？然则修身何可不急？

今译

贞节贤良的女子，确实不容易娶到。至于顽固愚钝、不知耻辱，一定不能被感化教诲的人，大概也没有多少。再至于专权肆行，不肯顺从承受，多半是因为丈夫犯下过错在先，被妻子轻视，或许是丈夫的缺点、把柄被妻子掌握，所以才敢放纵任性。所以古代人对于家眷，各尽其美，庄严雍容，整齐和谐。严肃恭敬，就不会出现轻薄无礼的情形，和谐雍穆，就不会出现刻薄寡恩的情形。家庭之中难道还怕发生不适宜的事情吗？既然如此，那么修养身心怎么可以不急切呢？

简注

① 肃雍：庄严雍容、整齐和谐，称颂妇德之辞。

② 媟（xiè）慢：亦作“媟嫚”，轻薄，不庄重。

实践要点

家庭生活不和谐，夫妻之间有矛盾，原因何在？张履祥认为不太会因为是女子愚笨无耻，不能被感化教诲。女子专权肆行，不肯顺从，多半是因为丈夫犯下过错在先。现代社会夫妻之间关系不和，家庭矛盾重重也不在少数，那么问题出在哪里？有婚恋专家指出，主要有三个方面的原因：一、彼此看不到对方的难处，只顾埋怨对方对自己不够好；二、只从自己的角度看问题，责怪对方不认错，还强词夺理；三、看待问题不全面，只看到一个点或一面，看不到事物的全貌。夫妻之间多一些理解，少一些误会和分歧，应该学会站在对方的角度认识问题，看到对方的不容易，并体贴这份辛苦，就会顾及对方的感受了。丈夫与妻子都应该注意学习，加强自身修养，从改变自己开始！

（二十）古人有言："牝鸡司晨，惟家之索。"① 妇人专家政，鲜不骨肉乖离，六亲② 疏弃。是以主权不可旁挠③，内命不得擅出。木有蠹则枝瘁④，心失职则体乱。始于微，成于著，往昔覆辙，足为鉴戒也。

今译

古人有句话说："母鸡在清晨打鸣，这个家庭就要破败。"妇人独自掌控家中的事务，很少有父子兄弟不背离的，六种亲属也会疏远嫌弃。因此应该属于丈夫支配的权力，妻子不可从旁阻挠，也不能擅自发号施令。树木如果有蛀虫，枝条就会被毁坏；头脑未能尽责，身体就会出现紊乱。问题的形成，往往都是从细微的地方开始逐渐显著起来的，过去失败的做法，足以成为后人引以为戒的教训。

简注

① 语出《尚书·牧誓》。牝（pìn），雌性的。索，尽。

② 六亲：六种亲属，一般指父、母、兄、弟、妻、子。

③ 旁挠（náo）：从旁阻挠。

④ 蠹（dù）：蛀虫。瘁（cuì）：毁，损坏。

实践要点

周武王姬发讨伐商纣王，最后决战动员时说："牝鸡无晨。牝鸡司晨，惟家之索。"商纣王宠信妲己，朝政落于妲己之手，所以才导致了商朝的败亡，这是把"女人干政"当作首要的罪恶加以谴责，"牝鸡司晨"自此成为对女人干政的一种贬称。儒家继承了这种歧视女性的传统观念：女性不仅没有与男人平等的政治权利，连平等的人格也没有。"三纲"和"三从"等社会规范也体现了对女性的歧视，这当然是农业社会的规则。工业社会之后产生了变化，女人逐步取得了话语权，现代则女性基本获得了与男性各方面的平等权利。张履祥的话，有其历史的局限性，也不必苛求。

（二十一）无家教之族，切不可与为婚姻，娶妇固不可，嫁女亦不可。此虽吾惩往失痛心之言，然正理古今不异。记礼者云，为子孙娶妻嫁女，必择孝悌，世世有行仁义者。如是，则子孙慈孝，不敢淫暴，党无不善，三族辅之。故曰："凤凰生而有仁义之意，狼虎生而有暴戾之心。"两者不等，各以其母。呜呼！慎戒哉！

今译

没有良好家教的家族，一定不要和他们相互通婚，娶媳妇本来就不可以，嫁女儿给他们也不可以。这虽然是我鉴于自己以前过失的悲愤之言，但是正确的道理在过去和现在是没有差别的。记录孔子礼学的《大戴礼记》中说，为子孙娶媳妇、嫁女儿，一定要选择孝敬父母、友爱兄长、世世代代践行仁义的人家。像这样去做，子孙就会慈爱、孝敬，不敢放纵暴戾，结交的人也没有不心地善良的，父族、母族、妻族三个家族的人也都来帮助他。所以说："凤凰生的子女有仁爱正义之心，狼虎生的子女有凶暴残忍之心。"这两类人完全不同，是因为它们的母亲不同。要谨慎戒惧呀！

实践要点

母亲是孩子的第一任老师。与孩子朝夕相处，母亲的一言一行、一举一动，对孩子的成长影响最早，也最直接。中华民族历来重视女教，出现过许多贤母。教子有方，最著名的莫过于中国"四大贤母"——孟母、陶母、欧母、岳母。把孩子教育成为一个什么样的人，并不取决于母亲拥有多少知识，而是取决于母亲拥有怎样的人生态度和道德操守。张履祥非常重视女教，重视娶妻嫁女，一是因为他的母亲是一位贤母，二是因为他嫁女于尤介锡而遭毒害一事。特别是后者，他一直认为这是自己的过失，因而悲愤不已。确实，女教应当引起重视。

（二十二）女子小人之言不可听。非必其人处心积虑欲为人患也，由其所见浅小，或其性习偏乖，虽欲效忠，适足偾事[①]。若更主人偏听，不免曲意逢迎，为害遂大。所以家庭造次之言，最当慎听。

今译

女子与小人的话不能听信。不一定是他们蓄谋已久想要干坏事，而是因为见识浅薄，或性情偏执乖张，即使想要竭尽忠心，也只会把事情搞坏。如果加上主人听信一面之词，他们就免不了想方设法奉承讨好主人，造成的祸害就更大了。因此家庭之中粗鲁、轻率的言论，最应当谨慎地听取。

简注

① 偾（fèn）事：败事。《礼记·大学》："一家仁，一国兴仁；一家让，一国兴让；一人贪戾，一国作乱，其机如此。此谓一言偾事，一人定国。"

实践要点

《论语·阳货》："惟女子与小人难养也。近之则不逊，远之则怨。"是说只有女子和小人是难以教养的，亲近他们，他们就会无礼；疏远他们，他们就会报怨。实际上孔子并不一定有歧视女性的看法，同样张履祥也不一定是歧视女性，他接着指出了原因——见识浅薄，或者是性情偏执乖张。在传统社会之中，女子与小人，地位低下，且没有受到良好的教育，所以才会造成这样的现象。现代社会当然不能这样看待女子或是地位较低的人，有时候反而这样的人更有见地，因此当以兼听为上。

（二十三）妻亡续娶，及娶妾生子，俱不幸之事。若中年丧偶，有子，即宜不娶。不得已则买一妾可也。若近四十，无子，方娶妾。前后嫡庶之间，非能立身行道，鲜有不至乖离，酿成家祸。

今译

妻子逝世之后再娶，以及娶妾并生育子女，都是不幸的事情。如果中年丧偶，而且有子女，就不应该再娶。没有办法的话，买一个小妾也就可以了。如果年近四十岁，且没有子女，才可以娶个小妾。嫡子与庶子、正妻与小妾之间，如果不能修养自身，遵行正道，很少有不导致家人相互背离，甚至酿成家庭大祸的。

实践要点

中年丧妻是人生一大不幸，幼儿稚女无人照顾，饮食衣服也无人料理。中年人丧妻后，如果娶黄花闺女为妻，那么她的心思难以捉摸；如果娶寡妇为妻，若带有前夫之子，则爱子之情萦挂于怀，嫁过来后又生孩子，如何能确保不生二心！张履祥很注重配偶的选择，建议如果已有子女，中年丧妻之后最好不要再娶。现代社会虽没有娶妾之说，但丧妻续弦及离婚再婚的情况却已成为一个普遍的社会现象。父母离婚难免会伤害孩子，使得他们失去安全感和幸福感，甚至导致性格障碍；至于再婚之后，孩子内心的隔阂，以及其他心理问题，也是难免的。所以离婚、再婚都要慎重。张履祥所说的，仍有一定的借鉴意义，比如不得已而离婚、再婚，那么立身行道就应当更加注意起来。

（二十四）人无贵贱，各有贤愚。妾媵①之中，岂尽无良？但因出于微贱，即甘自菲薄；素无教训，即不识礼义。是以求其贤者，十恒不得一二也。母既如是，子女之生，气习便异？吾于亲党验之熟矣。此辈不畜②为上，或无子及他不得已而畜之，要使难进易退，严之以礼，督之以勤，宁过毋不及。若委以事权，假以名分，鲜有不生祸败者。语云："腐木不可以为柱，卑人不可以为主。"慎鉴哉！

今译

人无论地位高低，都有贤能的或愚昧的。侍妾之中，难道都是不善良的人？只是因为出身卑微，就过分看轻自己；平时没有受过教育训练，就不知道礼法道义。因此寻求其中贤良的人，十个人里面也找不出一两个。母亲已经是这样，生出的子女，气质习性还能不一样吗？这样的情况我在亲戚中早就见多了。这一辈子不娶小妾当是最好的选择，或者由于没有子女以及其他原因，迫不得已要娶小妾，那就要使她娶进来难而退回去容易，用礼法来严格要求她，用勤劳来督促她，宁愿督责得过严一点也不要不够。如果把处理家务的职权交给她，把名位与身份给她，很少有不生出祸患的。有句话说："腐朽的木料不能用做支柱，地位低下的人不能担任要职或委以重任。"要谨慎借鉴呀！

简注

① 妾媵（yìng）：古代诸侯贵族女子出嫁，以侄娣从嫁，称媵。后来以"妾媵"泛指侍妾。

② 畜：收容。如畜妾，娶小老婆。

实践要点

子女从小到大常跟随在母亲的身旁，一切言行举止、胸襟气质都受到母亲的深远影响。如果子女得到母亲良好的言传身教，养成孝悌忠信、礼义廉耻的品德，走上社会之后就自然会懂得如何与领导、同事、朋友乃至陌生人交往。张履祥重视母教的重要作用，反对娶妾，因为做妾的人，地位低下，又没有受过教育，不知礼法道义，很难承担起教育子女的责任。

（二十五）再醮[①]之妇，取以配身，古人以为己之失节，自好者宜所不为。若中年以往，或子女幼小，父母待养，或未有子嗣，家贫不能买妾、置婢，不得已收一人，执井臼薪水[②]之役，终不可假之名分，上以卑其亲，下以辱其子。死不得附茔兆[③]，祭不得从先妣。有子，则听其所生别祀。比有子，妾而已。至如门内寡妇，有不安其室以去者，不许复返。虽其子成立，不得蒙面招养，以败家声。如女子适人，更二夫者，绝之。

今译

再嫁的妇女，和她婚配，古人认为这是违背礼节的，洁身自爱的人不应该这样做。如果是中年以后，或者子女年幼，有父母等待侍养；或者没有子女，家里贫困买不起小妾、婢女，迫不得已而再婚，可以让她操持家务，但不可给予她名位与身份，否则就会对上轻视男方的亲人，对下侮辱男方的子女。死后不能埋葬在家族的墓地，祭祀时不能依照祭亡母的礼仪。如果她有儿子，就听任她生的儿子另立门户举行祭祀。等到再娶的女子有了儿子，给她小妾的地位也就罢了。倘若家族中的寡妇不能安心留下，一旦再嫁出去，就不许她再回来。即使她的儿子成家立业，也不能厚颜无耻地接回来赡养，以致败坏家庭名声。如果女子嫁人，前后嫁了两个丈夫，就要和她断绝关系。

简注

① 再醮（jiào）：古代行婚礼时，父母给子女酌酒的仪式称“醮”。因称男子再娶或女子再嫁为“再醮”。元、明以后专指妇女再嫁。

② 井臼（jiù）薪水：泛指操持家务。井臼，水井和石臼，汲水舂米。薪水，打柴汲水，泛指日常生活的必需条件。

③ 茔兆（yíngzhào）：墓地，坟墓。

实践要点

传统社会，妇女再醮多数发生在男方去世后。一女嫁了两夫，被认为是妇女的耻辱，有损德行。明清时期“不娶再醮之妇”的观念，当为时代的局限性，其实在宋代以及之前，都没有这样的观念。至于现代社会，离婚、再婚已经是很平常的事了，并不与妇女本人的德行相关，只是由此而给孩子带来的伤害，则是父母必须谨慎对待的。

（二十六）《会典》：“再醮之妇与婢所生子，虽贵，母不得受封。”古礼：庶子、庶女不与嫡等，所以定尊卑，明贵贱也。今日无论民庶之家，不顾斯义，即士大夫，往往昧于等威，以至酿成祸本。总由心志迷惑，不知礼义之不可犯也。上不念祖宗为不孝，下不念子孙为不慈，家门何不幸而生若人？

今译

《会典》中说：“再嫁的妇女以及小妾生的子女，即使后来地位高贵，母亲也不能接受皇帝的封赏。”古代的礼仪：妾所生的儿子、女儿不能和正妻所生的子女地位一样高，这是为了确定身份的高与低，区分地位的贵与贱。现在不用说普通百姓的家庭不顾及这个道义，即使是有身份有地位的人家，也常常违背与身份地位相应的威仪，以至于逐渐酿成祸害。总的来说是因为心志迷乱不辨是非，不知道礼法道义是不可以违反的。向上不顾念祖宗是不孝顺，对下不顾念子孙是不慈爱，这些家族是何等不幸，竟然生出了这样的人？

实践要点

古代的婚姻制度是一夫一妻多妾，正妻生的孩子叫嫡子，小妾生的孩子叫庶子。为了防止儿子们内斗，保障爵位和财产的和平传递，经过经验教训制定出“嫡长子继承制”：嫡子的地位高过其他的兄弟，拥有最大的继承权，继承家中的绝大部分祖产、家产以及爵位功名。这种宗法制度，可以维护家族的和平发展，在一定程度上避免了家族的纷争，有一定的积极意义。现代社会中，每个子女都享有共同的权利，财产的继承若发生纷争，应当通过法律来解决。

（二十七）妇有七出①之罪，出之可也。近世出妻之义不行，其祸每至妻弑夫而夫杀妻。寡妇不能安其室，再适可也。世人必欲强之不嫁，其弊甚至污风俗而败彝伦。圣人之待下流，固有宽路以处之，不立一概之格求全滋弊。

今译

妇女若有不孕无子、红杏出墙、不孝父母、饶舌多话、偷盗行窃、妒忌无量、身患恶疾七种错误，丈夫休掉她是可以的。近代休妻的制度没有实行，其祸患甚至到了妻子杀丈夫或者丈夫杀妻子的地步。寡妇不能安心在家守寡，再嫁是可以的。世人一定想要强迫寡妇不要再嫁，可能甚至会导致玷污风俗、败坏伦常的害处。圣人对待地位卑微的人，本来就可以用宽容的方式来处理，不做一概而论的要求，以免因追求完美而滋生弊端。

简注

① 七出：亦作“七去”。语出《仪礼·丧服》：“七出者，无子，一也；淫泆，二也；不事姑舅，三也；口舌，四也；盗窃，五也；妒忌，六也；恶疾，七也。”

实践要点

“七出之罪”是中国古代法制规定的男子休妻的七种条件，妻子只要触犯其中一种，丈夫或夫家就可以提出休妻。不孕无子被休的理由是“绝嗣”，红杏出墙被休的理由是“乱族”，不孝顺父母被休的理由是“逆德”，饶舌多话被休的理由是“离亲”，偷盗行窃被休的理由是“反义”，妒忌无量被休的理由是“乱家”，身患恶疾被休的理由是“不可共粢盛”(即不能一同参与祭祀)。“七出”保证了女性不会被随意休弃，与之相对还有“三不去”：“有所取（娶）无所归，不去；与更三年丧，不去；前贫贱后富贵，不去。”对那些娘家无人、与夫守孝三年和与夫共历贫贱患难的妻子给予“豁免”，但对于犯淫的除外。“七出”在一定程度上保障了女性的基本利益，但从根本上来看则对女性不公正。现代社会，女性可以为了自己的权益，主动地与丈夫离婚，而不是任凭男性摆布。

笃恩谊凡十七条

（一）家之兴替，只宗族辑睦[①]。尊长成其尊长，能教率卑幼；卑幼安其卑幼，能听顺尊长。虽目前衰落，已有勃兴之势。若其反此，目前虽隆，替可待也。然欲使卑幼听从，先须尊长正身以率其下。宽以教之，严以督之，一以祖宗爱子孙之心为心，而毫无偏私。虽幼辈无知，鲜有顽不率从[②]者矣。

今译

家族的兴盛与衰废，只在于宗族是否和睦。尊者、长辈像一个尊者、长辈的样子，能够教育引导卑微者、幼小者；卑微者、幼小者安于自己的卑微与幼小，能够听信、顺从尊者、长辈。即使现在衰败零落，也已经有了蓬勃兴起的势头。如果和这种情形相反，现在即使兴隆昌盛，衰落也是可以预见的。然而要让卑微者、幼小者听信、顺从，先必须要尊者、长辈端正自身来引导下面的人。宽厚地教育他们，严格地督促他们，完全用祖宗爱护子孙的念头作为念头，一点都不偏袒徇私。即使年幼的晚辈没有知识，不明事理，也少有顽劣而不愿顺从的人。

简注

① 辑睦：和睦。

② 率（shuài）从：顺从，遵循。

实践要点

张履祥提出的人与人之间恩谊深厚的第一点建议，就是家族内部的和睦，而和睦的前提则是各安其位，长辈有长辈的样子，晚辈有晚辈的样子。特别是长辈，必须表现出应有的道德与才能，端正自身来引导晚辈。《格言联璧》说：“以父母之心为心，天下无不友之兄弟；以祖宗之心为心，天下无不和之族人；以天地之心为心，天下无不爱之民物。”长辈对晚辈，宽严相济，以爱相待，晚辈自然明事理、懂顺从。

（二）人情乖异不在乎大，多因积小而成。如“干糇之愆”[①]，言语之伤，最足酿隙。若更以小人间[②]之，彼此谗构，遂至不解。故谨言语，接燕好[③]，古人于此盖有深意也。

今译

人与人之间情感的特异反常，不在于发生了大的矛盾纠纷，大多是因为小的矛盾积累导致的。如待客时饮食安排上的考虑不周，以及言语上的伤害，最容易逐渐形成感情上的裂痕。如果再加上人格卑下的人挑拨，使得彼此不和，互相谗害构陷，于是到了不能和解的地步。所以言语谨慎，做好宴饮聚会的接待，古代的人对于这些的安排是有深刻用意的。

简注

① 干糇（hóu）之愆（qiān）：饮食上的过错。语出《诗经・小雅・伐木》："民之失德，干糇以愆。"糇，干粮，也泛指普通的食品。愆，过错、过失。

② 间（jiàn）：挑拨使人不和。

③ 燕好：古代指设宴招待并馈赠礼品，后泛指宴饮聚会。

实践要点

《增广贤文》里有一句俗语："良言一句三冬暖，恶语伤人六月寒。"一句同情理解的话，能给人安慰，使人增添勇气；可是一句不合时宜的话，就如一把利剑，难免刺伤别人。言语的伤害是最大的伤害，言语之伤触及心灵，都是暗伤。张履祥认为，大的矛盾纠纷，多是因为小矛盾的积累，而起因可能是礼节不够、言语伤害。说话，是一种能力；不说，是一种智慧。没把握的事，谨慎地说；没发生的事，不要胡说；做不到的事，别乱说；伤害人的事，不能说；尊长的事，多听少说；夫妻的事，商量着说；孩子们的事，开导着说。

（三）人于兄弟叔侄以及婚姻亲党之间，犹以私意行之，阴谋诡计，求利于己，罔恤[①]彝伦，得祸最速，视之他人为尤酷。盖人之不仁，至是益甚也。世人只利害、人我之私牢不可破，所以更无挽救。抑思利人者人恒利之，害人者人恒害之。曾子曰："出乎尔者，反乎尔者也。"[②]他人尚尔，况所亲乎？吾见亦多矣。非独人事，亦天道也。

今译

如果在兄弟叔侄以及和自己有姻亲及其他关系的亲戚之间，还用私心去做事情，耍阴谋诡计，只为自己谋求利益，不顾及伦理道德，就会很快遭受祸患，相对其他人而言后果也更加严酷。因为人的不仁义，到这个地步就严重了。世人只顾及个人利害的自私观念牢固而不可动摇，所以更加没有办法可以挽救。还是想一想，一个人做对别人有利的事情，别人也做对他有利的事情；一个人做对别人有害的事情，别人也做对他有害的事情。曾子说："你怎样对待别人，别人也会反过来怎样对待你。”对待他人尚且这样，更何况对待亲人呢？这种情况我见得多了。不只是人情事理是这样，自然界的变化规律也是这样。

简注

① 罔（wǎng）恤：不顾及。罔，无、没有。恤，顾及、顾念。

② 语出《孟子·梁惠王下》。

实践要点

邹国与鲁国发生军事冲突，损失惨重。邹穆公认为这是百姓不支持自己造成的，于是想杀一儆百。可是一旦追究起来，牵扯的人又太多，他怕造成动乱，于是找孟子来商量。孟子引用曾子的话说：“戒之！戒之！出乎尔者，反乎尔者也。”任用的都是对上怠慢对下残暴的小人，百姓们受这些人的欺压，怎么会对他们效命呢？多行善事的人才会得到别人的帮助，必有后福，多行恶事的人必有后祸。在生活中不做损人利己的事，存善念，行善举，我为人人，人人为我。人际关系自然和谐，家庭也会幸福！

（四）凡同姓之人，婚姻固不可与通，虽僮仆及女婢、仆人妻，俱不宜畜及同姓。今虽世系源流不可以考，恶[①]知厥[②]初以来非一本乎？何忍役辱之也！凡遇同姓之人，亦当加意。

或疑姓至今日多不可信，况同姓至多，岂能概及？曰："固然。但存此意，不失为厚。若尽以为不可信，何所不至？况亲亲之杀，与尊贤之等，并行不悖，虽在同宗，岂无差等乎？"

今译

凡是同一个姓氏的人，本来就不可以相互通婚，即使僮仆、女婢和仆人的妻子，都不应该收容同姓的人。现在虽然姓氏的世系源流已无法推究，怎么知道他人的祖先和自己的祖先最初不是同一个世系呢？怎么忍心役使他，使他蒙受耻辱呢？凡是遇到同一个姓氏的人，也应当特别留意。

有的人疑惑说，姓氏到现在大多不值得相信，况且同姓的人太多，哪里能够一概这样对待呢？我回答说："确实这样。但是存有这样的心思，也不失为厚道。如果都认为不可以相信，那么一个人什么坏事干不出来？况且亲戚间关系的远近，以及尊卑、贤不肖的高下等级，并行不悖，即使是同一个祖宗，难道没有差别、等级吗？"

简注

① 恶（wū）：表示疑问的代词，哪里，怎么。

② 厥（jué）：其。

实践要点

同一姓氏的男女不得通婚，这是中国传统的婚姻禁忌，如果违反这一规定，轻则受到舆论谴责，重则受到法律惩处。其原因大致是：一、不利遗传基因，同姓结婚在很大程度上会造成近亲繁殖，生出的后代不健康，据说周代就已经懂得了这个道理；二、禁止同姓成婚，促进与异姓家族的联姻，扩大和加强联盟；三、崇尚伦理，古时大多把同姓看成血亲，把同姓成婚与嫡亲兄弟姐妹通婚等同看待，视为乱伦。张履祥之所以强调同一个姓氏的人不可以相互通婚等，更多的是出于同姓同宗情义与伦理道德的考虑。

（五）亲戚虽与本支不同，推其所自，母之党、祖妣及曾高祖妣之党，于吾身皆有一本之义。其姑姊妹及祖姑曾高祖姑之属，皆由一本而分，远近虽殊，其宜亲厚一也。世人厚其新者，情好尽于妻及子女之亲，以为至戚不求旧姻，再世而后同于路人，薄已。

今译

亲戚虽然和同一家族本来的支系不同，不过推究其来源，母亲的亲族、已故的祖母和曾高祖母的亲族，对于我自身来说都是同一个根源。姑姊妹及祖姑、曾高祖姑的亲属，也都是同一个根源的分支，关系的远与近虽然不同，但应该一样亲近与厚待。世人厚待新的亲戚，深厚的感情都给予与妻子和子女有关的亲戚，如果认为有了最亲近的亲戚，就不必求助原先的姻亲，再过一代就如路人，成了彼此无关的人，真是不厚道啊。

实践要点

“亲戚”通常用于称呼与自己家庭有婚姻关系的亲属，最初是指“内亲外戚”。“亲”是指基于血缘关系的亲属，“至亲”就是父母，扩大之后就是族亲、宗亲。“戚”是指因婚姻而结成的家庭之外的关系。张履祥所说的“亲戚”主要指外戚。亲戚是构成中国式人情网的重要组成部分。有俗语说：“一代亲，二代表，三代四代不走了。”意思是刚开始关系亲密的亲戚到后来就如同陌生人了。张履祥认为亲戚本是同宗同源、血脉相连，所以不论远近，都应该厚待。自古以来，人与人只要有血缘牵连，就应该互相扶持依靠。

（六）朋友之交，皆以义合，故曰："友也者，友其德也。"[①] 有远者，百里一士，千里一贤是也；有近者，塾舍同学及师之子、父执[②] 之子是也。至如《小雅·伐木》之篇，燕朋友也，而云"以速[③] 诸父""以速诸舅"。可知宗族亲戚之中，志同道合，则亦相与为友。总以道义为取舍，以久要为指归。然究竟远不如近，新不如故。语曰："朋友以世亲。"不易之论也。若夫酒食征逐[④]，燕僻[⑤] 狎邪，为害匪细，则远之犹恐不及矣。

今译

朋友之间的交往，都是凭借道义相互结合，所以说："交朋友，是以朋友的好德行为友。"有遥远的朋友，方圆百里有一个品德好、有学识有技艺的人，方圆千里有一个贤能的人，就是这样的朋友；有附近的朋友，私塾里的同学和老师的儿子、父亲朋友的儿子，就是这样的朋友。至于像《小雅·伐木》篇中宴请朋友，说"来邀请父亲的兄弟们""来邀请母亲的弟兄们"。据此可知，宗族亲戚之中志同道合的人，也可以相互之间结为朋友。总之，把道义作为取舍的标准，把以前的约定作为意旨的归向。然而终究远的朋友比不上近的朋友，新的朋友比不上老的朋友。有句话说："朋友因为世交而更亲近。"这是不可改变的定论。如果朋友频繁酒食宴请，一起做偏邪不正经的事，行为放荡品行不端，造成不小祸害，那么远离他都怕来不及啊！

简注

① 语出《孟子·万章下》："孟子曰：'不挟长，不挟贵，不挟兄弟而友。友也者，友其德也，不可以有挟也。'"挟（xié），倚仗势力或抓住人的弱点强迫人服从。

② 父执：父亲的朋友。

③ 速：邀请。

④ 征逐：频繁交往、相互宴请，不务正业，唯在吃喝玩乐上的往来。

⑤ 燕僻：偏邪不正经的事。

实践要点

张履祥说，朋友之间的交往，都是凭借道义相结合的。《论语》中曾子说："君子以文会友，以友辅仁。"孟子也说："友也者，友其德也。"张履祥对友道的重视，也是在学问道德的层面。朋友交往应以仁义道德为归宿，看重的是志同道合，以朋友的学问道德作为自己的榜样，辅助自己进德修业。借着吃喝玩乐结交朋友，非但无益，反而有害，应该趁早远离。

（七）家之有故旧世好，犹国之有勋旧巨室也。典型[①]于是乎示，休戚[②]于是乎关，缓急于是乎赖藉，善败于是乎劝救，不可不笃。虽然，言其常理则有之。若乃时移势异，己或富贵，故人贫贱，遗忘，薄也；己则贫贱，故人富贵，趋附，谄也。行己有耻者，能不守其介介乎？

今译

家族有世代交谊往来的故交旧友，就好像是国家有功勋卓著的旧臣和名望高势力大的世家大族。旧法常规于是得到体现，喜乐和忧虑因而相互关联，缓慢与急切的事情因此有了依赖，好的与坏的因而得到劝勉与救助，不可不忠实。虽然这样，这说的只是通常的道理。如果时代情势等都已发生变化，比如自己富贵，老朋友贫贱，而遗忘老朋友，就是薄情；自己贫贱，老朋友富贵，自己去迎合依附老朋友，就是谄媚。一个人行事，凡自己认为可耻的就不去做，怎么能不守住自己孤高耿直的节操呢？

简注

① 典型：也作“典刑”，谓旧法，常规。

② 休戚：喜乐和忧虑，也指有利的和不利的遭遇。休，吉庆，美善，福禄，喜悦，欢乐。戚，忧愁，悲哀。

实践要点

凭借道义相结合的朋友，就是君子之交；不尚虚华的贤者之间的交情，就是莫逆之交。还有世交，父子两代或几代都相互往来。张履祥非常推崇世交，比如他本人与颜士凤、颜孝嘉父子的情谊。世交感情深厚，互帮互助，一如既往。朋友交往必须坚守道义，无论朋友贫贱富贵。他的这些话，对于现代社会的交友观也有其指导价值。

（八）宗族乡邻不和、不一，必是在我处之不尽其道。但可责己，不可尤[①]人。

今译

宗族乡里邻居之间不和睦，没能团结成一个整体，一定是我没有完全按照道义处理事情。只可以责备自己，不可以责怪别人。

简注

① 尤：责怪，归罪，埋怨。

实践要点

遇事不要抱怨，先从自己身上找原因，这不仅是一种修养，更是一种智慧。《增广贤文》中说："以责人之心责己，以恕己之心恕人。"一个人只有懂得自省，才能看清自己的错误与不足，使问题得到积极解决。面对宗族乡里邻居之间的不和睦、不团结，首先从自己身上找原因，看清自己的缺点。站在别人的角度看问题，就能得到别人的理解。引导大家少一些抱怨，多一些自我反省，就能够一起解决家族中的矛盾和问题。

（九）鳏寡孤独废疾之人，皆天民之穷而无告者也。①他人遇此，犹将恻然动念，思有以矜恤②之，况在宗族，而可漠不相关？若吾族人幸而无此，固为可喜，不幸有之，自应加意。损衣衣之，损食食之，③衣食不足，曲为之所。凡有可为，勿惜余力。均为祖宗遗体④，苦乐何忍绝异？养其肩背而断其一指，能无痛乎？

今译

老而无妻、老而无夫、少儿无父、老而无子、身患残疾等等这类人，都是穷苦却无处诉说的普通人。别人遇到这类人，都会哀怜地生起同情的念头，想去怜悯抚恤他们，何况是宗族之中如果有这类人，怎么可以看做与自己毫无关联呢？如果我的宗族里很幸运没有这类人，固然可喜，如果很不幸有这类人，自然应该特别注意。减少自己的衣服使他有衣服穿，减少自己的食物给他吃，如果衣服和食物不够，就要想办法妥善安排。凡是有可以做的事情，就不要顾惜自己剩下的精力。都是祖先的子孙，祖宗怎么忍心有的人辛苦、有的人安乐如此全然不同？保养他的肩背却切断他的一根手指，能没有痛苦吗？

简注

① 语出《礼记·王制》：“少而无父者谓之孤，老而无子者谓之独，老而无妻者谓之矜，老而无夫者谓之寡，此四者天民之穷而无告者也。”矜，古同“鳏”。无告，有疾苦而无处诉说。天民，人民、普通人。

② 矜恤（jīnxù）：怜悯抚恤。

③ 损衣（yī）衣（yì）之，损食（shí）食（sì）之：衣（yì），穿。食（sì），拿东西给人吃。

④ 遗体：子女的身体为父母所生，于是称子女的身体为父母的“遗体”。《礼记·祭义》：“身也者，父母之遗体也。”

实践要点

张履祥认为全族人都是出自同一祖先，宗族本来就是一体的。对于宗族中老而无妻、老而无夫、少儿无父、老而无子、身患残疾这类人，应该给予救助。救助的方式包括济贫、解困和相助，具体表现为给钱、给物、出力，一般发生在亲戚、朋友、邻里、主佃、贫富、陌生人之间。宗族尽其所能地设立义塾，置办族田或者义田。如义塾是宗族为家境贫寒或者父死不能读书的族人子弟开办的免费学校，有的不但不收取学费，反而为其免费提供书籍、伙食、笔砚、参加考试等方面的费用。族田是用来赡养本宗族没有子孙的孤寡老人的。宗族对其成员的救助是为了维护宗族利益，不只是简单地给钱给物，还带有道德教育的色彩。

（十）邻里乡党，与吾先世室庐相接，行辈相差，婚姻庆吊世世弗绝，谊本厚也。其有强盛，情固乐之，益宜内惧而思自勉。其有忧患，即不能恤，忍利之乎？儋石[①]升斗以通有无，不可虚也。或以田宅来售者，劝止之，不得已则宜厚其价值而受之，以寓相周之意。然田可也，宅终不可。宅售，则将舍兹而他适，何以为情？若其后人，或其同宗兄弟欲复此产，仍受原值归之，永以为好，岂不甚快？《书》曰“人惟求旧”，旧可怀也。薄俗之习，穷约则耽耽思攫[②]，恶人所有；贵盛则势陵利诱，曲肆并兼。贻谋弗臧[③]，无往不复[④]，天道殊不爽也。

今译

乡里乡亲的人，和我祖先的房舍相连，排行与辈分彼此或有差别，婚姻相通、喜事庆贺与丧事吊慰世代没有断绝，情谊本来就深厚。一乡之人有强大兴盛的，情感上固然替对方高兴，但更加应该内心有敬畏之心，并且自我勉励。一乡之人有遭受祸患的，即使不能救济，又怎么忍心从他身上获利呢？用少量米粟等粮食互通有无去救济对方，不可只讲空话。有的人拿田地住宅来售卖，要劝导阻止他，没有办法阻止就应该加价买下来，用以体现接济之意。然而田地可以买，买住宅终究是不可以的。住宅卖了，就要舍弃这个住宅到其他地方去居住，把什么作为情感的寄托呢？如果他的后代或者是同一个宗族的兄弟想要买回这个住宅，仍然按照原来的价钱归还他，永远都这样相互交好，难道不会特别开心吗？《尚书》上说“结交相处的人还是要找旧的”，因为旧的更值得怀念。有一种坏风气，穷困的人会贪婪地想尽办法夺取别人的钱财，憎恶别人拥有的东西；高贵显赫的人就用权力侵犯用利益引诱，趁着乡邻困苦患难的时候兼并他人的土地房产。父祖对子孙的教导不好就危险了，事物的运动循环反复，自然规律是丝毫没有差错的。

简注

① 儋石（dāndàn）：容器名，用以计量谷物，十斗为一石，二石为儋。这里指少量米粟等粮食。

② 耽耽：贪婪地注视。思攫（jué）：动歪脑筋来夺取。

③ 贻（yí）谋弗臧（zāng）：父祖对子孙的教导不好。贻谋，指父祖对子孙的教导。贻，遗留，留下。臧，善，好。

④ 无往不复：语出《周易·泰卦》爻辞，指事物的运动是循环反复的。

实践要点

中国传统的农业社会有着很重的乡土情结，体现出浓浓的人情味，注重邻里关系的道德调节。俗话说："挑箩夹担望远亲，急难来时靠近邻。"尽管亲情血浓于水，可是空间的阻隔使得远水解不了近渴，邻里乡情的重要性便体现出来。张履祥看重以邻为伴的美德，重视处理好与邻里的关系，强调家人要与邻里乡党和睦相处；如果邻里中有人遭受祸患，就要救济他，不能趁机从他身上获利。现代社会，城市拆迁、异地安置，以及住房多为高层单元楼等外在因素，影响了传统的街坊邻里关系，大多是对门的不认识对门的，楼上的不认识楼下的。在共建和谐社会文明社区的时代背景下，过去处理邻里关系的经验和传统，仍然值得我们充分发掘并加以运用，以培育互知、互敬、互帮、互助的新型社区邻里关系。

（十一）处乡党，只有谦以持身，恕[①]以接物。谦则和，和则不竞；恕则平，平则寡怨。人生长于乡，犹鱼生长于水也。鱼出于水则死，人不容于乡则祸患随之矣。遇胜己者，不可萌忌嫉、卑诎[②]之心；遇不如己者，不可起轻侮陵虐之意。《洪范》曰："无虐茕独，而畏高明。"[③]非独乡党为然，乡党尤其切近者也。《易》曰："近而不相得则凶，或害之。"[④]凡今之人，得罪于乡党而不获善其后者，目见耳闻至众矣。"出乎尔者反乎尔"，盍亦审思之乎？

今译

与乡里乡亲相处，只有用谦逊来要求自己，用宽容体谅来待人接物。谦逊才能赢得平和，平和就不会引起争端；宽容就得到安定，安定就少有怨恨。人在乡里生长，就像鱼在水里生长。鱼离开了水就会死，人不能被乡里人接纳，祸患就会随之产生。遇到超过自己的人，不可以产生妒忌或认为自己卑微的念头；遇到不如自己的人，不可以产生轻蔑侮辱的念头。《尚书·洪范》篇说："不要虐待无依无靠的人，却畏惧显贵的人。"不只一乡之人是这样，只是一乡之人更加贴近现实。《易经》里说："两者相互交接却配合不当就有凶险，或者遭受外来的伤害。"现在的人，得罪乡里而使得他本人或后代得到不好的结果，眼睛看到的、耳朵听到的这类事例太多了。"你怎样对待别人，别人也会反过来怎样对待你"，何不仔细思考一下这句话呢？

简注

① 恕：宽容，体谅，以自己的心推想别人的心。《论语·卫灵公》："子贡问曰：'有一言而可以终身行之者乎？'子曰：'其恕乎！己所不欲，勿施于人。'"

② 卑诎（qū）：认为自己卑微而屈服。

③《洪范》：《尚书》篇名，商代贵族政权总结出来治理国家的九种根本大法。"洪"的意思是"大"，"范"的意思是"法"。茕（qióng）：孤独，无兄弟。

④ 语出《易经·系辞传》："凡易之情，近而不相得则凶，或害之，悔且吝。"

实践要点

在家乡居住生活，只有用谦逊来要求自己，用宽容体谅来待人接物。这是张履祥提出的乡居生活的重要原则。一个人如果能够真正做到谦以持身、恕以接物，就一定能够在社会上立足，事业有成。立身有法，处世有度，朋友喜欢他，乡人敬重他，他的德行传播开来，将无往而不胜。在现代人际交往中，首先应当注意人际交往相关的德行——谦逊、宽容，这些原则仍然应当坚守。

（十二）先王分土授田，一夫无失其所，凡有劳事，只使子弟为之，未尝有仆役也。观《论语》“有事，弟子服其劳”①及“子适卫，冉有仆”②可见。王政不行，人民离散，贫无依者，势不得不服役于人以生。是以家力有余，子弟不给使令者，养人以资其力，久矣，为天下之通义也。但当善待之，不可横加陵虐。陶公曰：彼亦人子也。③先须开以为善之路，示以资生之方，必其不堪扶植与屡不用命者，然后去之。苟无大恶，亦宜宽宥④，不可求之太过，责之太深，使人无所容足也。彼辈无知者固多，然其必不可化导，要亦无多。至其子孙，实为不幸，非由自己作之，放遣可也。天子臣妾万方，犹欲视民如子。士庶之家，牛羊犬马待人，不畏获罪于天乎？

今译

古代的帝王分封土地按户分田，没有一个人失去他的存身之所，凡是有劳动操作之事，就让他的子弟去做，不曾拥有仆人。从《论语》所说“家中有事的时候，做子弟的就去担任劳作”和“孔子到卫国去，弟子冉有就为他驾车”等语句可以看出来。以仁义治理天下的政策不能实行，人民就会分离失散，贫困没有依靠的人，则势必不得不去做别人的仆人用以谋生。因此家里如有多余的力量，不要轻易给子弟提供使唤的仆人，供养他人也以资助其自力更生为主，时间久了，就会成为天下普遍适用的道理与法则。不过应当好好地对待仆人，不可以蛮不讲理，强加欺压凌辱。陶渊明说："他也是别人家的孩子呀！"首先应当启发他力求向善的途径，把赖以为生的方法指出来，如果他实在不堪扶助培植并且多次不听从命令，这才打发他走。仆人如果没有犯下大错，就应该宽容饶恕，不可以要求太过、责备太重，使人没有立足之地。他们那一类人之中，不懂情理、缺乏知识的固然很多，然而一定难以被教化、被开导的，大约也是不多的。至于仆人的子孙，他们也实在是不幸，不能由自己做主的，放归、遣散都是可以的。君王的臣子、侍妾来自各个地方，还想着爱护百姓，把百姓看得像自己的孩子一样。普通百姓家庭，像对待牛羊犬马一样对待仆人，不怕上天降罪吗？

简注

① 语出《论语·为政》："子夏问孝。子曰：'色难。有事，弟子服其劳；有酒食，先生馔，曾是以为孝乎？'"

② 语出《论语·子路》。

③ 陶渊明《与子书》："今遣一力，助汝薪水之劳，此亦人子也，可善遇之。"

④ 宽宥（yòu）：宽容，饶恕。

实践要点

如何对待仆人？张履祥认为，不可以蛮不讲理、欺压凌辱，要教化开导、宽容饶恕，使仆人有立足之地。现代社会人人平等，因为生活需要，也有一些家庭请保姆帮忙带孩子、煮饭，请司机帮忙开车等，那么张履祥的话也是适用的。在家庭教育中，要注意引导孩子尊重给家里帮忙的长者，不能让孩子从小对人产生地位高下之分。假如孩子从小就失去了对保姆、司机等人的恭敬之心，看不起他们，是不利于孩子健康成长的。

（十三）男仆二十余即当为之娶妻，女婢近二十即当使有配偶，或别嫁之。非独免其怨旷，亦所以已乱也。近世仆人忠谨固少，主人待之非理亦甚。盍思上下报施，既有恒分，循环往复，又道之常，能无惕惕①于心，可云惟我所制乎？

今译

男仆二十岁之后就应当为他娶妻子，女仆接近二十岁时就应当为她婚配，或者嫁到别家去。这样做不但避免了男无妻、女无夫的情况，也是制止男女关系不正当等混乱发生的方法。近代以来仆人忠诚谨慎的固然很少，不过主人违背情理地对待他们的情况也很严重。何不想一想，主人与仆人，上下的报答与施与，既有不变的名分，也有循环往复变化的可能，这又是天道的规则，能够心里没有一点畏惧，可以说都是我所能规定、约束的吗？

简注

① 惕（tì）惕：忧劳，恐惧。

实践要点

张履祥认为主人要为仆人的终身大事考虑，才能避免男女关系不正当等混乱情况的发生。在古代，不同等级的女仆的婚嫁是不同的，有的以妾的身份侍奉主人，有的嫁给主人家的管家或者重要的家仆，也有的终身不嫁。不管如何，对于仆人的婚嫁大事，都应该有所关心。现代社会做领导的，对下属婚嫁之事，给予适当的关心，也有必要。

（十四）御仆人之道，严其名分而宽其衣食，警其惰游而恤其劳苦。要以孝弟忠信为先。

今译

管理仆人的方法是，严格地确定他们的地位与身份职责，但是要宽容、优待他们的衣食；警惕他们不务正业游手好闲，但是要体恤他们的劳累辛苦。对仆人的教导，要以孝顺父母、友爱兄长、心志坚定、诚实知耻作为首要的德行。

实践要点

在中国传统社会，“名分”常用来指代某一社会个体的身份和地位，社会角色及其规范，是用来构建和维护社会秩序的核心概念。权利的合理性与名分的正当性，必须讲究。仆人，或者现代雇佣关系之中受雇者，必须注意自己的地位与身份职责；另一方面主人家也要体恤他们的劳苦，照顾他们的衣食，并且担负起教导的责任。

（十五）贫家役使之人，第一是勤；贵家役使之人，第一是谨。要之不欺为本。有才智者，害多利少，且于义未当也。总不宜多畜，及轻于进退。

今译

贫困家庭的仆人，最重要的是勤劳；有地位的家庭的仆人，最重要的是谨慎。总而言之，要把诚实不欺作为根本。有才能智慧的仆人，对于主人而言是害处多好处少，并且就道义来说也是不适当的。总之不应该收养过多仆人，也不应该轻易收养或辞退仆人。

实践要点

张履祥根据情况，对不同家庭提出不同要求：贫困家庭需要勤劳的仆人；富贵家庭需要谨慎的仆人。因为贫困家庭雇人主要是为了帮家里干活，而富贵家庭则内部关系比较复杂，仆人也比较多，主要是服侍主人，要求谨言慎行。不管在什么样的家庭，做仆人都应以诚实不欺为根本。为什么说有才能智慧的仆人，对于主人而言是害处多好处少？因为这类人容易自作聪明，违背仆人的本分，做出一些不符合道义的事情。现代社会虽然人与人之间是平等的，但是雇佣关系还是存在的，张履祥的观点依旧适用。

（十六）宾客至，诚敬以待之，当内外如一。若女子、小人得罪长者，主人不察之罪也。世竟有阴令若辈为之，自托于不知者，为鬼为蜮，盖无不至。欲免祸败，得乎？

今译

宾客到家里了，要诚恳恭敬地接待，家中上下都应保持一致。如果家中的女人、孩子得罪了长辈，那就是主人犯下了没有察知的过错。世上竟然有暗地里指使这些人去冒犯长者，自己却找借口说不知情的，真是阴险如同害人的鬼怪，这种人大概没有什么事情是做不出来的。想要免除祸患败乱，能做到吗？

实践要点

古代待客之道包括很多礼仪，比如餐具、上菜过程和菜品都有明确的规定；上菜也有原则，先咸后淡，先浓后稀，先无汤后有汤。这些虽不是死板的教条，但表现了主人对客人的感情。至于有意或无意让女人、孩子得罪客人，这种情形古今皆有，实在是非常不厚道的行为，所以必须让家人一起学习待客之道。

（十七）同里共役之人，非关亲旧，则有同井之谊[①]。宜相敦好，慎无挟[②]诈，亦礼让之一事也。

今译

来自同一个地方一同做事的人，即使不是有交往的亲戚朋友，那也有老乡邻居的情谊。应该和睦友好，不要胁迫他人服从或者耍手段诓骗，这也是守礼谦让的表现。

简注

① 同井之谊：邻居的情谊。同井，同饮一井水的邻居。

② 挟（xié）：倚仗势力或抓住人的弱点强迫人服从。

实践要点

普通百姓大多勤劳、淳朴，但也有的因为没有知识、眼界短浅、固执己见而自私自利，彼此之间做出相互伤害的事情。张履祥提出和睦友好、守礼谦让的原则，让人体会到邻里之间的往来特别值得注意。

远邪慝凡八条

（一）凡一身术业，及居常[①]游处[②]之人，下至居室器用财贿，苟为不可容于尧舜之世者，概宜绝去。

今译

凡是一身的技艺，以及平常来往的人，乃至房屋里的用具、财物，如果不能被尧舜那样的圣明时代接纳的，应该一概弃绝。

简注

① 居常：平时，经常。

② 游处：交游，来往。

实践要点

张履祥认为，尧舜是仁义道德的典范：在尧舜之世，天下清平，人民安居，传天下之位于有德之人，而不是世袭给自己的儿子。人民生活在这样的时代，就能远离邪恶、邪道。看一个人，不能只看其技艺，还要看与他来往的人，以及他所用的器物，这确实是一条重要的交友之道。

（二）贤知[①]子孙可以上达者，教之为学。惟本安定胡公经义、治事二科[②]，其余俱宜舍置，以其无用也。

今译

可以向上发展的拥有贤明智慧的子孙，就教育他做学问。只能把胡安定先生的经义和治事两门科目作为根本，其他的学问都应该舍弃，因为没有用处。

简注

① 贤知：贤明智慧。知，通“智”。

② 安定胡公：即胡瑗，字翼之，江苏如皋人，北宋著名教育家、思想家。

实践要点

张履祥提出，要做学问，就应以胡瑗制订的“经义”和“治事”两个科目为本。胡瑗贯彻“明体达用”，在中国教育史上首先创立分斋教学，设立“经义”和“治事”二斋，依据学生的才能、兴趣、志向施教。经义主要学习《六经》；治事又分为治民、讲武、堰水（水利）和历算等科。凡进入治事斋的学生每人选一个主科，同时加选一个副科。另外还附设小学。这种大胆尝试，既能使学生领悟圣人经典义理，又能学到实际应用的本领，胜任行政、军事、水利等专门性工作。张履祥要求子弟按照胡瑗的教育理念学习，就是强调一个人既要懂经典义理，又要学有专长，这样才能真正成为贤明智慧的人，远离邪恶和邪道。现代社会教育的目标，也正是培育德才兼备、知行合一的高素质应用型人才。就此而言，古今是相通的。

（三）读圣贤之书，亲仁义之士，则德可以进，业可以修，其益无穷。若读非圣之书（如诸子[①]、二氏[②]之类），最易坏心术；亲无良之人，必丧及身家，其害无穷。非圣之书，非特不可读，亦当投之水火，不可使存于家，亦不可以授于人。无良之人，非特不可以为师友，虽在亲旧，自当畏而防之，若盗贼、蛇蝎，切不可与之作缘。

今译

阅读圣人贤者的书籍，亲近仁爱正义的人，则德行可以长进，学业可以修习，好处是无穷无尽的。如果阅读的不是圣人的书籍（例如诸子百家、佛道二家一类），最容易败坏人的思想品质；亲近不善良的人，一定会使自身和家庭败亡，害处也是无穷无尽的。不是圣贤的书籍，不仅不可以读，还应该投到水中冲掉或者火中烧掉，不可以在家中保存，也不可以送给别人。不善良的人，不仅不可以做老师或朋友，即使是亲戚或旧相识，也应当畏避且提防，就好像是盗贼、毒蛇与毒蝎，千万不可以和他有所关联。

简注

① 诸子：指先秦至汉初的各派学者及其著作，指孔子、老子、墨子、韩非子等。此处“诸子”不包括儒家的孔子、孟子等人及其著作。

② 二氏：指佛、道两家。

实践要点

阅读圣人贤者的书籍，亲近仁爱正义的人，就能使我们少走很多弯路，给人生以正确引导，走上光明正大的路途。得到同时代贤人的教诲有时是可遇不可求的。如果没有遇到良师益友，那么我们就应该多读经典书籍，通过阅读向古代及当代的圣贤学习。张履祥再三告诫不要读非圣贤之书，因为这类书会败坏我们的思想，让我们走向邪道。当然就什么才是该读的书而言，张履祥太过保守，也有些狭隘。

（四）方技之中，惟医为不可少，要须平日择其术精而心良者，与之往还。若星命[①]风水之徒，诞妄妖惑，空乱人意，甚者构成祸害，不可近也。子孙虽使饥寒，不可流为方技，败坏心术，卑贱人品。

今译

医、卜、星、相等方术之中，只有医术是不可以缺少的，平时必须选择那些医术高明并且心地善良的人，和他来往。像看相算命、看风水的这类人，荒诞虚妄，妖言惑众，只会扰乱人的心灵，甚至造成祸患灾害，不可接近。子孙即使挨饿受冻，也不能让他沦为看相算命、看风水的这类人，使他思想败坏，品格卑贱。

简注

① 星命：术数家认为人的祸福寿夭，与天星的位置、运行有关，因据人的生年时辰，配以天干地支，来推算命运，附会人事，称为“星命”。也指人命八字。

实践要点

方术，指方技和术数。方技，在古代指医经、经方、神仙术、房中术等；术数，在古代指阴阳五行八卦生克制化的数理等。由于在古代社会人们受生产力和科学知识的限制，人们相信天主宰着一切人事，人间的统治者受命于天，把自然界的日月星辰、风云雨雪、山川草木、鸟兽虫鱼等的变异，视为灾异和祥瑞的征兆。方术作为中华神秘文化的一个重要组成部分，是一种既不同于宗教又与宗教有联系的企图借助于“鬼神”等神秘力量来消灾免祸、延年益寿、添财增福等可操作性的东西。在现代社会，多数人崇尚科学，但这类活动仍然存在，若被别有用心的人利用，就具有愚弄百姓、非法敛财、导致犯罪、造成浪费、破坏社会稳定、危害青少年，值得我们警醒。

（五）自古方士，祸人家国何限？贫贱，彼无所慕而不来；富贵之日，非严绝之不可。其纳身最巧，其逢人最工，阴邪倾变，随所向而售[①]。既容入门，鲜不为惑，惑则身家之祸至矣。况家门所尚，守分循理，诵诗读书，修其孝悌忠信，使老有所终，幼有所长，养生送死无憾。彼说何为哉？或云养生家言亦可以却疾，吾闻之，节嗜欲，定心气，夏葛冬裘，饥食渴饮，亦可少疾矣。事不本诸经传，非先王之道，圣贤之训，笃信之而祸败不及，未有也。每见从事养生家言，反得奇疾者矣。自尧舜至于孔孟，何人道及养生来？康宁寿考[②]如是，不亦足乎？

今译

从古到今的方士，祸害人、祸害家、祸害国的有多少呢？你贫困卑贱时，这些人对你没什么贪慕的，所以不与你来往；你富贵时，就非与这些人断绝往来不可了。这些人藏身最巧妙，迎合巴结人最擅长，阴险邪恶变化无常，随风气之趋向而施展手段。已经被接纳进门，就很少有不被迷惑的，一旦被迷惑，自身和全家的灾祸也就来了。何况家族崇尚的，应是安守本分、遵循道理，诵读诗歌、阅读圣贤之书，修养孝悌忠信，使老人得以安享天年，小孩得以顺利成长，那么子女对父母生前的奉养与死后的安葬没有遗憾了。这些人说的都是什么呢？有人说养生家所说的可以祛除疾病，我却听说，节制耳、目、口、鼻等感官所产生的贪欲，安定心神，夏天穿葛衣，冬天穿皮衣，饿了就吃、渴了就喝，也可以少生疾病。做的事情如果不是依据圣贤所著的书，也不符合古代君主的治国方法和圣贤的教诲，对歪门邪道深信不疑而不发生祸患败乱，这是没有过的事。常常看到依照养生修道者的话去做，反而染上怪病的人。自从唐尧、虞舜到孔子、孟子，有谁说到过那些养生之法？安宁健康，寿命长短像尧舜、孔孟那样，不也就知足了吗？

简注

① 售：施展。

② 寿考：长寿。

实践要点

张履祥反对迷信，认为从古到今的术士害人害家害国，所以再三强调安守本分，诵诗读书，孝悌忠信，就能远离邪道。就当下而言，应该摒弃迷信，相信科学。科学就是要实事求是，而迷信则违背客观规律，是虚无荒诞之说，只会给人带来灾难。张履祥的真知灼见，对于现代社会仍有借鉴价值。

（六）僧道邪术，子孙愚，不可延[①]其徒以资福；子孙慧，不可读其书以求道。二者害有浅深，惑则均也。道一而已，天下有外三纲五常，而空虚杳冥[②]以为道？作善降祥，作不善降殃。世有不修孝悌忠信，惑世诬民，恣行无忌，而获福者乎？

今译

对于佛道两家，子孙如果愚昧，不可以邀请这类人来帮助祈福；子孙如果聪慧，不可以读他们的书籍来追求道术。两者的害处有重有轻，能迷惑人却是一样的。大道只有一个，天下还有在三纲五常之外，虚假空幻、奥秘莫测的东西可以作为道的吗？行善可获吉祥，作恶就会降下灾祸。世上有不修养孝悌忠信，蛊惑世人，毫无顾忌随意作恶，却得到福泽的人吗？

简注

① 延：邀请、聘请。

② 杳（yǎo）冥：奥秘莫测。

实践要点

僧道即和尚、道士，有的以起课、抽签为生，有的深谙术数、精通命理。邪术，或称“妖术”“巫术”，指为了追求个人利益，或夺权、复仇、夺爱或被人雇用而施法术加害别人；有的以治病、保护、求雨等谋求好处而施法术。张履祥反对僧道邪术，体现了他对传统礼教提倡的人与人之间道德规范的维护，对孝悌忠信的坚守。

（七）男子妇人，不可与僧尼往还，败坏家风。宗支虽有贫贱，不可令其子女有为僧尼者。寡妇与尼往来，及佞佛[①]烧香，即不如更嫁。令子女为僧尼，不如为人佣作。

今译

男人、女人，不可以与和尚、尼姑交往，否则会败坏家风。同宗族的支派，即使有贫困卑贱的人，也不可以让他的子女去做和尚、尼姑。寡妇和尼姑交往，以及迷信佛教，烧香礼拜，还不如让她再嫁。让子女做和尚、尼姑，不如让他受雇为别人劳作。

简注

① 佞（nìng）佛：谄媚佛，讨好于佛，迷信佛教。

实践要点

佛教从汉代传入中国以来，多有与鬼神方术结合的，僧尼也有兼习方技的。当然随着译经活动的展开、中土寺院制度的订立以及佛教流布区域的扩张，僧尼也逐渐进入上层社会。但是从宋朝之后，僧尼的形象渐渐失去了崇高的地位，到明清时期呈现颓败的态势，因为僧尼生活的腐化、不守清规、犯戒之事经常出现。张履祥看透了这一现状，因此反对与和尚、尼姑交往，以免败坏家庭的传统风尚。

（八）四方风土不同，习俗各有美恶。衰乱以来，败坏日甚，欲求仁里[①]，已不可得。要惟择其善者从之，其不善者戒之而已。吾乡风俗大概不厚，其为见闻习熟，恬不知怪。而贼仁害义之莫大者，无如焚尸、沮葬②、溺子女，以子女为僧尼之类。人孰亲于父子？是可忍，孰不可忍？特未之思耳。凶蠢如禽兽，尚有父子之爱，而况于人？推此以思，习俗移人，灭天理，丧良心者多矣。漫云随俗可乎？

今译

各个地方的风俗人情和地理环境不同，风俗习惯各有各的好坏。自从衰败混乱以来，风俗习惯一天更比一天败坏，想要寻找风俗淳美的乡里，已经找不到了。关键在于，选择风俗习惯中好的一面去遵从，不好的一面戒除掉也就罢了。我们乡里的风俗总体上不够淳厚，这是大家见惯听惯的，所以安然处之而不以为怪。毁弃仁爱、损害正义的事情中，没有比焚化尸体、停柩不葬、将子女投在水中淹死，让子女做和尚、尼姑之类更严重的了。哪一种关系比父子更加亲近？如果连这样的事情都可以被容忍，还有什么是不能容忍的？只是还没有深刻地思考而已。像禽兽那么凶残愚蠢，尚且还有父子之爱，更何况人呢？以此类推，在风俗习惯对人的改变过程中，毁灭天理、丧失良心的人已经太多了！只是说说随俗就可以了吗？

简注

① 仁里：仁者居住的地方，后泛称风俗淳美的乡里。

② 沮葬：停柩而不葬。沮，阻止。

实践要点

子曰：“里仁为美。择不处仁，焉得知?”选择住处，必须要选择有着仁义之风的地方，否则怎能说是明智呢？一个人的道德修养与外部的人文环境密切相关。只有与德行高尚的人在一起，才能在耳濡目染之下培养出高尚的情操。“孟母三迁”就是环境塑造人的典型故事。每个人都会受到周围环境的影响，环境关系到成长轨迹，决定人生成败。张履祥认为，风俗淳美的乡里实在找不到，就要选择风俗习惯中好的一面去遵从，不好的则要努力戒除，只有这样才能远离邪道。至于火葬，因为不同于传统风俗，所以儒家大多反对，当然也有认可的。比如宋俞文豹《吹剑四录》：“明道宰晋城，申焚尸之禁，然今京城内外，物故者日以百计，若非火化，何所葬埋?”所以张履祥所说的不良风俗，还当客观看待，至于有所选择地对待风俗习惯，还是很有道理的。

重世业凡十七条

（一）凡在先世所遗，若祭田、祭器、谱系、影像、图书，以及手植树木之类，皆当敬守弗失。古人恭敬及于桑梓，用心如何！

今译

凡是祖辈遗留下来的东西，如用于祭祀的族田、器具，家谱、画像，图册、书籍，以及先人种植的树木这一类，都应当恭敬地守护不要丢失。古人恭敬地对待在家宅旁边栽种的桑树和梓树，心思是多么可贵啊！

实践要点

古时候，人们常在住宅旁栽种桑树和梓树。《诗经·小雅》中说："维桑与梓，必恭敬止。靡瞻匪父，靡依匪母。"家乡的桑树和梓树是父母种的，见到桑梓就会引起对父亲母亲的怀念，应该表示恭敬，《后汉书》也有"松柏桑梓，犹宜恭肃”的说法。张履祥也说到了恭敬桑梓，还强调祖辈遗留下来物品，也应该恭敬地守护不要丢失，体现了对祖先及其产业的敬重。睹物思人，先人的遗物应有选择地保存，因为其中可以寄托血脉亲情，并且传递家风家训。

（二）坟墓、祖居、田产、书籍四者，子孙守之，效死勿去，斯为贤矣。必不得已，田产犹可量弃，书籍必不可无。无产止于饥寒，无书人不知义理，与禽兽何异？况死生有命，果是能知义理，亦未必饥寒而死也。

今译

坟墓、祖居、田产、书籍这四样东西，子孙守护它们的时候，即使失去生命也要保证不丢失，这才是贤能啊。如果迫不得已，田地还是可以适量放弃的，而书籍则一定不可以没有。没有田地也只是遭受饥饿寒冷而已，没有书籍子孙就不知道道德准则，和禽兽有什么区别？况且人的生死都是命中注定，果真能够懂得道德准则，也未必真的会因为饥饿寒冷而死。

实践要点

张履祥认为坟墓、祖居、田产、书籍这四样世业是不能丢弃的。如果它们之间发生冲突，迫不得已则田地可以适量放弃，但是书籍必不可少。因为没有田地最多就是饥饿寒冷，没有书籍就会不知道德准则，就会禽兽不如。况且，子孙勤于读书、懂得义理，也不至于真的忍饥挨饿，就一定能够重新振作起来。

（三）立祠堂以合族属，置公田以赡同宗。敦本厚族，必以是为先。心存孝悌者，力之所及，自当勉为。吾贫且贱，空言似为可耻，但事无大小，成不成俱非人之所能。此心则何日可忘乎？

今译

建立祠堂以使同族的人和睦，置办家族公有的族田以赡养同一个家族的人。注重农事使得宗族厚实，一定要以此作为首要的事情。心里存有孝顺父母、友爱兄长念头的人，在自己力所能及的范围内，自然应当尽力做好。我虽贫困并且微贱，说空话似乎是可耻的，但是事情无论大小，能否做成都不是人力能够控制的。然而这样的念头哪一天可以忘记呢？

实践要点

祠堂也是祭祀祖先、讨论处理宗族大事的场所，立祠堂则是一个家族兴旺的象征。族田是维系宗族、团结族人的物质基础，其收入主要用来祭祀祖先、赈济族人、创立义学等。张履祥强调祠堂和族田的作用，但更强调必须重视农事，心存孝悌，这两样其实比祠堂、族田更为根本，也是贫贱的家族就可以实现的。

（四）坟墓不宜侈[①]大，侈大则害生谷之地，非可通行。宜仿族葬法，父子祖孙生同居、死同域。子孙祭扫，毕萃于斯，仁义之道也。深埋实筑，不易之义也。惟夫地狭，不足容棺，则更辟他所。然不可惑葬师[②]邪说，以违前训，自蹈不孝。

今译

坟墓不宜过分广大，过分广大就会妨害生长谷物的土地，不可普遍实行。应该仿照同一高祖的子孙葬在一块墓地的方法，父子祖孙活着的时候同一处居住，死后同一处埋葬。子孙祭祀扫墓的时候，都聚集在这里，这样才符合仁义之道。实行深埋实筑的埋葬方法，这是不变的原则。由于地形狭长，不足以放下棺材，那就换个地方埋葬。然而不可被风水师的歪理邪说迷惑，以致违背前人的教诲，自己走上不孝的道路。

简注

① 侈：过分。

② 葬师：旧时丧葬中以看风水、择时日为业的人。

实践要点

传统社会强调“慎终追远”，强调“棺椁必重”“葬埋必厚”，丧葬之事烦琐、铺张。儿孙为了博取孝名，致使土地浪费，造成经济负担。张履祥提倡简葬，节约土地资源，不受歪理邪说迷惑，难能可贵。现代社会倡导生态安葬，鼓励和引导人们采用树葬、海葬、深埋、格位存放等，少使用不可降解材料安葬骨灰或遗体，节约资源、保护环境，促进人与自然和谐发展。张履祥的观点，虽然有其时代的局限性，但倡导厚养简葬才是真正的孝顺，则极有眼界。

（五）卜地以山中为上，力不能远，则乡僻犹可。当以近城市、河渠为切戒。山中不特五患[①]皆无，兼免赋役之累，又不害谷土，故以为上。惟武林[②]诸山不可。

張公楊園先生

张履祥像（戴卫中绘）

晚年著书（戴卫中绘）

幼承庭训（戴卫中绘）

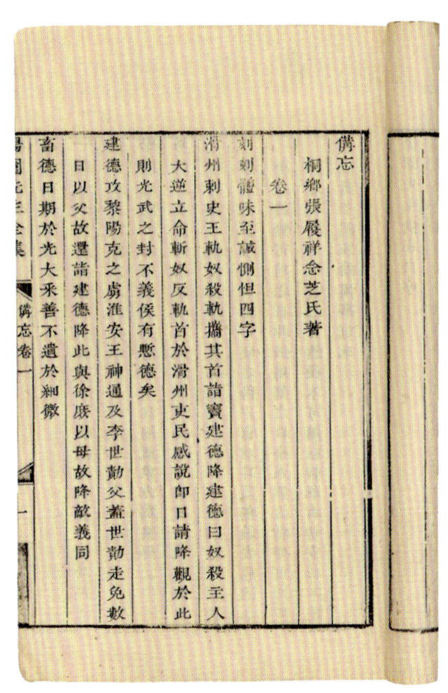

備忘

桐鄉張履祥念芝氏著

卷一

刻刻體味至誠惻怛四字

滑州刺史王軌奴殺軌攜其首詣竇建德降建德曰奴殺主人大逆立命斬奴反軌首於滑州吏民感說即日請降觀於此則光武之封不義侯有慙德矣

建德攻黎陽克之虜淮安王神通及李世勣父蓋世勣走免數日以父故還詣建德降此與徐庶以母故降敵義同

畜德日期於光大承善不遺於細微

楊園先生全集　備忘卷一　一

《杨园先生全集》书影

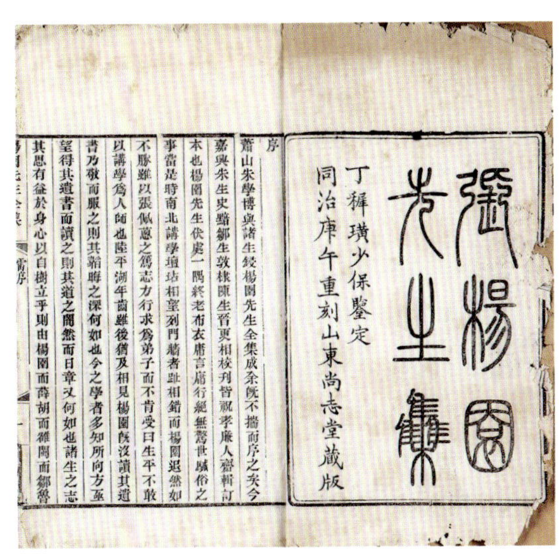

張楊園先生集

丁稚璜少保鑒定

同治庚午重刻山東尚志堂藏版

序

蕭山朱學博與諸生校楊園先生全集成余既不揣而序之矣今嘉興朱生史黯鄒生敦棣陳生晉更相校刊皆視孝廉人齋輯訂本也楊園先生伏處一隅終老布衣庸言庸行絕無驚世駭俗之事當是時南北講學壇坫相望列門牆者趾相錯而楊園退然如不勝雖以張佩蔥之篤志力行求爲弟子而不肯受曰生平不敢以講學爲人師也陸平湖年齒雖後猶及相見楊園既沒讀其遺書乃敬而服之則其韜晦之深何如也今之學者多知所向方亟望得其遺書而讀之則其道之闇然而日章又何如也諸生之志其思有益於身心以自樹立乎則由楊園而薛胡而雒閩而鄒魯

楊園先生全集　備序　一

《张杨园先生集》书影

擇善為心慎獨為學
溫潤栗縝和諧儼恪
遇勢不趨遇險不卻
俛仰泰然不愧不怍

秦谿何汝霖隸題

何汝霖题《寒风伫立图》

序
張楊園先生集甲戌秋朱欸
諭坤刻於山陰余既為之序
矣考楊園遊蕺山之门而言
學則推敬軒敬齋詆陽明又
嘗館於語溪氏而撤詆其以
評騭制義矜勝盖崇正學敦
頗學者敦厥志端厥趨相與
仰答
聖世崇儒之化焉
乾隆丙子仲秋月浙江督學使
者後學雷鋐敬書

雷鋐《杨园先生集序》手迹

張楊園訓子語序目

予少壯生子不幸俱殤先人之緒幾於不傳喪亂以後憂病相尋雖復舉子已迫衰暮大懼弗及教誨使先人志事子孫罔得聞知則予之重罪豈不可贖至痛豈不可解矣因於課讀之暇筆述數條以示維恭其敬識之詩曰無念爾祖聿修厥德又曰夙興夜寐無忝爾所生汝父念茲在茲五十有餘年矣言盡於此意猶不盡於此嗚呼可不慎乎乙巳孟秋張履祥書

祖宗傳貽積善二字 六條

山西解州书院清光绪十四年刊本《训子语》

务本苑（浙江乌镇）

重修张履祥墓（浙江乌镇）

张履祥墓园对联

杨园先生纪念馆（浙江乌镇）

今译

选择葬地以山中最佳，力量有限不能太远，选择乡里偏僻的地方也可以。选择墓地时务须避开靠近城市、河渠的地方。选择葬在山中，不仅五种祸害都没有，还免除了赋税和徭役的连累，又不会妨害种植庄稼的土地，所以是最佳的。只是杭州一带众多的山岭，都不可以作为墓地。

简注

① 五患：指墓地选择不当的五种祸害：沟、渠、道路、避村落、远井窑。

② 武林：杭州的旧称。

实践要点

为了荫庇后世子孙，古代对墓地的选址是很有讲究的，有很多风水的原则，比如：上风上水的原则、依山傍水的原则、明堂开阔的原则、前朝后靠左右抱的原则、屈曲蜿蜒的原则。张履祥摒弃了风水之说，只强调选择葬地以山中最佳，但是桐乡一带几乎没有山岭，也就只能选择乡里的偏僻之地了。

（六）坟墓禁人薪樵，子孙之责。墓远，则分一支就近守之，庶为可久。子孙虽贫，若思盗卖祭产，及斩伐坟墓树木，无论法不得为，即天道永不祐之，其家每至败绝，不复能振矣。

今译

坟墓之地禁止有人砍柴，这是子孙的责任。墓地太远，就分派一支子孙在附近守墓，这样才能长久。子孙即使贫苦，如果总想着私自出卖祭祀的产业，以及砍伐墓地的树木，姑且不说法律不允许这么做，就连天理也难容，永远不会护佑他。他的家族也会因此衰败灭绝，无法再度振兴。

实践要点

守护墓地，是子孙对祖先表达敬重的行为，也是孝道的体现。一个家族，往往会把先人葬在同一个地方，既便于祭奠，也便于管理。守墓人的工作，一是打扫墓园，一是防止盗贼。然而更要防止的却是自家子孙盗卖祭产，所以张履祥的话几近诅咒。

（七）坟墓须防狸穴，绝之之道，猎不如熏，熏不如灌。下灌河泥，上加乱石、灰砂，庶免后患。然每年冬春二次，省灌必不可少，不问与穴远近，总宜塞绝。若葬时，遵用《家礼》灰隔之法，则无此患矣。

今译

坟墓必须防备狐狸打洞做巢穴，断绝它的方法，狩猎比不上用烟熏，用烟熏比不上用河泥灌。向下灌河泥，里面加上乱石、灰砂，这样做或许能免除后患。不过每年的冬季、春季两次，用河泥灌注洞穴一定不能少，不管坟墓与洞穴的距离远还是近，都应该堵塞断绝。如果在埋葬的时候遵循《朱子家礼》中使用灰隔之制，来隔开棺木，那就没有这个隐患了。

实践要点

狐狸喜欢在坟墓中做洞穴，利用墓穴躲避风雨和天敌，还可以偷食祭品。人们普遍害怕坟墓，因此狐狸在墓穴中安家为它们的生活提供了极大的方便。古人认为，坟墓上不管是有洞穴还是有裂缝，都是大凶之兆。这些洞穴和裂缝对“藏风聚气”不利，不利于荫庇子孙，也对子孙的运势产生消极的影响。因此坟墓必须预防狸子打洞做巢穴，一旦发现坟墓上有巢穴，必须堵塞断绝。张履祥为此具体讲解了堵塞断绝坟墓上的洞穴的方法。《朱子家礼》中讲到普通人没有财力在木棺之外再用一层木椁，那就用灰隔之制，也即以石灰混杂炭末、细沙、黄泥混合物，搭配砖石围绕棺木修筑一层，其坚硬程度也与铁石无异，反而胜于木椁。

（八）屋室，祖宗所遗，足以安居。宗族聚于斯，坟墓托于斯。子孙守之，敝则略为修葺，无俟增置更造也。增造由于迫隘难居，去乡因乎势不得已。苟慕华侈，夸壮丽，非天理矣。萧相国云："后世贤，师吾俭；不贤，毋为势家所夺。"[①] 李文靖公云："居第当传子孙。"[②] 二公功名盖世，贵极人臣，所见如此，何论穷居无德之人哉?《记》曰："君子将营宫室，宗庙为先，厩库为次，居室为后。"[③] 轻重固有等矣。今人缔造多反乎是，夸美一时，转盼易主。前覆不鉴，后辙复循，抑何愚哉！

今译

房屋居室，是祖宗留下的，足够用来安稳生活。宗族在这里聚集，坟墓在这里安葬。子孙守护它，破旧了就稍作修理，不用等着增添或者重造。增添重造是因为房屋狭窄难以居住，离开家乡是因为形势所迫而不得已。如果贪慕豪华奢侈，追求宏伟瑰丽，则不符合自然法则。相国萧何说：“后代子孙如果贤德，就效法我的简朴；如果不成器，房产也不要被有权势的人家夺去。”李文靖说：“住宅是要传给子孙的。”这两个人的功绩和名声在同时代都没人能比，在大臣中也地位最高，他们的见识都是如此，又何必说那些居所穷困、没有德行的人？《礼记》中说：“君子修建房屋时，要考虑的首先是宗庙祠堂，其次是牲口棚和库房（因祭祀时需要宰杀牲口），最后才是住房。”事情的轻重本来就有等第。现在的人建造房屋大多和这个原则相反，只是贪图一时的夸奖称美，可是转眼之间就换了主人。前面的车翻了，后面的车不引以为戒，反而仍然跟着前车的车辙，是多么愚蠢啊！

简注

① 语出司马迁《史记·萧相国世家》：“何置田宅必居穷处，为家不治垣屋。曰：‘后世贤，师吾俭；不贤，毋为势家所夺。’”

② 语出司马光《训俭示康》：“又闻昔李文靖公为相，治居第于封丘门内，厅事前仅容旋马，或言其太隘。公笑曰：‘居第当传子孙，此为宰相厅事诚隘，为太祝奉礼厅事已宽矣。’”

③ 语出《礼记·曲礼下》。

实践要点

古时候，才德出众的人都是将用于侍奉祖先的宗庙放在第一位；把养马藏物的厩库放在第二位，它既具有为侍奉祖先提供祭品贮备的功能，同时又提供生活生产资源；最后才是考虑到人员的居住。这表现了中国古代社会以宗法为重心、以农耕为根本的社会居住法则。这对于现代社会房地产业的发展与购房者的购房需求有一定的启示，居住属性是住房的基本属性，必须以节约资源、提高居民居住水平为目标。

（九）书籍惟《六经》诸史、先儒理学以及历代奏议，有关修己治人之书，不可不珍重护惜。下此则医药、卜筮、种植之书，皆为有用。其诸子百家、近代文集，虽无可也。至于异端邪说、淫辞歌曲之类，能害人心术，伤败风俗，严距[①]痛绝，犹恐不及，况可贮之门内乎？凡书籍自己所有，不可散失。若他人简册掩为己有，与穿窬[②]何异？戒之，戒之！若系先代所遗，及祖宗手泽，片楮[③]只字，皆当敬守，不可轻出，以致脱失。

今译

书籍中只有《六经》和几部正史、宋明儒者的理学著作，以及历代名臣的奏议、有关修己治人的书籍，不可以不珍重爱惜。除此之外的医药、卜筮、种植一类的书，都是有用的。那些诸子百家、近代文集，即使没有也无妨。至于传播异端思想的歪门邪说、淫秽下流的言辞、歌曲一类，会伤害人的心灵，败坏社会风俗，严厉抵制、彻底拒绝，还担心来不及，怎么可以收藏在家里呢？凡是自己拥有的书籍，不可以散落遗失。如果把别人的书籍占为己有，与挖墙、爬墙的偷窃行为有什么不同呢？一定要警惕啊，一定要警惕啊！如果是祖辈遗留下来的书籍，和前辈的遗墨遗物，哪怕是片纸只字，都应当恭敬守护，不可轻易出示于人，以致散脱遗失。

简注

① 距：同“拒”，抗拒，抵御，拒绝。

② 穿窬（yú）：挖墙洞和爬墙头，指偷窃，也指小偷。窬，从墙上爬过去。

③ 片楮（chǔ）：片纸。楮，落叶乔木，树皮是制造纸张的原料，故代称纸。

实践要点

应该读些什么书，不应该读什么样的书，张履祥做了具体的说明。他认为应当读有利于提升道德修养的书，如《六经》、诸史、先儒理学以及历代奏议等经典；医药、卜筮、种植等书对于生产、生活也是有用的；诸子百家之书、近代文集则要少读，因为太多太杂了；至于异端邪说、伤风败俗的书，则要坚决抵制。现代社会应该读什么样的书，对于每个人来说，会有不同的需求，但有一点是相同的，也即多读经典。因为经典是那些经受住时间考验，在一个国家甚至世界产生广泛影响，被读者广泛认可，凝聚着人类真善美的精神的书籍。

（十）吾里田地腴美[1]，宜桑谷而不病水旱，但能勤力耕蚕，公私之用可以不匮。然土隘人稠，无山泽之利，风俗日趋于薄，难以乐业。又西界归安，水泽之窟，盗贼时作。前逼运河，后枕烂溪，东西支港，秀溪、白马，相距十余里。多故之日，游兵剽掠之患，将恐不免。若事力可办海滨僻壤，震泽[2]深乡，百里而近，豫营别业，备仓猝避地之所。俟子姓繁多，分族以处，当非重去其乡之义可得拘牵也。

附近田地，须量一家衣食所需，足以耕治可矣。虽力有余，不可多置。多置则宗族邻里即有受其兼并，无土可耕者矣。惟先世遗业不可不守耳。若患人稠地狭，则散处他郡邑，古人多有。（但要谱系修，宗会时耳。）覆载甚宽，慎毋争此尺寸也。

今译

我家乡土地肥沃，适宜种植桑树、水稻而不用担心水涝干旱，只要能够辛勤地耕种、养蚕，公家和私人的用度就可以不匮乏。然而土地狭窄人口众多，没有富饶的山林与川泽，风尚习俗也一天天地变得淡薄，难以让人愉快地从事本业。另一方面，西部与归安县（古县名，属于今浙江省湖州市）交界，又是河流众多、湖泊交错的地方，强盗窃贼时常出现。前面靠近运河，后面挨着烂溪，东西面是支港，秀溪、白马两地相距十余里。变乱频仍的时期，流动出击的军队到处抢劫掠夺的灾祸，将来恐怕不能避免。如果有能力，可以在海滨的偏僻地，或太湖边偏远的地方，距离家乡一百里左右，预先经营一处房舍产业，以备非常事变发生之时避乱之用。等到子孙繁多，将家族分开居住，应当不是安土重迁的原则所能束缚的。

附近的田地，必须估量着满足一家人穿衣吃饭的需要，能够耕种治理就可以了。即使有余力，也不要过多置办田地。如果多买田地，宗族邻居之中就会有因为田地被侵吞而没有田地可以耕种的人。只有祖辈遗留下来的产业不可以不守护。如果担心人口众多田地狭窄，那么就分散居住到其他的府县去，古代的人有很多都是这种情况。（但是要修有世谱，几个宗族定时约会。）天地宽广，不要为了田地这点小事发生争执。

简注

① 腴（yú）美：土地肥沃。

② 震泽：即太湖；也指太湖边苏州的震泽镇。

实践要点

桐乡地处杭嘉湖平原腹地，自古以来土地肥沃，物产丰富，特别适合水稻、桑树的生长，是我国稻米、蚕桑的重要产地。因为经历了明清之变，所以张履祥建议为了家族的长远打算，事先做好规划：在海边或太湖边的偏远地方，距离家乡一百里左右，预先经营产业。至于附近的田地，必须估量着能够满足一家人穿衣吃饭的需要，也就足够了，不要让宗族邻居没有田地可以耕种。张履祥建议富人善待族人、轻视钱财、重视道义，这一点是很可贵的。

（十一）隙地为圃，种瓜蔬、植果木，以供宾祭、给日用。构屋数椽，子孙读书，灌溉其中，则不可少。或于舍旁，或于墓近，或于田际，规度为之。然不宜广，广则恐妨谷地，不免无益害有益耳。若夫累石为山，掘土为沼，亭台卉木，以供游玩，乱世之风，败亡之辙，当以为戒。孟子以坏宫室为洿池[①]，弃田为苑囿[②]，同于邪说暴行，严矣！

今译

将空着的地方用作菜园子，种植瓜果、菜蔬、果树，以供招待宾客、祭祀和日常生活之用。建造几间房屋，教育子孙读书，浇灌房屋旁边的菜地，则是不可少的。或者在房舍的旁边，或者在墓地的附近，或者在田边地头，都可以规划经营菜园子。然而不宜占地太广，占地太广恐怕就会妨害种植水稻的土地，免不了无益的损害有益的。至于堆积石头做成假山，挖掘泥土做成水池，建造凉亭，种植花木，以供游玩，这是乱世的风气，败亡的道路，应当引以为戒。孟子把毁掉民居来挖掘池塘、毁坏良田来营造园林，等同于荒谬的学说、残暴的行为，真要严肃对待呀！

简注

① 洿（wū）池：水塘。

② 苑囿（yuànyòu）：古代畜养禽兽供帝王玩乐的园林。

实践要点

孟子说："坏宫室以为污池，民无所安息；弃田以为园囿，使民不得衣食。邪说暴行有作，园囿、污池、沛泽多而禽兽至。及纣之身，天下又大乱。"残暴的国君，才会毁坏民宅、毁弃良田，使得百姓没吃没穿，最终造成天下大乱。所以张履祥反对营造园林，对于土地非常珍视，要求合理利用：面积大的要种水稻，面积小的才能种菜，房前屋后的小块土地利用好，蔬菜、瓜果也就充足了。我国人口众多，人均占有耕地少，耕地资源严重不足，因此必须倍加珍惜、节约土地。现在强调保护耕地，避免盲目城市化，就是这个道理。

（十二）唐人诗："锄禾日当午，汗滴禾下土。"祖宗躬耕[①]之地，相传不知几世；资以衣食，不知几何年；守至今日，心计不知用几何；旦昼勤劬[②]，即汗汁不知滴几何。子孙诚能念及，必不忍弃与他人矣。

今译

唐朝诗人李绅的诗句说："锄禾日当午，汗滴禾下土。"祖宗亲身耕种的土地，传了不知道多少代；为我们提供衣服和食物，不知道过了多少年月；守护到今天，不知道费了多少心思；白天辛勤劳作，就连汗珠子也不知道滴下了多少。子孙如果真能想到这些，一定不会忍心把田地抛弃给别人。

简注

① 躬耕：亲身从事农业生产。

② 勤劬（qú）：辛勤劳累。

实践要点

祖宗筚路蓝缕，得到的土地来之不易，子孙应该敬守。所谓创业难守业更难，子孙不懂得珍惜，坐享其成，奢靡浪费，懒惰成性，就会失去祖宗遗留下来的土地和产业。现代社会一些家族企业也面临守业艰难富不过三代的严峻问题。作为继承家业的子孙，必须具有一往直前的勇气和坚持下去的毅力，勤俭持家，开拓进取。

（十三）里人欲卖祖田者，予劝止之。答曰："无如[①]饥寒何？"予谓之曰："田在不免饥寒，田去顾得饱暖乎？"其人曰："然则卖屋何如？"予曰："祖宗无屋遗汝，将如饥寒何？抑能不衣不食也？"其人无以应而退。或曰："然则何以为之计？"予曰："天之所生，地之所长，无不衣食者，皆待废业乎？祖业有尽时，衣食无日已，终如何？君子劳心，小人劳力，有心思筋力而苦衣食，是谁之咎？"又曰："祖业必无可废乎？"曰："为祖宗之故，不得已而废，可也；否则水火盗贼出于不意，犹可也。若乃赋役、凶灾、婚姻、疾病之类，贮之当有时，出之宜有准，已不宜废业矣，矧[②]无其事乎？""然则称贷以佐不给，可乎？"曰："是废业之基也。贷之甚易，偿之甚难，轻贷于人者，必非长保厥家者也。凡人穷则思变，变则思通③。己不求通，天地不能通之，而何尤乎人？自秦而降，朝廷无复制民之产，有无多寡，皆由祖父。若复轻视，莫知敬惜，流亡不亦宜乎？”

今译

同乡的人想要卖掉祖宗遗留下来的田地，我劝阻他。他回答说：“无奈饥饿寒冷啊！”我对他说：“田地尚在就已免不了饥饿寒冷，田地没了难道能够得到饱食和温暖吗？”他说：“那么就卖掉房屋怎么样？”我回答说：“如果祖宗没有房屋遗留给你，你将怎么对付饥饿寒冷呢？难道能够不穿衣不吃饭吗？”那个人没有办法再回答就走开了。有的人会说：“那么该怎么办呢？”我说：“我们都在天地之间生长，没有人不需要穿衣吃饭，难道都要等到倾尽家产的地步吗？祖宗的产业有用尽的时候，穿衣吃饭没有一天可以停止，最后该怎么办呢？地位高的人从事脑力劳动，普通百姓从事体力劳动，有脑力、有体力却苦于穿衣吃饭的问题，这是谁的过错呢？”又问：“祖业一定不可以荒废吗？”我回答说：“为了祖宗的缘故，迫不得已而荒废，也是可以的；如果不是这样，而是因为洪灾、火灾、被窃贼抢夺等意外事故而荒废，也是可以的。至于赋税徭役、凶年灾荒、婚姻、疾病这一类，贮藏管理好祖业，等到需要的时候，拿出多少应该也有准则，此时就已经不该荒废祖业了，何况没有这类事情?”“既然这样，那么向人借钱用来弥补供给的不足，可以吗?”我回答说：“这是荒废祖业的根基啊。向别人借钱很容易，可是偿还却很难，轻易向人家借钱的人，一定不会长久地保护他的家产。只要是人，缺乏财物的时候就会想着改变，一旦改变就会想着怎样没有阻碍地达到目的。自己不想着变通，天地是不会替他变通的，怎么能怪别人呢？自从秦朝以来，朝廷不再规定老百姓的产业，有还是没有，多还是少，都是来自祖辈父辈。如果再轻视祖业，不知道恭敬珍惜，被迫流亡离开家乡，不也是他应得的下场吗?”

简注

① 无如：无奈，常与“何”配搭，表示无法对付或处置。

② 矧（shěn）：况且，何况。

③ 语出《周易·系辞下》：“穷则变，变则通，通则久。”

实践要点

《国语·鲁语下》中说：“君子劳心，小人劳力，先王之训也。”意思是，君子从事脑力劳动，小人从事体力劳动，这是先王的遗训。有人说这是古代儒家轻视劳动和劳动人民的传统观念。张履祥在这里主要是用来强调，从天子到庶民，工作都不能松懈。作为农民要勤于耕种祖宗遗留下来的田地，就能够解决温饱等生活上的问题；卖掉祖宗遗留下来的田地，不能从根本上解决问题。张履祥强调的是，不管生活中遇到什么困难，都不能卖掉祖宗遗留下来的田地，而应该另外想办法改变。勤于劳动、敬守祖业、懂得变通，这些优良的品质都值得后人记取。

（十四）祖墓、公田、赋役，照支均派，各户输应，为力既易，亦免规卸。其岁入推择贤者主之，不则轮值可也。

今译

祖宗的墓地、族中的公田、赋税和徭役，按照同宗族的不同支派平均分派，各家各户交出应交的那一份，一起出力不仅容易成事，也免得推卸责任。每年的收入，推选贤能的人掌管，不然轮流管理也可以。

实践要点

如何守护祖产、世业，张履祥给出了合理的建议。祭祀祖宗的费用、公家田地的耕种劳力、赋税和徭役的缴纳，由同宗族的支派平均分派，一是为了公平，二是避免推卸责任。至于每年收入的管理也有两种方式，推选贤能的人掌管，或者族人轮流管理。这些建议对于后人管理公共财产是有借鉴意义的。

（十五）杭州少本业，嘉兴尚浮夸，渐习其间，欲厉名节、长子孙，不亦难乎？非卜居之善地也。湖州近朴，然赋繁役重，政猛于虎矣。唐宋以来故家，上江山中往往有之；宋元以来故家，则近地乡间尚有。求之城邑，盖未之见。后视今，犹今视昔。噫！可鉴矣！

今译

杭州人从事农业生产的较少，嘉兴人崇尚虚浮夸张，浸润在这样的风气中，想要激励名誉与节操，有益于子孙的成长，不也是很难吗？这里不是居住的好地方。湖州人比较淳朴，然而赋税和徭役繁重，暴政比老虎还凶猛可怕。唐宋以来的世代仕宦之家，钱塘江以南“上八府”的山中往往还有；宋元以来的世代仕宦之家，在附近的乡间也还有一些。在城市里寻找，则还没有见过。将来的人看现在，就像现在的人看过去。哎！值得借鉴啊！

实践要点

张履祥比较了解杭嘉湖三地的人，指出杭州人从事农业的较少；嘉兴人浮夸；湖州人淳朴，但赋税多，所以浙江的“下三府”（杭州府、湖州府、嘉兴府）不适合居住。再考察世代仕宦的人家，唐宋以来的大家族往往住在“上八府”

（宁波府、绍兴府、台州府、温州府、处州府、金华府、严州府、衢州府）的山中，宋元以来的大家族则住在乡间。也就是说，为了修养品德，避免不良风气的干扰，避世唯恐不深。

（十六）家有余屋赁人居住，犹之家有余田佃人种植，理也，亦势也。但择人以授，不可不慎。莫善于农人，其次工艺之人，其次商买之良者。若倡优、市侩之属一入其间，目前即不无小利，终为后患。且使子孙、少长习见，保无流入？又隐患之莫大也。且家国只是一理，穷达岂有二致？假方居官食禄，能不为朝廷整齐风俗，禁抑游末乎？

今译

家中有多余的房屋用来租借给别人居住，就好像是家中有多余的田地租赁给别人种植，这是符合常理，也是符合形势的。但是选择人的时候，不可以不谨慎。最好是出租给农夫，其次是出租给手工业者，再次是有良心的商人。至于倡优、买卖的中间人之类的一旦入住到房子里，眼前即使有一些小利，最终却会酿成祸患。而且使子孙、年少的和年长的人时常见到，能够保证他们不被带坏吗？没有比这更大的隐患了。于家于国而言是同一个道理，对于困顿中的人与显达的人难道有两样？假如一个人正担任官职享受俸禄，能够不为朝廷整顿风俗，抑制不劳而获的商人之流吗？

实践要点

如果有多余的房屋，可以用来租借给别人居住。对于如何选择租客，张履祥做了详细说明，主要是以租客的职业、道德品质以及对风尚习俗的影响进行排序的。这对于现代人出租房屋时挑选租客也有一定的参考价值。比如关注租客的职业背景，工作稳定，收入稳定，有着良好的教育背景，有着健康的生活方式，邻里关系就容易相处。夫妻租客优先考虑，因为居住状态较为稳定，比较爱护房屋和附属设施。

（十七）贺翁[①]诗："有客来相问，如何是治生？但存方寸地，留与子孙耕。"人不治生固不可，才言治生，即方寸地不能复顾意。为子孙计长久耳，亦尝三复此诗乎？此意，自少至老宜凛凛[②]持之，而在暮年为尤甚。

今译

贺亢有首诗歌写道："有客人来问，如何经营家业？只保存一小块田地，留给子孙后代耕种。"一个人不经营家业本来就不可以，刚刚说到经营家业，就没有了顾惜方寸之地的心思。为了子孙的长久之计，曾经反复回顾过这首诗歌的意义吗？这层含义，从年少到年老都应该威严而敬畏地持有，在晚年的时候更要记得。

简注

① 贺翁：五代后晋时的水部员外郎贺亢，又称贺水部，后弃官修道于蒙山，传说他得道而不死。

② 凛凛（lǐn）：威严而使人敬畏的样子。

实践要点

张履祥引用一首诗，提出经营家业之道，那就是要给子孙后代留下"方寸地"，让他们去耕耘。"方寸地"可以理解为一小块土地，强调即使祖宗留给子孙后代的只有一小块土地，也要去勤劳地耕种，经营好家业。"方寸地"还可以理解为"人心"，那么强调的就是子孙后代不仅要敬守祖宗留下的房屋、田产，更要传承祖宗留下的勤劳、俭朴等优良品德。

承式微之运，当如祁寒之木，坚凝葆固，以候春阳之回。处荣盛之后，当如既华之树，益加栽培，无令本实先拨

凡八条

（一）凡家不可太贫，太贫则难立；亦不可太富，太富则易淫。产业须量口之多寡，用度须称家之有无，要使贫不至于困，富不足以骄。可以养生送死，守家法，长子孙而已。

今译

家庭不可以太贫穷，太贫穷就难以自立；也不可以太富裕，太富裕就容易放纵。货财、土地、屋宅等财产必须估量人口的多少，支出的费用必须符合家里钱财的实际情况，做到贫穷但不至于生活陷入困境，富裕但不至于骄傲自大。能够负担对父母生前的奉养与死后的安葬，遵守家族的法则，生养子孙，就可以了。

实践要点

一个家庭不要太贫也不要太富，能够让子女解决养生送死等基本的需求，也就可以了。财富和家庭生活幸福感的关系是怎样的呢？现代社会有一个调查，也印证了张履祥的智慧。越有钱就越幸福吗？《中国经济生活大调查（2019—2020）》结果显示，年收入 1 万以下的低收入人群幸福感并不是最低的。随着个人年收入增长至 12 万，感到幸福的人群比例逐渐增高；年收入 12 万增长到 100 万时，幸福的人群比例相差并不十分明显。而在感到不幸福的人群中，年收入超过 100 万的高收入人群比例最高。一年挣多少钱的人生活最幸福？目前的答案是 12 万到 20 万，这个人群中每 10 人就有 6 人感到生活的美好。

（二）自昔虽云处贫难、处富易，其实处富贵殊不易也。富贵败坏人，有甚于贫贱者。总之，人当思自立之道，求其内不失己，外不失人，则处贫贱可，处富贵亦可。

今译

以前虽然说过贫穷的生活艰难、过富裕的生活容易，其实过有钱又有地位的生活也很不容易。有钱又有地位败坏人的程度，比贫苦而身份低微还要严重。总之，人应该思考靠自己的劳动而生活的方法，追求对内不违背自己的真性，对外不违背别人的利益，那么过贫苦而身份低微的生活可以，过有钱又有地位的日子也没有问题。

实践要点

贫穷的人生活过得艰难，有钱又有地位的人生活过得也不容易。因为决定家庭生活是否幸福的，不是财富，而是对待生活的态度。张履祥认为过贫苦而身份低微的生活可以，过有钱又有地位的日子也没有问题，关键是一个人如何在这个世上立足。曾国藩认为，家庭教育如果做不到勤、俭、谦，富贵家庭更容易出败家子，导致门第衰落。富贵家庭的孩子比普通家庭的孩子拥有更多的诱惑，可以坐享其成，因此需要把“勤”作为家庭教育的重要一环，让子女懂得感恩和奋斗。一个家庭的富贵必定是耗费了数代人的心血才成就的，只有把“俭”贯穿于家庭教育的始终，才能让子女真正领会到人生的不易。富贵家庭的子女比一般家庭拥有更多的物质条件，容易炫耀，为所欲为而目中无人，最终迷失在物欲之中。只有“谦”的人才会把现在拥有的财富当成人生旅途的开始，更加清醒客观地认识自己，开创属于自己的前途。

（三）处贫贱之日，不可轻于累人①，累人则失义。处富贵之日，则当以及人为念②，不然则害仁。

今译

过贫苦日子的时候，不要轻易寻求别人的帮助，寻求别人的帮助就容易失去原则；过富贵日子的时候，就应该多为别人着想，不这样的话就会有伤仁德。

简注

① 累人：拖累别人，麻烦别人，寻求别人的帮助。

② 以及人为念：考虑到别人。及，到。

实践要点

俗话说：“人穷不交三友，落难不求三人。”穷困时不要去找这三种人做朋友：第一种是同病相怜的人，第二种是意志消沉的人，第三种是自以为是、不思进取的人。落难时不要去求这三种人：第一种是看到你落难就躲远的人，第二种是你曾经帮过的人，第三种是瞧不起你的人。当一个人遇到困难时不要放弃勇气，求人不如求己，求人渡不如自渡。对于曾经帮助过自己的人要有感恩之心，这样才能走得更远。富有了，有能力了，就应该多为别人考虑。当然，在任何境遇中都应该提供力所能及的帮助，哪怕是一句温暖人心的话语，一个鼓励别人的眼神与微笑，也会从精神上给别人宽慰与激励。

（四）人之享用必视乎德，富贵福泽，厚吾之生，惟大德为克胜[①]之，德薄则弗克胜，祸至无日矣。贫贱忧戚，玉汝于成[②]，惟修德可以逭灾[③]，恐惧可以致福。通计天下之人，苦多于乐。人之一生，亦当使苦多于乐。只看果实，末来甘者，先必苦涩酸辛，其淡者已绝少矣。盖五行之生理实如此，初水，次火，次木，次金，次土，甘只一味最在后。是以始于苦者，常卒乎甘，未有终始皆甘者。人当困厄之日，不可怨天尤人，当思动心忍性，生于忧患之意。若遇适意，不可志骄气满，当怀栗栗[④]危惧、将坠深渊之心。

今译

一个人物质或精神上的享用，必须要看他的德行如何，富贵福禄的恩泽，是用来丰厚我的生活，只有德行高尚的人能够承受，德行浅薄就无法承受这种生活，否则祸患很快就会到来。贫困卑贱忧愁烦恼，是用来帮助你成就一番事业的，只有修养德行才能免除灾难，心存敬畏才能得到福佑。总体来看世上的人，生活痛苦的比生活快乐的多。人的一生，也应该使得痛苦比快乐多。只要看看果实，后来甘甜的，开始时一定苦涩酸辛，其中味道还淡的也已经很少了。大概五行生成变化的道理确实如此，一开始是水，其次是火，接着是木，接着是金，再次是土，只有甘甜的味道在最后。因此一开始是苦的，常以甘甜结束，没有从头到尾都甘甜的。人处在困苦危难的时候，不可以怨恨天命、责怪别人，应当想着让内心受到震动，意志变得坚强，不顾外界阻力坚持下去，要有忧虑祸患能使人生存发展的念头。如果遇到舒适合意的生活，不可自鸣得意、骄傲自满，应当怀有忧虑恐惧、似乎即将坠落深渊的心态。

简注

① 克胜：能够承受。胜，承受，承担。

② 语出北宋张载《西铭》："富贵福泽，将厚吾之生也；贫贱忧戚，庸玉汝于成也。"庸，用。汝，你。

③ 逭（huàn）灾：免除灾难。逭，逃避，免除。

④ 语出《尚书·汤诰》："栗栗危惧，若将陨于深渊。"栗栗，形容非常害怕、发抖的样子。

实践要点

"人之享用必视乎德。"一个人的享用，无论物质或精神，都要与他的德行相配。张履祥再次强调德行对于一个人生命的重大影响。《易经》中说："德不配位，必有灾殃。"一个人的功绩配不上他的位置，那么灾祸也就到了。俗话也说："德不称，其祸必酷；能不称，其殃必大。"人品低劣，却窃取高位，迟早要招惹祸患。一个人只有德行过关，才能驾驭权力和地位，才能担当大任。人有德，必有福；人无德，必有灾。做人有品德，怀善良，讲诚信，懂谦卑，必有好的结果，福气必然会降临。修好自己的德行，既是为自己修福气，也是为子孙积福。

（五）处贫困，惟有内外勤劳，刻苦以营本业，自足免于饥寒。布衣蔬食，终岁所需无几，何忧弗给？丧祭大事，称财而行，于心为安，于义为得，况其小者？夙夜不忘，当以穷乃益坚自励自勉，勿萌妄想，勿作妄求。妄想坏心术，妄求丧廉耻。贫穷，命也，奚足为忧？所忧者，不克自立，辱其身以及其亲耳。

今译

处于贫穷而困难的境地，只有家里家外都辛勤劳苦，刻苦地经营好自己的本业，自然足以免受饥饿寒冷。穿布衣吃粗食，一年到头需要的东西很少，何必担忧供给不足呢？丧葬、祭祀等大事，按照与自己财力相称的方式去做，就会心里觉得坦然，道义上看着合适，何况那些小事？天天都不要忘记，应当自己勉励自己，处于穷困时更加坚定自己的志向，不要萌发不能实现的非分之想，不要有非分的要求。不能实现的非分之想会败坏人的思想，非分的要求会使人丧失廉耻。贫穷是命中注定的，哪里值得为此而担忧？所要担忧的事情是，不能以自己的力量立身于世，使自己和父母双亲受到羞耻。

实践要点

古人相信命运，李萧远《运命论》说："夫治乱，运也；穷达，命也；贫贱，时也。"世道混乱还是太平，这是运气；人生贫穷还是富贵，这是命中注定的。身份尊贵还是贫贱，这是时机决定的。《菜根谭》说："不妄取，不妄予，不妄想，不妄求，与人方便，随遇而安。"无论生活在怎样的环境里，都能恬然处之，以一颗感恩之心对待命运给予自己的一切。这是不是意味着我们只能认命呢？不是，命运是掌握在自己手中的。王勃《滕王阁序》："穷且益坚，不坠青云之志。"一个人处境越是艰难，就越要坚忍不拔，不丢失高远的志向。张履祥还认为一个人只要勤劳刻苦、心术端正、懂得廉耻、自足自立，就能够在世上找到立足之地。

（六）人于贫穷患难之日，在族党固有救恤之义，在己越当奋厉忍苦支撑。不可因而失足，及怨尤于人。此际站立得住，便有来复之机。若一日失足，后难挽救。每见人当困厄，辄以鹿死不择音[①]为解，不当为者不惜为之。它日悔耻，已无可及，甚使子孙永受其害。可戒也！至于怨尤，非徒无益，益取困穷。人之祸难，至死而极，果其不为不义，死不亦光乎？

今译

一个人处在缺乏钱财、生活拮据、艰难困苦的日子时，对于宗族的人来说固然有救济抚恤的道义，而在自己则更应当振奋精神，忍受困苦坚持下去。不可以因此而犯错堕落，以及怨恨责怪别人。这个时候立得住、坚持得下去，就有时来运转的机会。一旦犯错堕落，以后就难以挽救了。每每看到有人面对困苦危难，总是以鹿到了快要死的时候只求安身无法慎重考虑为借口，不应该做的事却不顾惜一切去做。以后因知耻而悔恨，已经没有办法挽回了，甚至使得子孙永远蒙受它的危害。值得警戒啊！至于怨恨责怪别人，不仅没有好处，还会让人更加艰难窘迫。人遭受的祸害灾难，到死的时候最为严重，如果确实不做不正义的事情，死了不也是光荣的吗？

简注

① 鹿死不择音：比喻只求安身，不择处所；也比喻情况危急，无法慎重考虑。音，通“荫”，指庇荫的地方。语出《左传·文公十七年》：“又曰：‘鹿死不择音。’小国之事大国也，德，则其人也；不德，则其鹿也。铤而走险，急何能择？”

实践要点

张履祥认为只有注重修身和自立，才能避免贫贱的害处。所以即使处在贫贱之中，也不能只求依靠亲友接济，只有努力经营本业才能免于饥寒，只有激励自己奋起振作，忍受苦难坚持下去，才能真正走出困境。如果以贫困为借口而自甘堕落，以后就难以挽救了。在现代社会之中，贫穷会导致一个人生理和心理的诸多痛苦，特别是心理上的剥夺感和不平衡感，是诱发犯罪的重要因素。借口贫困铤而走险，甚至犯罪，则是极其愚蠢的。只要犯了罪，就要受到法律制裁，就会让子孙蒙羞，这个道理值得处于困境中的人牢牢记取。

（七）人当富足，若于屋舍求其高大，器物求其精好，饮食求其珍异，衣服求其鲜华，身没而后，即不免于饥寒失所，常也。然多有不足没身者，盖奢侈固难贻后，盈虚消息又天道之常。果其力之有余，便当推以予人。晏平仲①一狐裘三十年，三党之亲无不被其禄者，齐国之士待以举火者尤众。俭以奉身而厚以及物，此意可师也。薛文清公②云："惠虽不能周于人，而心当常存于厚。"则又不问贫富，皆宜以是为心矣。

或曰："常存有余以备不虞③，不可与？"曰："存有余以备不虞，谓宜撙节④不使空匮耳，非谓多藏也。且不虞何可胜备也？不虞之事未必不生于多藏。"吾见悭鄙⑤之夫，每丧其有，至于失所者矣。未见好行其德之人，而一旦失所者也。

今译

人在富足的时候，如果对于房屋追求高大，对于器物追求精好，对于饮食追求珍异，对于衣服追求鲜艳华丽，去世以后，后人免不了挨饿受冻，无处安身，这是常有的事情。然而有很多人，还没有去世就已经如此了，大概是因为奢侈挥霍的人本来就很难遗留财富给后代，事物的盛衰变化又是不变的自然法则。果真有多余的力量，就应当贡献出来给予别人。晏婴生活节俭，一件狐裘大衣穿了三十年，他的父族、母族、妻族没有不享受他的恩泽的，齐国的读书人等待晏婴的钱然后才能有饭吃的人更多。对待自身节俭，对待别人丰厚，这种做法值得我们学习。薛瑄说："恩惠即使不能遍及他人，但是内心应当常存仁厚。"那就不管贫困还是富裕，都应该把这句话作为核心了。

有的人说："常常把多余的财物保存好，用以防备预料不到的事发生，不可以吗？"我的回答是："保存多余的财物以防备预料不到的事发生，应该是节省开支，不要使财用不足，而不是多储备财物。况且意料不到的事情，怎么能够彻底预防呢？意料不到的事情，未必不是因为过多地储备了财物才会发生的。"我看到那些吝啬粗鄙的人，经常丧失他拥有的财物，以至于失去存身之所。没有见过德行好的人，忽然有一天也会失去存身之所。

简注

① 晏平仲：即晏婴（前 578—前 500），字仲，谥平，又称晏子，夷维（今

山东高密）人。春秋后期一位重要的政治家、思想家。晏婴以生活节俭、谦恭下士著称。

② 薛文清公：即薛瑄（1389—1464），字德温，号敬轩，谥文清，山西河津县平原村（今属万荣县）人，明代著名的理学家。

③ 以备不虞：以防备预料不到的事。虞，猜度，预料。

④ 撙（zǔn）节：节省，节约。

⑤ 悭（qiān）鄙：吝啬粗鄙。

实践要点

张履祥曾说，过富裕的日子比过贫穷的日子还不容易；有钱又有地位，败坏起人来，比贫苦低贱还要严重。富贵人家生活条件优裕，如果思虑不周，自制不力，就会成为立身处事的障碍。其中最大危险是让人习于侈靡，耽于逸乐，即使有着良好的教育条件，如果缺乏主观的努力，也不能保证学业精进。张履祥告诫他们：祸福相倚，富贵不常有，因此要有忧患意识，立身处世要修养德行；对待自身节俭，对待别人丰厚；内心应当常存仁厚，帮助别人时尽力而为。范仲淹告诫儿子说："钱财莫轻，勤苦得来；奢华莫学，自取贫穷。"由俭入奢易，由奢入俭难。一个人，如果贪图享乐，即使家大业大，也会有坐吃山空的一天。

（八）大凡势盛之日，占之以为利者，势去，子孙必以是受其害。至于轻重浅深，亦常相准，盖倚伏之机固然也。

今译

大多在权势显赫的时候，利用权势来捞取利益的人，等权势失掉后，他的子孙一定会因此而受到伤害。至于伤害的轻重浅深，也往往与利益的多少相互抵消，因为事物互相依存的原理本来就是这样。

实践要点

《老子》：“祸兮，福之所倚；福兮，祸之所伏。”即张履祥讲的“倚伏之机”。福与祸是可以相互依存，互相转化的。坏事可以引发出好的结果，好事也可以引发出坏的结果。这就告诉我们在逆境中要百折不挠、勤奋刻苦，抓住祸患中隐藏的机会，使逆境变为顺境，由祸转福；在顺境中要谦虚谨慎、戒骄戒躁，如果志得意满、狂妄自大，甚至作威作福，就会产生灾祸，由福转祸。

平世以谨礼义、畏法度为难，乱世以保子姓、敦里俗为难。若恭敬、撙节、退让，则无治乱一也凡八条

（一）人家不论贫富贵贱，只内外勤谨，守礼畏法，尚谦和，重廉耻，是好人家。懒惰则废业，恣肆则近刑，淫逸则败门户，丧身亡家，蔑不由此。

今译

一个家庭不论贫穷还是富裕，地位尊贵还是卑贱，只要家里家外都勤劳谨慎，遵守礼制敬畏法度，崇尚谦恭和气，看重廉洁羞耻，就是好的家庭。懒惰就会荒废本业，放纵无度就会很快受到刑罚，纵欲放荡就会败坏门风，导致性命丧失家庭衰亡，无一不是因为这些而发生的。

实践要点

怎样的家庭才是一个不论在太平盛世还是动乱时代都能安身处世的好家庭？

张履祥认为首先要能做到家里家外都勤劳谨慎。他持家的核心思想一个是耕、读，一个是勤、谦。曾国藩有一句名言：“天下古今之庸人，皆以一惰字致败；天下古今之才人，皆以一傲字致败。”惰字的反面就是“勤”，傲字的反面就是“谦”。“勤”是兴家之道，“谦”是避祸之门。

（二）盛王之世，教化行而风俗美，故《记》曰：“一道德以同俗。”此时人易以为善。若《诗·大序》所谓“王道衰，礼义废，政教失，国异政，家殊俗”，当此时，人之为善实难。然孟子则谓：“周于德者，邪世不能乱。”又曰：“入则孝，出则弟。”又曰：“人人亲其亲，长其长。”可以见家虽殊俗，其不随世以变者，自古未尝无其人焉。如江州陈氏[①]、浦江郑氏[②]，百世之下，闻者可以兴起也。

其要先在正其心术。心术之正，须自爱亲敬长始。能爱亲敬长，然后能务本力穑，知诗识礼，然后能不犯上作乱；能不犯上作乱，然后能居贤德善俗。得志与民由之，不得志独行其道。凡人随俗波靡[③]，只是志不立耳。志之所至，气即从之。正如此心欲东，身便东行；欲西，身便西去。不东不西，只缘主心不定。定即毅然举足，人更牵扭不住矣。

每见侪辈[④]中，有言谈举止端庄敦厚，人即叹美谓为好人家子弟。若轻薄颇僻，人即鄙薄谓为下代不秀。即此可发深省，我今日见做何等样人？可是增光祖先底？还是羞辱祖先底？所谓“古旧人家”，岂是簪缨阀阅[⑤]世世不绝而已？夏桀，商纣，周之幽、厉，祖先俱是圣人，俱是天子，然不免杀身灭祀，贻辱至今。推明其故，岂非心术向邪，背弃礼义，即不难一旦及此。世道盛衰治乱，正与寒暑阴晴一般。阴有阴底事要做，晴有晴底事要做；当其暑有处暑底道理，当其寒有处寒底道理。孟子谓：“五谷者，种之美者也。”[⑥]良心是人底种子，收藏培护能尽其力，不违其方，无使稂莠螟虫得以贼之，虽遇水旱不能为灾也。

今译

君主明盛有德的时代，实行教导感化从而风尚习俗美好，所以《礼记》中说：“统一人们共同生活及其行为的规范准则，使风俗同一。”这个时候，人就容易做出善的德行。像《诗·大序》中说的“仁政衰败，礼法和道义废弛，政治与教化失误，各诸侯国的政教不同，各大夫的领地风俗有别，都偏离了正道”，到这个时候，想要人们做出善的德行就实在太难了。然而孟子却说：“道德完备的人，即使在乱世也不会感到迷惑。”又说：“弟子们在父母跟前就孝顺父母，出门在外就友爱兄长。”又说：“每个人都各自孝顺自己的双亲，各自尊敬自己的长辈。”可以看出每个家庭虽然有着不同的风俗，那些不会随着时代而改变的，自古以来并不是没有人遵守。例如江州的陈氏家族、浦江的郑氏家族，百代以来，听说过他们事迹的人可以因感动而奋起。

其中的要点首先在于端正心术。心术的端正，必须从孝顺尊敬长辈开始。能够孝顺父母、尊敬长辈，然后能够努力从事农耕本业，懂诗书，明礼仪，然后就能够不去冒犯尊长参与叛逆；能够不去冒犯尊长参与叛逆，然后就能够渐积其贤德美化其风俗。能够实现志向就与老百姓一起分享，不能实现志向就独自修养身心保持节操。凡是一个人随波逐流胸无定见，正是因为志向没有确立。一个人志向达到的地方，他的精神气立即就会紧跟而来。正像心里想要往东，身体就往东行走；心里想要往西，身体就往西行走。不知道往东还是往西，只是因为心思不定。心思定了就会毫不犹豫地跨步行走，人家想拉也拉不住。

每次看到同辈之中，有言谈举止端庄敦厚的，人们就会赞美这是一个好人家出来的子弟。如果言语举动轻佻浮薄邪佞不正，人们就会看不起他，说这个家庭的后代不好。从这里我们可以深刻地反省，我今天要做什么样的人？能够为祖宗增光添彩的？还是使祖宗蒙受羞辱的？所谓“古旧人家”，难道只是世代为官、功勋显赫的家族一代代没有断绝而已？夏桀，商纣，周朝的幽、厉二王，他们的祖先都是圣人，都是天子，然而免不了丧失性命、断绝宗庙祭祀，到现在仍使祖先蒙受羞辱。推究阐明其中的缘故，难道不是因为心术向着邪恶一面，违背和抛弃礼法道义，某一天走到这样的地步也就不难了。人世之道的兴盛与衰败、安定与动乱，正和冷与热、阴与晴一样。阴天有阴天的事情要做，晴天有晴天的事情要做；天气炎热时有天气炎热的道理，天气寒冷时有天气寒冷的道理。孟子说：“五谷是庄稼中好的东西。”良心就是人心的种子，如果能竭尽全力收藏培护，不违背收藏培护的方法，不要使杂草害虫伤害它，这样即使遇到洪涝干旱也不会造成灾害。

简注

① 江州陈氏：北宋嘉祐七年（1062）陈氏聚族3900余口，十五代不分家，制定了我国民间第一部完整的《家法》，树立了忠孝敦睦文化的光辉典范，号称“天下第一家”。

② 浦江郑氏：浙江浦江县郑氏历宋、元、明三代，长达360多年，十五世同居共食，和睦相处，立下“子孙出仕，有以脏墨闻者，生则削谱除族籍，死则牌位不许入祠堂”的家规，出仕173位官吏，无一贪赃枉法，无不勤政廉政。明洪武十八年（1385）太祖朱元璋赐封其为“江南第一家”。

③ 波靡：随波起伏，顺风而倒。比喻胸无定见，相率而从。

④ 侪（chái）辈：同辈，朋辈。

⑤ 簪（zān）缨阀阅：指有功勋，世代为官的显赫家族。簪缨，古代达官贵人的冠饰，后借指高官显宦。阀阅，“阀”也作“伐”，指功劳，“阅”指经历，借指有功勋的世家。

⑥ 语出《孟子·告子上》：“五谷者，种之美者也。苟为不熟，不如荑稗。

夫仁亦在乎熟之而已矣。”

实践要点

张履祥认为推究家道盛衰的原因，关键是端正心术，而良心正是人心的种子。有一个故事，正好印证了张履祥的观点。一位智者门下有很多满腹经纶的弟子，但他感到自己生命即将结束，对弟子有些不放心，于是招过来讲了最后一课。“你们看田野上长着些什么?”“杂草。”弟子们不假思索地说。“告诉我，你们该如何除掉这些杂草?”弟子一首先开口：“我只要一把锄头就够了。”弟子二接着说：“还不如用火烧。”弟子三反驳道：“要想让它永不再生，只有深挖刨根才行。”等弟子们讲完，智者站起来说：“这堂课就上到这里。你们回去后按照各自的方法除一片杂草，一年后再在此相聚。”一年后，弟子们来了，他们都很苦恼，因为各种除掉杂草的方法都没有明显效果，急着要向智者请教。然而，智者已经不在人世，只留下一本书。书中说：“要想除掉旷野里的杂草，方法只有一种，那就是在上面种上庄稼。同样，要想让灵魂无纷扰，唯一的办法，就是让美德占据心灵。”

（三）《家礼》[1]斟酌古今，通乎大夫士庶，冠昏丧祭可准而行。贫不能具物，存乎诚敬而已。若力所能为，自宜勉及于礼。

今译

《家礼》是反复斟酌之后取舍古今以来的礼仪而编写成的，通礼适用于官员、读书人和普通百姓，冠礼、婚礼、丧礼、祭礼可以依照它执行。家中贫困不能准备酒牲食具等祭物也没有关系，祭祀时心怀坦诚与持身恭敬就可以。如果力所能及，自然应当尽力做到符合礼仪。

简注

①《家礼》：指朱熹与其弟子编著的《朱子家礼》，共分五卷，分别为通礼、冠礼、昏（婚）礼、丧礼和祭礼，详述祠堂、丧服、土葬、忌日、入殓等礼仪以及其中所体现的孝道观念。

实践要点

中国古代有“五礼”：祭祀之事为吉礼，冠婚之事为嘉礼，宾客之事为宾礼，军旅之事为军礼，丧葬之事为凶礼。民俗界将礼仪分为生、冠、婚、丧四种人生礼仪。礼仪的起源，按荀子的说法有“三本”，即“天地者，生之本也；先祖者，类之本也；君师者，治之本也”。礼仪的实施需要物质作为基础，张履祥认为家中贫困而不能准备各种祭物也没有关系，心怀坦诚与持身恭敬就可以了，这是难能可贵的。现代社会在礼仪的实施过程中，多有盲从、攀比以至摆阔造成巨大的浪费的情形，必须禁止。

（四）输赋应役，勉力从事，义所当然。即不能先入，必不可后时。非特安分守谊，亦所以远罪也。

今译

缴纳赋税、受征召服劳役，尽力去做，是道义上理所当然的。即使不能一开始就完成，也一定不可以拖到最后。这不只是安于本分坚守道义，也是远离犯罪的方法。

实践要点

赋役制度，即历代王朝为巩固国家政权而向人民征课财物、调用劳动力的制度。赋，指对土地的课税及人头税和资产税。役，指在统治者强迫下平民从事的无偿劳动，包括力役、杂役和军役。现代社会依法纳税和服兵役，是公民的基本义务之一。履行义务，既关乎道义，也可以远离犯罪。

（五）钱谷输之朝廷为天禄，出之民间为脂膏。居官罔上浚下，以资中饱；居乡挟诈欺愚，以病里俗，鲜有不受天殃者。慎戒哉！

今译

钱财谷物从朝廷输出，称之天赐福禄；钱财谷物出自民间，称之民脂民膏。外出做官的时候，欺骗君王，压榨百姓，以此中饱私囊；居住乡里的时候，心怀奸诈，欺负愚笨的人，以致危害乡里风俗，很少有人能够不遭受天降的祸殃。谨慎戒惧呀！

实践要点

张履祥以此告诫，无论外出为官，还是居乡为绅，都要注意自己的品德，否则必然遭受灾祸。特别是为官一任，造福一方。现代社会对于腐败则是零容忍，反腐倡廉关乎着国家的前途命运。

（六）人心不仁之机日长一日，世上不仁之事代多一代，富不如贫，贵不如贱，非激论也。子孙苟能耕田读书，识义理，免饥寒，使家风不替，可谓善述矣。仕禄非所当急，嗜进恣求，独不念家族乎？

今译

人的心地不仁慈的计谋一天比一天多，世界上不仁慈的事情一代比一代多，富人比不上贫困的人，地位高的人比不上地位低的人，这不是过分的言论啊。子孙如果能够耕田读书，懂得道德准则，可以免除饥饿寒冷，使得家族的传统风尚不衰废，就可以说是善于传承了。官职并非急务，热衷于仕途功名，放纵地追求，难道唯独不考虑家族吗？

实践要点

张履祥最担心贫贱之人生出不仁之计，于是强调个人修养，必须坚持耕田读书，识义理而免饥寒。他说："读而废耕，饥寒交至；耕而废读，礼仪遂亡。"良好的家风，就在于有一个固定的职业，有一份稳定的收入，然后读书明理，教养子孙。

（七）子弟朴钝者不足忧，惟聪慧者可忧耳。自古败亡之人，愚钝者十二三，才智者十七八。盖钝者多是安分，小心敬畏，不敢妄作，所以鲜败。若小有才智，举动剽轻，百事无恒，放心肆己，而克有终者罕矣。

今译

天资淳朴愚钝的子弟不必担忧，只有聪明慧颖的子弟值得担忧。自古以来失败灭亡的人之中，愚钝的人占了十分之二三，有才能、有智慧的人占了十分之七八。因为笨拙的人大多安于本分，小心敬畏，不敢任意妄为，因此很少失败。如果有一点才能智慧，行动举止轻浮，做很多事情都没有恒心，心思放纵任意行事，能够得到好的结果的人很少见呀！

实践要点

人人都希望生一个聪明的孩子，能说会道、记忆超群、成绩优异。但是张履祥提醒我们：愚钝的子弟不必担忧，只有聪颖的子弟才需要担忧，这真是警世良言！如果一个孩子聪明，但是德行不好，就会自视甚高，不懂礼貌，没有恒心，反而难以在世上立足。因此家长面对孩子的聪明，要格外小心，内在的德行比外在的聪明更重要。有些看似愚笨的孩子，只是大智若愚，不愿意或不善于表现自己而已。专心追求自己的理想，更可能成为社会需要的人才。司马光《资治通鉴》说：“才德全尽谓之圣人，才德兼亡谓之愚人，德胜才谓之君子，才胜德谓之小人。”俗话也说：德才兼备是正品，无德无才是废品，有德无才是次品，有才无德是危险品。

（八）风俗嚣陵，人情险薄，非理之加，恒自意外。其在宗族亲戚，但可消弭，切勿与竞，以酿萧墙之祸。若乡党邻里，苟能平心降气以处之，曲直是非自有公论，亦不必与之争也。古人有言：“可以理遣，或以情恕。”率此行之，庶乎少事矣。

今译

风尚习俗喧嚷争竞，人情浇薄，这不是事物发展的规律施加给它的，经常是来自意料之外的变故。这种风俗、人情在宗族亲戚之间，只可以消除，切记不要相互争辩，以免造成由家族内部引起的灾祸。像在乡里邻居之间，如果能够心平气和地处理事情，恶的善的、对的错的自然都会有公正的评论，也不需要与人争执。古人有句话说：“可以用道理来排遣，或者在情感上谅解。”遵循这个方法做事，或许会少惹事端。

实践要点

在生活中如何处理人与人之间的矛盾与争端，张履祥强调要心平气和地去处理，以情相恕，以理排遣，遇事不要计较。在现实生活中，经常出现一些因为小事引发争端，而酿成大祸的事情。衍生于大卫·波莱所著《垃圾车法则》的“垃圾人定律”，指出有些人本身存在很多负面的情绪，如沮丧、愤怒、忌妒、算计、仇恨、傲慢、偏见、贪心、抱怨、愚昧、无知、烦恼、失望等，像垃圾缠身，需要找个地方倾倒，于是趁着争执的时候，将怒气撒在对方身上，给对方造成重大伤害。因此我们守规矩、懂礼貌，远离是非，避免争吵，面对醉汉、愣头青、蛮横的人，让人家占点上风又有何妨！

恂恂笃行是贤子孙，佻薄险巧、侮慢虚夸是不肖子孙凡七条

（一）所谓“故家旧族”者，非簪缨世禄之谓也。贤士大夫，固为门户之光，若寡廉鲜耻，败坏名检，适为家门之累。况偶至之荣，比之浮云朝露，当其得之不足恃以为常，及其失之并与先世俱尽。所以家之兴替，全不系乎富贵贫贱，存乎人之贤不肖耳。贫贱而好修饬行，兴隆之道；富贵而纵恣背理，败亡之辙也。

吕东莱先生[①]曰：“大凡人资质各有利钝，规模各有大小，此难以一律齐。要须常不失故家气味，所向者正（凡圣贤前辈学问操履，我力虽未能为，而心向慕之，是谓所向者正。若随俗轻笑，以为世法不须如此，不当如此，则所向者不正矣），所存者实（如己虽未免有过，而不敢文饰遮藏；又如处亲戚朋友间，不敢不用情之类），信其所当信（谓以圣贤语言、前辈教戒为必可信，而以世俗苟且便私之论为不可信），耻其所当耻（谓以学问操履不如前辈为耻，而不以官职不如人，服饰资用不如人，巧诈小数不如人为耻），持身谦逊而不敢虚骄，遇事审慎而不敢容易。

如此，则虽所到或远或近，要是君子路上人也。”子孙苟能佩服此训，君子路上人多培植得几辈，家世安得不绵长？门户宁别有光大乎？《正蒙》云：“子孙贤，族将大。”② 未有子孙不贤，家族不至倾覆者。

今译

所谓的“旧时世家大族”，不是做过高官、享有世代爵禄的人家。贤能的士大夫，固然是家族的光荣，如果不能廉洁不知羞耻，败坏名誉与礼法，正是家族的祸害。况且偶然到来的荣耀，就像是漂浮的云彩、清晨的露水一样短促易逝，当得到的时候不能视之为长久存在的东西，等到它失去的时候就和祖先一起都消失了。因此家庭的兴盛衰废，完全不在于富贵贫贱，而在于人的贤或不肖。贫困、卑微但是重视道德修养，行为谨严合礼，这是家族兴盛的方法；有钱有地位却肆意放纵、违背天理，这是家族衰亡的迹象。

吕祖谦先生说：“大抵人的资质禀性各有各的伶俐、迟钝，人的气概格局各有各的大小，这很难用一个标准衡量。必须经常保持世家大族的气象，向往仰慕的人要正直（凡是圣贤前辈的学问操守，我虽然不能做到，但是心里向往仰慕，这说的就是要向往正直的人。如果随着潮流走轻蔑讥笑别人，认为社会沿用的习惯常规不必这样，不应当这样，那么向往就是不正直的人），怀有的心念诚实

（如果自己确实有过错，就不敢掩饰、遮蔽自己的过错；又例如和亲戚朋友相处，不敢不以真实的感情相待这一类），对应当信任的加以信任（圣贤说过的话语、前辈的教导和训戒是一定要相信的，世俗的人不守礼法、贪图方便、自私自利的言论是不可以相信的），对应当引以为耻的作为耻辱（把学问操守比不上前辈作为耻辱，却不要把官职比不上别人，衣服钱财比不上别人，奸巧诡诈小技艺比不上别人作为耻辱），修治其身时谦逊有礼而不敢骄傲自大，遇到事情时考虑周详而不敢草率。这样，即使所到的地方或远或近，都已是和君子同道的人。”子孙如果能够敬仰钦服这些教导，多造就几代和君子同道的人才，家族世系怎么不能延续久远呢？难道还有别的光大门楣的办法吗？《正蒙》中写道：“子孙贤德，家族就会壮大。”没有子孙不贤良，家族不至于覆灭的。

简注

① 吕东莱先生：吕祖谦（1137—1181），字伯恭，生于婺州（今浙江金华）。曾祖吕好问，南宋初年“以恩封东莱郡侯”，学人多称其伯祖吕本中为“东莱先生”，吕祖谦则称为“小东莱先生”。

② 语出《正蒙·动物篇第五》。此引文与原文有出入，原文：“贤才出，国将昌；子孙才，族将大。”《正蒙》，一名《张子正蒙》，北宋张载的著作。《蒙》是《周易》卦名，该卦象辞有“蒙以养正”。

实践要点

张履祥说："家之兴替，全不系乎富贵贫贱，存乎人之贤不肖耳。"家庭的兴盛衰废，完全不在于富贵贫贱，而在于人是否贤良。《易经》说："积善之家，必有余庆；积不善之家，必有余殃。"林逋《省心录》说："为子孙作富贵计者，十败其九。"说的都是能使家族保全、壮大的不是财富的多少、地位的高低，而是子孙要有高尚的德行。在现实生活中，有些官员知法犯法，权钱交易，贪婪成性，以致毁了自己的家庭，甚至给家族带来毁灭性的破坏，还玷污了官场生态，败坏了社会风气。家庭教育要立德树人，以身垂范，给子孙后代和社会留下勤劳、节俭、谦虚的风范。

（二）人家得富贵子孙，未必非不幸；得贤子孙，乃为幸事。子孙苟贤，富贵固可以振起家世，即使终身贫贱，亦能固守家风，延及苗裔。若不贤者，贫贱既易辱及祖先，一旦富贵，骄淫嫉狠，举宗均受其败，可为寒心也。吾见亦众矣，不忍举而为鉴耳。

今译

家里得到有钱有地位的子孙，未必不会成为不幸的事情；得到品性贤良的子孙，才是幸运的事情。子孙如果贤良，富贵固然可以振兴家世，即使一生贫穷低贱，也能坚守家族的传统风尚，延伸到子孙后代。如果子孙不贤良，贫穷低贱就会使祖先受辱，一旦有钱有地位，傲慢放纵忌妒凶残，全宗族的人都要受到他的损害，真是让人痛心啊！我看到的这类事情也太多了，不忍心举出实例让你们引以为戒。

实践要点

班固在《汉书》中指出："古人以宴安为鸩毒，亡德而富贵，谓之不幸。"沉溺快乐享受而没有忧患意识，过分奢靡安逸的生活就像毒药，一个人没有德行却享受财富和地位，这是不幸的。在现代社会，人们经常以一个人拥有的财富来评价其人。如果取之有道，是勤劳所得，则无可厚非；如果是不择手段得来的，必然会招致灾祸。在张履祥看来，品德是最重要的。子孙如果贤良，富贵可以振兴家世，贫贱也可以维持家风，直到子孙后代。

（三）子孙以忠信谨慎为先，切戒狷薄[①]。不可顾目前之利而忘他日之害，不可因一时之势而贻数世之忧。

今译

子孙要把忠诚、守信、严谨、慎重作为最首要的德行，务须避免偏激、刻薄。不可以只顾当前的利益，忘记以后的危害，不可以因为一时的得势，却给后代遗留下几辈子的忧患。

简注

① 狷：偏激；急躁。薄：不厚道。

实践要点

“人无远虑，必有近忧。”一个人或一个家庭如果没有长远的考虑，那忧患一定近在眼前。放眼未来，不要只顾当前，而要有长远打算，积累能量，提升实力，才能不被社会淘汰。

（四）高忠宪公[①]有言：“子弟能知稼穑之艰难，诗书之滋味，名节之堤防，则可谓贤子弟矣。”归安沈司空[②]诫子孙曰：“故家之子，切戒者三字：曰臭，曰滑，曰硬。时俗憎恶，呼为粪浸石卵。子孙类此，宁不痛心？”

予谓忠宪举其贤者以为劝，司空指其不肖以为戒，语虽不同，其指一也。欲免司空所戒，当佩服忠宪公之言。知诗书滋味，乃免于臭；知稼穑艰难，乃免于硬；知名节堤防，乃免于滑。

今译

高攀龙有句话说："子弟能够懂得农业劳动的艰难，诗书的滋味，名誉与节操的堤防，就可以说是贤德的子弟。"归安（古县名，在今浙江省湖州市）的沈儆炌规劝子孙说："世家大族的子孙，务须避免的是三个字：臭、滑、硬。时下的习俗憎恨厌恶这种人，称呼他们是大粪浸泡的卵石。子孙像这样，怎么能不让人痛心呢？"我认为高攀龙列举了贤德的人来勉励大家，沈儆炌指出不贤德的人来警戒大家，话虽然不一样，所指却是一样的。想要避免沈儆炌所警戒的，就应当敬仰钦服高攀龙的话。懂得诗书的滋味，就免除了臭；知道农业劳动的艰难，就免除了硬；懂得名誉与节操的堤防，就免除了滑。

简注

① 高忠宪公：即高攀龙（1562—1626），字云从、存之，号景逸，无锡人，

明代思想家、政治家。与顾宪成修复东林书院，讲学其中，世称“高顾”。

② 沈司空：即沈儆（jǐng）炌（kài），字叔永，归安人，万历十七年进士，历河南左布政使，万历四十七年以右副都御史巡抚云南，入为光禄卿，官至南京工部尚书。

实践要点

如何预防世家大族的子孙，像大粪浸泡的卵石一样的“臭、滑、硬”呢？张履祥引用高攀龙的一句名言指出了应对之道。安于享乐，不读书、不劳动、不自律，就会放纵无度。这不仅是对富家子弟，对溺爱子女的普通父母也是警示，现实中的“穷家富养”往往造成恶果，所以要教育孩子对家庭、对自己负责，摆脱依赖，健全人格。

（五）凡人小有成就，幼稚之日必见奋起之志。若举动无恒，苟且颓惰，即将来无一济矣。人家方欲兴起，内外大小必有勃如之情。使心力不一，塌冗废弛，即不及再世矣。观其气象，约略可知。《记》曰：“天降时雨，山川出云。”其理一也。

今译

凡是一个人稍有一点成就，在他年纪小的时候，一定就能看出奋发兴起的志向。如果一个人的行为不能持久，得过且过，衰颓怠惰，将来就会毫无作为。一个家庭想要兴旺发达，在内、在外，大人、小孩都会有蓬勃的精神。假使一家人的心思和力量不一致，精神疲沓、松懈、废弃、懈怠，那就不必再看他们的下一代了。从现在这一家人的气象来看，大概就可以知道了。《礼记》中说："天上降下应时雨水，山岳江河就会出现云雾。"其中的道理是一样的。

实践要点

俗话说："三岁看大，七岁看老"；"有志不在年高，无志空长百岁"。说明早日树立志向，是保证一个人成功的第一步；理想是方向也是动力，对一个人的学习生活具有指引作用。如何引导孩子早日树立远大志向，是家庭教育的重要一课。

（六）子弟童稚之年，父母、师傅严者，异日多贤；宽者，多至不肖。其严者，岂必事事皆当？宽者，岂必事事皆非？然贤不肖之分恒于此。严则督责笞挞[①]之下，有以柔服其血气，收束其身心，诸凡举动，知所顾忌而不敢肆；宽则姑息[2]放纵，长傲恣情，百端过恶，皆从此生也。观此，则家长执家法以御群众，严君之职不可一日虚矣。

今译

子弟年幼的时候，父母、老师严厉的，将来大多贤能；父母、老师宽松的，将来大多没有出息。那些严厉的，难道一定每件事都能恰当吗？那些宽松的，难道一定每件事都做错了吗？然而贤能与不贤能的区别就在于此。严厉就是在督促、责备、拷打之下，又用温和的方式训服他的勇气或血性，收拢约束他的身体和心灵，一切行为举止都知道有所顾忌而不敢任意行事；宽松就是过分迁就、不加约束，滋长傲气，放纵情绪，各种错误罪恶都是从这里产生的。看到这些，家长就可以用家法防御来自社会大众的危险，父母的职责一天都不可以缺席呀！

简注

① 笞挞（chītà）：拷打。

② 姑息：迁就，纵容，不加限制。

实践要点

张履祥提出教育子弟的原则，宜严不宜宽："治家之道，与其失之于宽，宁过于严。"宽一点就可能衍生出无数烦恼、无穷后患，严一点则可能减少几分犯错的风险，增加几分成材的保障。现代社会则提倡宽严有度。若"严格"过度，则可能造成孩子的懦弱无能，影响孩子独立生存能力；过于宽松，就会使得孩子疏于管教，坏习惯越来越多、错误愈犯愈严重，最终酿成大祸。严与宽的程度，要根据孩子的性格特点，区别对待，把握分寸。

（七）士农工商无一业（俗所谓破落户子弟），酒色财气有一好（俗谓浪子，亦谓亡命），亡家丧身有余矣。其原未有不始于游闲，成于比匪。

今译

读书做官、农业、手工业、商业之中没有从事任何一种职业（俗话说的破落人家的子弟），喝酒、好色、贪财、斗气之中只要有一种嗜好（俗话说的浪子，也称亡命之徒），就不只是使得家庭衰亡、性命丧失。这些事情没有不是从游手好闲开始的，因勾结坏人而形成的。

实践要点

张履祥指出，无论士农工商，总要有一个固定职业；无论酒色财气，总不能有一样嗜好。“万恶懒为首”，一个人身懒就毁了健康，心懒就毁了梦想。一个人游手好闲，就容易和同样游手好闲的人勾结，做一些偷鸡摸狗的坏事，最终酿成大祸。这些道理，特别值得那些溺爱孩子、不让孩子参加家务劳动的父母警醒。

要以守身为本，继述为大凡八条

（一）人家不论大小，总看此身起。此身正，贫贱也成个人家，富贵也成个人家，即不能大好也站立得住。若是此身不正，贫贱固不成人家，富贵越不成人家，无论悖常逆理，祸败立至，即幸而未败，种种丑恶，为人羞耻不可言矣。所以修身为急，教子孙为最重，然未有不能修身而能教其子孙者也。

今译

一个家庭不论大小，总是要从家庭成员自身开始。如果自身正直，贫穷卑贱也能够成家立业，有钱有地位也能够成家立业，即使不能做到很好也能在世上站得住脚跟。如果自身不正直，贫穷卑贱固然不能成家立业，有钱有地位更不能成家立业，不要说违背事理，祸患败亡将立即到来；即使幸运地没有败亡，各种丑秽邪恶，也会被人羞辱难以言说呀！因此修养身心是最急切的事情，教育子孙是最重要的事情，然而不曾有自己不能修养身心却能够教育好子孙的人。

实践要点

张履祥认为一个人能够成家立业，关键是要修养好身心，教育好子孙。孔子说："其身正，不令而行；其身不正，虽令不从。"在家庭教育中也是如此，父母言传身教，能潜移默化地对孩子产生重大影响。父母注重修养身心就会营造良好的家庭环境，再加上父母对家庭教育的重视，子孙耳濡目染之下，自然就会正直并能继承家业。《礼记·大学》中说："心正而后身修，身修而后家齐，家齐而后国治，国治而后天下平。"可见修养身心的重要作用。

（二）遇有穷达之异，身只是此身，穷亦当自爱，达亦当自爱。穷时爱身，当如女子处室，乃能不污其行；达时爱身，当如圭璧出椟[①]，乃能不丧其宝。

今译

境遇会有困顿与显达的不同，而身体只是这个身体，所以困顿不得志的时候应当爱惜尊重自己，富贵显达的时候也应当爱惜尊重自己。困顿时爱惜尊重自己，应当像女子住在自家内室，才能不玷污自己的品行；显达时爱惜尊重自己，应当像从木匣子中取出贵重的玉器，才能不丧失它的宝贵。

简注

① 圭（guī）璧：古代帝王、诸侯祭祀或朝聘时所用的一种玉器，泛指贵重的玉器。椟（dú）：木柜，木匣。

实践要点

张履祥在这里强调了自爱的重要性。自爱是指爱护自己的身体，珍惜自己的名誉。爱别人的前提是爱自己，只有爱自己才能更好地去爱别人。现代社会竞争激烈，很容易让人迷失自我。学会与自己相处，明白自己心中真正的向往，就能坚定目标，内心也会安稳下来。接纳自己，才能改变自己，成就更好的自己。一个人只有懂得自爱，才能自知、自尊、自主、自省、自制、自强、自立，才能实现自己的人生使命与价值。

（三）名节不可不自爱，一日失足，孝子慈孙犹将羞之，况当人之身，何能腼然[①]视息于天地之间？真所恶有甚于死矣。行止语默，辞受取与，去就出处，生死存亡，无大小一裁乎义，而无所游移瞻顾[②]，斯为自爱之实。义即命也，不知命，不知义，枉为小人而已。

今译

对于名誉与节操不能不自己多加爱惜，一旦堕落犯错，孝顺的子孙尚且将会引以为耻，何况当事人自身，怎么能够厚着脸皮不知羞耻地在天地之间苟全活命呢？死亡是我厌恶的事情，但我厌恶的事情还有比死亡更严重的。人的行为言谈，推辞和接受、收取和给予，任职和降职、出仕和退隐，生存或者死亡，无论大小事情全部都是由道义来裁决的，不要迟疑顾虑，这才是爱惜自己的真实表现。道义就是天命，不懂得天命，不懂得道义，就只是白白做了一个无德智、无修养、人格卑劣的人罢了。

简注

① 腼（miǎn）然：脸皮厚，不知羞耻。

② 游移瞻顾：迟疑不决，瞻前顾后。

实践要点

名节是指名誉和节操，包含人格尊严、信仰坚定、诚信无欺、见义勇为、忠贞报国、民族大义等多种内涵。只有珍惜名节、崇尚节操，才能守住清正廉洁做出一番事业。一个不在乎自己名誉的人，在社会上会寸步难行，声名狼藉的人注定会被社会抛弃。注重自己的名誉，坚持自己的节操，才能受到大家的尊重，在社会上安身立足。

（四）语默量其可，动止酌其宜，亲疏审其人，取舍求其当，出处去就观其世。谨身饬行，内不犯乎义，外不犯乎刑，可谓不亏其体，不辱其亲者矣。世知恶闻亡命之詈[①]，不知声色嗜欲一有沉溺，即以其身行。殆若行险侥幸，决性命之情以饕[②]富贵，其为亡命不益甚乎？

今译

说还是不说，要估量一下是否必要；做还是不做，要斟酌一下是否适宜；亲近还是疏远，要仔细考虑这个人的情况；采纳还是舍弃，要求其得当与否；任职还是辞职、出仕还是退隐，要审察所处的时代。谨慎修身使得行为合礼，对内不违背道义，对外不触犯刑罚，这样才可以说是不让自己的身体受损，不让父母蒙羞的人。世人都知道厌恶听到责骂一个人作奸犯科不顾性命，却不知道一旦沉溺于歌舞和美色的嗜好与欲望，就会亲身去体验。大概还会冒险行事以求得意外的成功，摒弃本真的人性、生命的情感，以贪求富贵，这不是比那些铤而走险不顾性命的人更为严重吗？

简注

① 詈（lì）：骂，责骂。

② 饕（tāo）：贪婪。

实践要点

张履祥强调一个人安身立命，要做到“谨身饬行，内不犯乎义，外不犯乎刑”。“义”是人的内心标准，“刑”是人的外在约束。中华民族历来重视义，惩恶扬善、扶危济困、秉公执法、刚正不阿，体现着人间正道、社会公德。所以说与不说，做与不做，都要以义来加以衡量，不可沉溺声色嗜欲，也不可行险侥幸，一不小心成了亡命之徒。

（五）俗言人家微显盛衰，只目前之见耳。普天率土之人，总是厥初生民相传至今。微而显，显而微，盛而衰，衰而盛，更阅多少？正如昼夜寒暑一般，开辟以来如此。目前之微，安知非昔日之显？目前之盛，安知非昔日之衰？但要此身修德履道[①]，如孟子所谓“创业垂统为可继”而已。若扳援[②]贵势，遗弃寒微，亲其所疏，疏其所亲，均为不孝之大。

今译

俗话说，一个家族的卑微与显赫、兴盛与衰败，只是现在看到的样子。整个天下的人，也是最初的人民传下来，一到现在的。由卑微到显赫，由显赫到卑微，由兴盛到衰败，由衰败到兴盛，轮流更替了多少回？正如白昼与黑夜、严寒与酷暑的更替一样，开天辟地以来都是这样的。现在的卑微，哪里知道不是过去的显赫呢？现在的兴盛，哪里知道不是过去的衰败呢？只要自身修养德行，躬行正道，像孟子说的“创立功业，传给后代子孙，就是可持续发展”。如果攀附居高位、有权势的人，遗弃出身贫贱、社会地位低下的人，亲近与他血脉远的人，疏远与他血脉近的人，都是不孝的重大表现。

简注

① 履道：躬行正道。语出《周易·履卦》爻辞：“履道坦坦，幽人贞吉。”

② 扳援：攀附，依附。

实践要点

一个家族的地位卑微与显赫、兴盛与衰败是有规律可循的。张履祥认为只要自身修养德行、躬行正道，那么创立功业传给后代子孙就是可持续发展的。喜欢阅读张履祥的著作的晚清名臣曾国藩说，看一个家族的盛衰，只看三个地方就够了。第一，看子孙睡到几点，假如睡到日上三竿才起床，那这个家族将会慢慢懈怠下来；第二，看子孙有没有做家务，曾国藩认为勤劳的习惯会影响一个人一辈子；第三，看子孙有没有读圣贤的经典，人不学，不知义。归根到底，一个人只有修养德行、躬行正道，才能使家族长治久安。

（六）祖宗大德显功，载在史策，固为邦家之光，传之家乘[①]，足为后人法式。然亦惟子孙敬守，乃能久而弗替。

予师友家，山阴刘氏，皆刘孝子（名谨）之后。孝子之父，洪武间，戍云南。孝子七岁思其父，即望南而拜。迨[②]长，往返云南者三，终得归其父。嘉兴施氏某，当永乐初年，以让皇帝蒙尘，从杨公任起义，戍贵州。其后，兄弟子侄更相为戍，每十年一代，几二百年，未有卒于戍所者。屠氏康僖公（名勋）嘉靖间，拜恤刑疏，国家遂为定制，每五年，分遣部使者钦恤天下冤狱。其孙侍御公（名叔方），请释建文忠义亲属子孙之尚在编戍者，朝廷允其奏，放还千有余家。海盐钱氏太常公（名薇）嘉靖间，昌言本邑利害，如清里甲以均田役，革运艘以备戍守，乡邦德之。诸家子姓繁多，先后俱有贤德。如念台刘先生（名宗周，世兄伯绳汋），吾友施易修（博）、钱商隐（汝霖）、屠子高（安道）、子威（安世），皆所称永世克孝者也，其余未及殚述。

人莫不为人子、人孙，子孙之世，复为祖宗。《诗》云：“高山仰止，景行行止。”③虽不能至，心向往之。予未即死，犹愿与若曹共勉，无负师友以忝所生也。

今译

祖宗高尚的道德、显赫的功勋，在史书上有记载，固然是家族的荣耀，留传在家谱之上，也足以成为子孙后代仿效的榜样。然而也只有子孙恭敬地遵循，家族才能长久传承而不衰败。

我师友的家，山阴的刘姓家族，都是孝子刘谨的后代。刘谨的父亲在洪武年间驻守云南。刘谨七岁的时候思念他的父亲，就看着南方跪拜。他长大以后，从家里到云南来回了三次，终于让他父亲回家了。嘉兴一个姓施的人，在永乐初年因为帝王失位逃亡在外蒙受风尘，他追随杨公任起义，驻守贵州。这之后，他的兄弟、儿子、侄子轮流戍守，每十年一代，接近两百年，没有人死在驻守的地方。康僖公屠勋在嘉靖年间，献上用刑要慎重的奏章，国家于是把它作为确定的制度，每五年一次分别派遣监察御史到各个地方，对所有冤案予以谨慎处理。他的孙子侍御公屠叔方请求释放对建文帝有忠义之心、还在充军流放的亲属及其子孙，朝廷准了他的奏章，放回了一千多家。海盐的太常公钱薇在嘉靖年间，直言不讳地指出本乡的祸害，例如清理里甲制度用来实行均田定役，改革运船制度用来准备守卫边境，同乡的人都感激他的恩德。这些家族子孙繁多，先后几代都有贤德的人。例如刘念台先生（名宗周，世兄刘伯绳，名汋），我的朋友施易修（名博）、钱商隐（名汝霖）、屠子高（名安道）、子威（名安世），都是大家所说的世代都能继承家业的孝顺之人。其他的来不及详述。

没有人不是别人的儿子、孙子，儿子、孙子这一代，又会成为后人的祖宗。《诗经》里写道："有崇高道德的人，像高山、大路一样受人仰慕、追随。"虽然不能达到这种程度，可是心里却一直向往着。我不会马上死去，还愿意和你们相互激励、共同努力，不要辜负了老师、朋友，不要玷辱了生你养你的父母。

简注

① 家乘：私家笔记或记载家事的笔录，家谱，家史。

② 迨（dài）：等到。

③ 高山仰止，景行（háng）行（xíng）止：以高山和大路比喻人的道德行为高尚，有崇高道德的人像山高、路阔一样受人仰慕、追随。语出《诗经·小雅·车舝》。景行，大路。

实践要点

此条列举了诸多事例证明，只有子孙恭敬地遵循祖宗显赫的功勋，践行祖宗高尚的道德，家族才能长久。俗话说："积金遗于子孙，子孙未必能守。积书遗于子孙，子孙未必能读。不如积阴德于冥冥之中，此万世传家之宝训也。"一个有道德有规范的家族，才能成就孩子，成就美满家庭。现代社会，也需要挖掘祖宗的功业、德行，总结出好的家风家训，从而培养子孙后代。

（七）先世存心极厚，子孙不能及，可惧也。予逮事王考①，见王考所存，无非成人美不成人恶②之心。每闻亲党中作一善事（如孝弟忠信，及睦邻解厄之类），辄叹曰："美事，宜助成之。"闻一不善事，咨嗟③不已，蹙然④曰："劝其不做便好。"亦非独王考为然，当时长老与往还者，多有之。予是以幼孤得不陷于非僻，今不可得见矣。予兄弟已远不如前人，然犹不免见嗤⑤乡里，目为迂腐。人心风俗，日甚不同，安得不戒慎以守之乎？

祖父用心果能终身不忘，先世家法苟能遵守弗失，传之久远遂成家风，子孙便易得好，好则又能及其后人矣。古称"爱及苗裔"，固由天道，亦人事克修也。全要培得根本不薄，立得基业牢固。有基弗坏，斯有肯堂肯构⑥之望；根本深固，则有枝叶扶苏之理。事在敬勉而已。

今译

先人怀有的心思非常忠厚，子孙达不到这个程度，真是可怕啊。等到我侍奉祖父的时候，见到祖父心中所怀有的，无非是成全人家的好事、不帮助别人做坏事的念头。每当听到亲人朋友中有人做了好事（例如孝顺父母、友爱兄长、忠诚信实，以及与邻居和睦相处、解救危难这一类），就赞叹说："好事情啊，应该帮助他办成。"听到一件不好的事情，就叹息不已，忧愁不悦地说："劝他不要做就好了。"也不只我的祖父是这样，当时与我祖父往来的年纪大的人，大多都有这样的存心。正因为如此，我才能幼年丧父而没有落到邪恶的境地，可惜这样的风气现在不可能看到了。我们兄弟已经远不如前人，却还免不了被乡里的人讥笑，被看作是迂腐的人。人的心地、风尚习俗，每一天都是不一样的，怎么能够不以警惕、谨慎的态度来坚守道义呢？

祖父的存心果真能够终生不忘记，先人的治家法则如果能够遵守不遗失，传之久远就能成为家风，子孙就容易得到好的发展，有了好的发展又能惠及子孙的子孙。古人说"传承到后代子孙"，固然是由于遵循自然的法则，但也是人自身的努力可以培养的。一定要培养得根本深厚，树立得基业牢固。基业牢固不坏，才有儿子继承父亲的家业的希望；根本深厚而稳固，才有枝叶茂盛的道理。一切事情在于恭敬和努力而已。

简注

① 王考：对已故祖父的敬称。张履祥九岁丧父，祖父心地仁厚，乐于为善。

② 语出《论语・颜渊》："君子成人之美，不成人之恶。小人反是。"

③ 咨嗟（zījiē）：叹息。

④ 蹙（cù）然：忧愁不悦的样子。

⑤ 见嗤（chī）乡里：被家乡的人讥笑。见，表被动。嗤，讥笑。

⑥ 肯堂肯构：比喻儿子能继承父亲的事业。堂，立堂基。构，盖屋。原意是儿子连房屋的地基都不肯做，哪里还谈得上肯盖房子。后反其意而用之，比喻子承父业。

实践要点

德行高尚的人，总是想着让别人好，尽力帮助别人，为别人的成功创造条件。这种助人达成美好愿望的情怀，出于对他人的关怀和尊重，积德行善，一定也能成全自己的子孙和家庭。现实生活中，有不少人看不得别人过得比自己好，对别人的好生活怀有嫉妒之心，甚至有破坏的欲望，这就是小人心态。我们应该克制或消灭这种"成人之恶"的心理，养成君子"成人之美"的心态，在成全别人的同时也成全了自己，甚至为了给别人创造条件而牺牲自己的利益。遵循祖先留下的良好品格、生活习惯乃至一门技艺，就能形成良好的家风。传承好的家风，就是无言的教育、无声的力量，就会对子孙后代产生深远的影响。

（八）大要是正伦理，笃恩谊，远邪慝，重世业。而以守身[1]为本，继述为大。

今译

主要的旨意是，端正人与人相处的道德准则，使得恩德情谊厚实，远离邪恶，重视世代相传的事业。而把守身作为根本，把遵循继承祖先的遗志作为重大的事情。

简注

① 守身：保守其身，不使陷于非义。语出《孟子·离娄上》："守孰为大？守身为大。"

实践要点

用一句话概括《训子语》下卷的主要旨意，正伦理、笃恩谊、远邪慝可以归纳为守身，是为人处世的道德根本；重世业属于继述，是继承家业的物质基础。

训子语自跋

以上诸条，有尝与汝言者；有未与汝言者；有虽未与汝言，间为他人言，汝尝听闻者。其尝与汝言又笔之者，欲汝不忘于心也；其未与汝言者，事未及汝故也。其间为他人言者，天下之公理，受之先人，传之师友，人不以为非，则不敢私也。其或参以己意者，验之人情事理，见其有然者也。感疾遂笔之者，予衰而汝幼，惧一旦奄尽，终不及言也。

昔王考见背[①]之日，伯父之年犹汝也，父弥幼，固存亡绝续之际也。内王妣、外曾王考，艰难劳瘁，以延师傅鞠育教诲，俾[②]至今日。曾王考尝抚伯父与父涕泣言曰："天不殄灭[③]家门，但我年得如吾父，则见若曹[④]成立矣。"今汝诸兄俱殇，汝生已晚，汝弟生益晚，又存亡绝续之际也。所望以继先祖之志者，惟汝稍长，故谆切[⑤]为汝言。幸而予年亦若曾王考，则汝兄弟克绍与否，庶其可见矣。夫汝其识之。望后十日又书。

今译

以上各个条目，有的曾经与你说过；有的还没有与你说过；有的虽然没有与你说过，却偶然对别人说过，你也曾经听到过。那些曾经与你说过，现在又用笔写下来的条目，想要你记在心里不要忘记；那些没有对你说过的，是因为事情没有牵涉到你。那些偶然对别人说过的，都是世所公认的道理，是从先人那里传授下来，再传授给师友们的，人们不认为是错误的，所以不敢独自占有。其中有的话掺杂了自己的想法，经过人情、事理的验证，确实看到事情就是这样发展的。因为生病而急忙用笔写下来，是因为我老了，可是你还年幼，我真是害怕突然有一天死去，而终于来不及说呀！

当年你祖父去世的时候，你伯父的年龄和你现在相似，你父亲更加幼小，本来就处在家族生存或灭亡、断绝或延续的关键时刻。你祖母、曾祖父非常艰难，因辛劳过度而身体衰弱，由于聘请老师养育教诲，才使我们能有今日。你曾祖父曾经拍着你伯父和你父亲，流着眼泪说："上天没有灭绝我们家族，但愿我的寿命能像我父亲一样长，就能看到你们长大自立了。"现在你的几个兄长都还未成年就死了，你出生已经晚了，你弟弟出生得更晚，我们家族又处在了存亡绝续的关键时刻。希望你们能够继承祖先的遗志，只有你稍微大一点，所以我才恳切地对你说这些话。幸运的话，我的寿命也能和你曾祖父相似，那么你们兄弟能否继承家业，差不多还可以看到。这些你都应当牢记。农历十五之后的十天又记。

简注

① 见背：父母或长辈去世。此指作者的父亲去世。

② 俾（bǐ）：使。

③ 殄（tiǎn）灭：消灭，灭绝。

④ 若曹：你们。

⑤ 谆切：真诚、恳切。

实践要点

此跋附于《训子语》全书之末，原无标题，约作于康熙四年（1665）。张履祥再次表明自己写作此书的目的，引述其祖父当年对其兄弟所说的话，转而对其长子殷殷相告。在这里还交待了书中条目的相关来源，以及自己家族传承的危机感和紧迫感。英国心理学家克莱尔曾经说过：“世界上所有的爱都以聚合为最终目的，只有一种爱以分离为目的——那就是父母对孩子的爱。父母真正成功的爱，就是让孩子尽早作为一个独立的个体从你的生命中分离出去，这种分离越早，你就越成功。”父母对孩子的谆谆告诫，就是希望孩子能早日自立。作为子女要理解父母的苦心，家庭幸福就是对父母最好的报答。

训子语跋

汪　森

考夫张先生，居桐邑之杨园，读书谈道，以程朱之学淑后进，键户[①]著述，晏如也。间一至城，必过先大父晤语。余时才弱冠，从旁窃窥之，见其古貌古心，意甚慕焉。无何，先生殁，忽忽至今三十余载矣。

遗编仅存备忘录一种，余惜未得寓目。海昌蜀山子以所藏《训子语》二卷寄示，阅之味其持己接物，承前裕后，一切人情事理，覼缕[②]详赡，非独先生之子当遵而不失，即凡为子者，皆可作座右铭也。曩[③]余有子，弗获育。今年春，甫举一子，他日就傅时，诵读能上口，便当持先生之书朝夕训迪之。俾之知所趋向，以好修饬行，则先生之嘉惠后学弘矣。因为剞劂[④]以公同好。康熙己丑长至日小方壶汪森跋。

今译

张考夫先生，居住在桐乡的杨园村，读书论道，用宋代程颢、程颐、朱熹等人所创立的程朱理学教导后辈，关闭门户专心撰述，过着安宁恬适的日子。有时候到城里来，一定前来探望我的祖父，会面交谈。我当时才二十岁，在一旁私下观察，只见他外表和内心都透出古人的风度，心里特别仰慕。没过多久，先生就逝世了，时光飞逝，到现在已经过去三十多年了。

他留下的著作仅存《备忘录》一种，很可惜我还没读过。海昌的蜀山子范鲲把他收藏的两卷《训子语》寄来给我看，阅读之后，我感到书中写的对自身言行以及与人交往的要求，既能继承前代教诲又能造福后代，一切人与人之间的人情关系、事与事之间的道理，都讲述得详尽充实，不只是先生的儿子应当遵循而不遗失，凡是做儿子的，都可以把《训子语》作为座右铭。以前我有一个儿子，没有得到养育。今年春天，刚刚生了一个儿子，等他将来跟着老师读书的时候，只要诵读文章能够熟练而流畅，就应当拿着先生的《训子语》早晚教诲启发他。使他知道人生的方向，用来修正约束自己的言行，这样先生给予晚辈的恩惠就可以推广开来了。因此将此书雕版刊印，与志趣相投的人共享。康熙己丑年冬至日小方壶汪森作跋。

简注

① 键户：关闭门户。键，插在门上关锁门户的金属棍子。

② 覼缕（luólǚ）：详述。

③ 曩（nǎng）：以往，从前，过去的。

④ 剞劂（jījué）：雕版，刻印。

实践要点

汪森（1653—1726），字晋贤，一字文梓，号碧巢，浙江桐乡人，原籍安徽休宁，著名的藏书家。藏书楼名为“裘杼楼”“小方壶”，编有《裘杼楼藏书目》，著有《小方壶丛稿》《桐扣词》等。汪森在《训子语跋》中强调，凡是做儿子的，都可以把《训子语》作为座右铭，此书值得推广给更多的父母与子女学习。在这个世界上，父母可能是为数不多的不用经过岗前培训就上岗的职业，其实做父母是一个专业性极强的职业。有一位父亲，他的六个孩子都已成材。他是一位医生，但却说他的职业是父亲。张履祥的《训子语》虽然与我们的时代有一定距离，但是此书讲述的家教之道全面细致，绝大多数的观点仍有参考价值。

训子语补编

先考事略

鸣呼！履祥其忝[①]所生矣！先君讳明俊，号九芝，补本邑增广生员[②]。孝友仁厚，事上接下，罔弗温恭，不幸早世，人皆哀之。祥兄弟幼孤不逮[③]事，言行不能具述，闻从故旧及门得其一二。有曰："万历壬子，以母疾不赴乡试。乙卯、戊午，再试浙闱，不遇[④]。虽久病，敩[⑤]学不辍。"又曰："遇亲友吉凶，曲意周恤[⑥]，不计有无。教弟子，家贫不登其贽[⑦]。"又曰："一日至邑，见故家子逋赋被械[⑧]，出囊金为之输而释其械。"又曰："平生持二语自勖[⑨]，云：'行己率由古道，存心常畏天知。'临没，以不得终事亲、报旧德为恨。"即是思之，概可见矣。

今译

鸣呼！履祥真是有愧于父母所生呀！先父讳明俊，号九芝，补为本县增广生员。孝友而仁厚，侍奉长辈、接待晚辈，上上下下无不感受到他的温良恭敬，不幸过早离世，人人都觉得悲痛。履祥兄弟幼年即成为孤儿，还不懂事，故而先父的嘉言懿行不能详细讲述，仅从先父的故交旧知与及门弟子那边听得其中的一二。有人说：“万历壬子年，因为母亲得了疾病，便不去参加三年一次的乡试。乙卯、戊午再去参加浙江乡试，未被录取。虽然长久患病，依旧教学不辍。”又有人说：“遇到亲戚朋友遭遇不幸，就想方设法周济抚恤，不计较自己有没有余钱。教授家境贫穷的弟子，不收他们的学费。”又有人说：“一天到县城去，见到故人家的孩子，因为欠了赋税而被戴上枷锁，便取出自己口袋里的钱替他交了赋税，而使其被释放回家。”又有人说：“平生用这两句话来自勉：‘行己率由古道，存心常畏天知。’临终的时候，以不能为双亲养老送终、不能报答所受的恩德而遗憾。”从这些话来推想，先父的品德，也就大略可见了。

简注

① 忝：辱，有愧于，常作谦辞。

② 增广生员：简称增生，明初的科举定制。生员名额有定数，府学四十人，州学三十人，县学二十人，人数后有增加，增广者称增广生员。

③ 不逮：不及。作者父亲亡故之时，他还不到八周岁。

④ 不遇：不得志。

⑤ 斅（xiào）：教导。

⑥ 曲意周恤：想方设法周济抚恤。

⑦ 不登其贽：不收其学费。贽，初次拜师的见面礼。

⑧ 逋赋：未交赋税。械：枷锁。

⑨ 勖（xù）：勉励。

实践要点

本文是张履祥在他的父母都亡故之后，对父母生平事略的追忆，也相当于为其父母所作的小传。他的父亲九芝公卒于万历四十六年（1618）正月十九日，年三十七。其父九芝公的事迹，亦见《嘉兴府志》本传。从张履祥的一生来看，父母的言传身教对其成长有至关重要的作用。寻访父母的嘉言懿行，并记录下来成为家训，对于教育子孙后代，意义是极大的。此处记载其父亲孝顺母亲、关爱自己故交之子以及临终的遗言等，字字句句读来，都觉得情真意切。

先慈沈，抚祥兄弟二人、妹一人，勤劬教诲，婚嫁而卒。自饮食寝兴，及行步出入，及立身为学，无不谆切教戒。延师缔婚，必先君执友中求之。束脩诸费，惟蚕绩①是赖，纺木棉，夜分不寐。每泣谕曰："人惟此志。孔子、孟子亦只孔孟两家无父之子，惟有志向上，便做到大圣大贤。汝若不能读书继志，而父九原②安得瞑目？"祥兄弟以是凛凛③先训，不敢有忘。崇祯已卯，令君卢公采乡党同庠公论，表先慈贤节，扁于门曰"邹国遗风"④。后因颠沛疾疢，志行弗克绍⑤于前人。倘恺悌⑥君子旁阐幽微，瞩其本末，或锡⑦片言以垂不朽，世世铭德。家兄名履祯，与祥皆邑诸生。

今译

先母沈氏，抚养履祥兄弟二人、妹妹一人，辛勤劳苦，谆谆教诲，子女婚嫁之后就去世了。从饮食、睡觉，及走路、出入，及做人、受学，没有一件事不是恳切教导训诫的。聘请老师，缔结婚姻，必定从先父的挚友中间寻求。老师的束脩等费用，只有蚕桑和纺绩可以依靠，所以纺织木棉，到了深夜都不睡觉。每次都哭泣着告诉我们兄弟说："人只有靠自己的志气。孔子、孟子也只是孔孟两家没有父亲的孩子，只是他们有志向上，便做到了大圣大贤。你们如果不能读书并继承父亲的遗志，你们的父亲在九泉之下又怎么能瞑目呢？"履祥兄弟因为有这威严的先人训诫，所以不敢忘记。崇祯己卯年，县令卢公采纳了乡党、同学的公论，表彰先母贤惠贞节，在门户上题字："邹国遗风"。后来因为颠沛流离、疾病缠身，我的志向和品行未能承继先人。倘若有和乐的君子广泛阐发幽微之义，记录我母亲的事迹，或者赐给片言而使得先人永垂不朽，则世世都将铭记其恩德。家兄名履祯，与履祥都是县学的诸生。

简注

① 蚕绩：蚕桑和纺绩。

② 九原：又称九泉，泛指墓地。

③ 凛凛：威严、敬畏的样子。

④ 邹国：春秋时期的古国，今山东邹城市附近，孟子的故乡。

⑤ 克绍：能够继承。此处是说他自己因为生逢乱世而颠沛流离、疾病缠身，所以不能承继先人。

⑥ 恺悌（kǎitì）：和乐平易的样子。

⑦ 锡：通“赐”，给予，赐给。

实践要点

张履祥的母亲沈孺人卒于崇祯四年（1631）六月十八日，年四十五。此处讲述其母亲沈氏的一生，如何勤劳，如何教诲子女等事迹，特别是纺织到深夜，哭泣着教导其子，只有效法孔子、孟子这两位同样的无父之子，有志向上，方才做到大圣大贤。张履祥与其兄张履祯都成为县学生员，这在当时也是极不容易的，故而崇祯十二年（1639）县令卢国柱赐匾“邹国遗风”，表彰其母的贤德与贞节，真不愧于“孔孟之母”。

先世遗事

履祥遭家不造[①]，有生八年，先子弃世。易箦[②]之时，祥犹从群儿戏。既闻先子归，忻然反室，自谓从大人所，揖诵书属对，希果饵[③]、笔墨之授也。及厨，见老婢泣，私问故，对曰："相公亡矣。"骇之，浸见家人群聚而号，然后疑先子亡也，自此哭泣。先大父[④]抚祥曰："天乎哀哉！如此之幼而丧父也！"然后乃信先子之亡，自此哭仆地。呜呼！人至父死而犹不知也，他尚何知哉！是后抚育教诲，出则先大父，入则先慈。自饮食立行，以及守身修业，与人交友之事，罔不有教，教罔不有泪。是以成童以往，至于弱冠[⑤]，贫而失学有焉，大过则不敢出也。年二十，先大父弃世。阅一年，先慈又弃世。痛哉天乎！祸变大作，助为虐者纷纷矣。维兄与祥，虽贫穷困厄，未尝一日忘先教也。然求能继先人之志，则亦何有？今终丧[⑥]者又三载于兹矣，年岁日逝，过失日有，恐一旦遂至于不肖，以大殒先德[⑦]，则罪孰大于此？用是忆先大父、先慈之言语行事，或得之亲授，或得之传闻，书之于简。兢兢[⑧]遵守，庶遗教日闻，犹之侍先人以无忘寡过云耳。丁丑秋九月，男履祥谨述。

今译

履祥遭遇家庭的不幸，出生八年，先父就去世了。临终之时，履祥还在跟着一群孩子游戏。听说父亲回来了，便欣然回到家中，自己心里还在想着在父亲处馆那边，作揖、诵读、对对子，盼望着会给果品、笔墨等东西呢。等到了厨房，看到老婢女在哭泣，悄悄问她原因，回答说："我家相公已经死了。"于是惊骇起来，渐渐看到家人成群地聚在一起号哭，然后怀疑父亲真的死了，自此才开始哭泣。先祖父拍着履祥说："老天，可怜呀！这么小的年纪就没了父亲！"然后才真的相信父亲已死，就此哭倒在地。呜呼！一个人到父亲死了还不知道，他还能知道什么呢？自此以后对我的抚育与教诲，出门则有祖父，在家则有母亲。从饮食到行住坐卧，以及修身、学业，与他人交往等事，没有不给予教导的，教导时则没有不流泪的。因此从儿童时期直到弱冠之年，因为贫穷而过早失学的情况虽然出现过，但大的过错却不敢犯。二十岁时，祖父去世了。又过一年，母亲也去世了。真是痛心啊，老天爷！祸害变故纷纷发作，助纣为虐的也纷纷而来。只有兄长与我，虽然贫穷困厄，未曾有一天忘记先人的教诲。然而想要能够继承先人的志向，那又有什么办法呢？如今服丧三年满后又过了三年，日子一天天过去，过失每日都有，恐怕有一天会沦为不肖者之列，以至于辱没先人的贤德，那还有比这更大的罪过吗？用这篇文章来回忆先祖父、先母的言语行事，有的是得之亲自传授，有的是得之传闻，都写在纸上。若能谨慎地遵守，大略也同于每日听闻先人教诲，就好像在陪侍着先人，从而不要忘记应当少犯错。丁丑年秋九月，男履祥谨述。

简注

① 不造：不幸。

② 易箦（zé）：更换床席，指人将死之时。箦，竹席。

③ 果饵：糖果饼饵等食品。饵，糕饼。

④ 先大父：已经亡故的祖父。大父，祖父。

⑤ 弱冠：古代男子二十岁行冠礼，即成人礼，然体还未壮，故称弱冠。后泛指二十岁左右。下文“四叔冠”，也即指行冠礼。

⑥ 终丧：父母去世，服满三年之丧。

⑦ 大殒先德：辱没了先辈的贤德。殒，没也。

⑧ 兢兢：小心谨慎的样子。

实践要点

本文是对《先考事略》的补充，也是作者对其父母以及祖父生平言行的追忆。丁丑年（1637），张履祥二十七岁，距离他母亲去世已经六年了。此段为全文的按语，记述其父亲亡故之时家中婢女、祖父的言行以及自己的内心感受颇为详细，也指出了写作本文的用意所在。后面几段一事一记，故题“遗事”。与上文一样，记录先人的事迹，首先是为了自我教育，其次才是为了将来教育子孙后代，类似于编撰家训，其意义是一样的。在古代，一旦父亲去世，多数人都会沦落于卑俗之中，只有少数人能够奋起，进而成为大圣大贤。张履祥认为自己有祖父、母亲的教诲，方才渐渐成材，故而一辈子都很珍惜祖父、母亲以及早世的父亲的那些言行，谨记而不忘。这种精神，值得后人学习。

先大父曰："凡作事，无大小，一揆[①]之理、义、情，庶几无失。"

今译

先祖父说："凡是做一件事情，无论大小，都去衡量其中的理、义、情，或许就不会有什么失误了。"

简注

① 揆（kuí）：揣度，衡量，以……为准则。

实践要点

这也就是说，做任何事都要反复思量，从是否合情合理等方面多想想。

万历戊午，先大人应试省闱[①]，发榜之前一日，与从叔二人往天竺寺[②]。诸人以为祷科名[③]也，一叔前听之，盖祷大父寿云。今年扫墓时，叔言及此。叔祖曰："汝父天性至孝，平时顺志无论，即读书应举，念念只在显亲[④]。"壬子八月，亦以乡试在省，闻母病，即束装归。或曰："试期且至，病犹无恙，何不终场？"持不可，急归侍。会母病日甚，寻故，哀不欲生者三年。乙卯服终[⑤]就试。至前所寓室，泫然[⑥]曰："念昔年闻病急归之事。"惨容如丧居者，又周月不已也。

今译

万历戊午年，先父到省城参加乡试，发榜的前一天，与两个堂叔一起到天竺寺去。同行的人都以为他在祈祷科举功名，一个叔叔前去偷听，其实是在祈祷祖父长寿呢。今年扫墓的时候，一个叔叔讲到了此事。叔祖说："你的父亲天性至孝，平时都是无论什么事都要顺从长辈的心意，即使是读书参加科举考试，心心念念还是在使双亲得到荣显。"壬子年八月，也是因为乡试而在省城，听说母亲得病之后，立即就收拾行装回家了。有人说："考试的期限马上就要到了，再说病暂时还不要紧，为何不等终场再说呢？"坚持说不可以，便急忙回家侍奉母亲。正好母亲的病一日比一日严重，不久就病故了，于是痛不欲生度过了三年。乙卯年服丧期满，方才参加乡试。到了此前居住过的寓所，流着眼泪说："想起当年听说母亲得病急忙赶回的事情了。"形容惨淡，如同服丧者的样子，又是整整一个月哀痛不已。

简注

① 省闱：元代以后，各个行省主持的科举考试，中式者为举人。又称乡闱、乡试。

② 天竺寺：杭州的著名古刹，由上、中、下三寺组合而成，其中下天竺寺最为著名。

③ 科名：科举功名。

④ 显亲：使父母双亲得以荣显。

⑤ 服终：即终丧。

⑥ 泫然：流泪的样子。

实践要点

此段详细记述了其父亲的仁孝，特别是参加三次乡试的一些经过，正好可以补充《先考事略》。孝顺是传统美德，而其关键则是要由内心真切地生发出来，张履祥父亲的表现就说明了这一点。这些记述，对于教育子孙来说，也是极为宝贵的。

祥襁褓时，三叔祖尝坐置怀中，饮以酒，及醉而嬉，叔祖观以为乐。先大人见之，每曰："酒易纵欲，勿使饮惯，后不能止也。"闻之叔祖云。忆自七岁就傅[①]，大人命受学于孙先生。大人语先生曰："吾名是儿，虽云与长儿名近，亦欲其异日学金仁山[②]先生也。"孙先生名台衡。四叔冠，宴客，祥亦往饮。既醉，挞[③]一婢，穿屐[④]独行南田。时天阴雨且晦，不能归。俄[⑤]邻人有持火过者，大呼之，邻人骇，负之归。先大人挞之，号于母，母复挞曰："已就先生读书矣，尚容尔如此纵恣乎！"自此不许陪客。此祥七岁时也。呜呼痛哉！今日欲得一杖之加，其可得乎？痛哉，痛哉！

今译

履祥还在襁褓之时，三叔祖曾将我抱在怀中，给了点酒喝，等到有点醉态而玩耍时，叔祖在边上看着且以此为乐。先父见到，每次都说："酒容易导致纵欲，不要让孩子喝惯，否则将来无法停止。"这件事是从叔祖那里听说的。记得从七岁开始从师，父亲命我跟着孙先生上学。父亲跟先生说："我给这个儿子取名字，虽然跟大儿子的名字相近，但也是想要他将来学习金仁山先生。"孙先生名叫台衡。四叔举行冠礼时，家中宴客，履祥也前去吃酒。等到醉后，打了一个婢女，穿着木屐独自跑到了南边的田里。这时候天色阴沉，又在下雨，无法回家。不久有一个邻居手持火把路过，我大声呼叫，邻居吓了一跳，然后把我背回了家。我被父亲打了一顿，所以找母亲哭诉，母亲又打了一顿，还说："已经跟着先生读书了，还能容忍你如此放纵吗？"自此以后不许我再去陪客。这是履祥七岁的时候。呜呼，痛哉！如今再想要父母打我一顿，还能办得到吗？痛哉，痛哉！

简注

① 就傅：从师就学。

② 金仁山：即元代大儒金履祥（1232—1303），字仁山，浙江兰溪人。作者的父亲给他取名履祥，一方面是因为他的哥哥名履祯，另一方面则是希望他将来能够以金履祥为榜样，后来他果然与金履祥一样，成为一代大儒，两个"履祥"都从祀孔庙。

③ 挞：用鞭、棒等打人。

④ 屐（jī）：木屐，木头鞋子。

⑤ 俄：顷刻。

实践要点

此段回顾了幼年时候与酒有关的两件事情，以及父亲给自己取名"履祥"的用意。等到父母都已不在之后，再次感受到父母的严苛，则又是另一番滋味了。喝酒容易误事，容易放纵欲望，确实是应当特别注意的。

万历己未，水溢，先君子已没矣。家有贮米，人情震惧。邻之家欲夺先人产，乃故高其价直，以诱前之售主，因使其求益价，而阳劝止议益其价。先孺人曰：“是弱我孤寡也。价益则米且尽，不益则产归于彼矣，宁失米而已，产不可失也。”乃尽发其米，如所议而去。是年，米价日贵，先孺人艰难支给，产得无恙。山阴刘先生[①]《祭田记》曰：“是皆纺绩之余也。登斯田也，粒粒皆辛苦也。奉兹粢盛醴羞也[②]，滴滴皆啼乌血也。子孙念之。”

今译

万历己未年，雨水泛滥，先父当时已经不在了。家中贮藏有大米，人心震惊恐惧。邻居想要夺取先人的产业，于是故意抬高粮食的价格，用来引诱此前卖给我家米的商人，悄悄让他涨价，而明里又劝阻他涨价。母亲说：“这是欺负我家的孤儿寡母。价格涨了，家中的米都会卖掉。不涨的话，家中的产业都要归他们了。宁可失去米，也不可失去产业呀！”于是将贮藏的米都拿了出来，按照所议定的价格卖了。这一年，米的价格一日比一日贵，我母亲很艰难地支撑着，家中的产业才能够没有受到侵害。山阴的刘宗周在《祭田记》中说：“都是辛苦纺绩剩余的呀！走到这田上，粒粒皆辛苦呀！捧着盛放好的美食与美酒，滴滴都是啼哭时嘴角流下的乌血呀！后代子孙要牢牢记住。”

简注

① 山阴刘先生：即刘宗周（1578—1645），字念台，号蕺山，浙江山阴（今绍兴）人，是作者的老师。

② 粢（zī）：谷子，泛指谷物。醴（lǐ）：甜酒。羞：同“馐”，食物。

实践要点

孤儿寡母，势单力薄，容易受人欺凌。但是张履祥的母亲坚强、勤劳，不被困难打倒，用辛苦纺绩支撑着家庭的生活开支。作为子女要懂得感恩父母。现代社会，父母的辛劳同样值得子女铭记于心。

祥家先业素薄，比先君丧，益贫。母延师诲祥兄弟，束脩之费，皆纺绩所就。忆冬之夜，时余二更，忽忽念曰：“明日先生何以供膳乎？”计所纺木棉未及十五两，遂复纺成一斤，鸡既鸣矣。其劳苦如此。

今译

履祥家祖先留下的产业向来都很瘠薄，等到先父亡故后，就更加贫困了。母亲延请老师教诲履祥兄弟，束脩的费用，都是纺纱织布所得。想起冬天的夜晚，时常到了二更之后，母亲还在念叨："明天用什么给先生提供饭菜呢？"算了一下纺织的木棉，还没到十五两，于是继续纺了一斤（旧时一斤十六两），这时鸡已经开始叫了。母亲的劳苦就是如此。

实践要点

此段记述母亲支撑家业的艰辛，同时也在强调以劳苦磨炼人的意志。而父母这种劳苦也可以作为教育孩子的榜样，因为榜样的力量往往胜过读书等其他方式。

家失鸡，婢得之邻家，已系[①]之死矣。婢以告，先慈曰："嘻！令人共知，媪[②]岂不大羞耶？"乃再与之，且慰之曰："婆子勿为念，我家婢不晓事耳。"次日，其子惭而怨其母。是戊辰秋之事也。

今译

家中不见了一只鸡，婢女从邻居家找到，已经被绳子捆死了。婢女将此事告诉了先母，先母说："哎呀！让人家都知道了，邻家老婆子岂不是会感到很羞愧?”于是又将鸡给了邻居，还安慰她说：“婆婆不要多想，我家婢女不懂事呀！”第二天，邻居的儿子感觉惭愧，于是就开始埋怨他自己的母亲。这是戊辰年秋天的事情了。

简注

① 系：用绳子捆绑。

② 媪（ǎo）：老妇人，即下文所说的婆子。

实践要点

孤儿寡母的人家艰难，更要处理好邻里关系，所以邻家偷了鸡，也要如此处理。人都是要面子的，千万不要让人家难堪。你维护了别人的面子，别人会有羞愧感恩之心，也会反过来维护你。戊辰年（1628）张履祥十八岁，他将这些往事记下，也是在琢磨如何做人，如何与人相处。

祥一日濯手[①]，先慈曰：“盥盆中有水。”祥求温者，不许，曰：“一濯犹畏寒，将何用乎?”终不许。

今译

履祥有一天洗手的时候，先母说：“洗手盆中有水。”履祥想要温水，先母不许，还说：“洗一洗手都怕冷，将来又有什么用呢？”终究不许加温水。

简注

① 濯手：洗手。

实践要点

此段体现了张履祥母亲家教的严苛。严父去世，慈母不得不一变而为严母。一般人对待子孙往往是宠爱太多，其实管束严苛些，用度俭朴些，对孩子的成长更有利。就连温饱也当控制在七分左右，多给予孩子锻炼的机会。

先慈尝戒曰：“不义之财，虽得不富。惟劳苦而得者久长，即义者亦如此也。汝父存日，常与我将今比验，终无万一不验之理。”

今译

先母曾经告诫我说："不义之财，虽然得到了，也不会富起来。只有通过自己的勤劳辛苦而获得的，方能长长久久。即便是正当的财富，也是如此。你父亲在的时候，常与我将后来发生的事情（指不义则不富，义则长久富贵）加以比照，一万件中没有一件不应验的。"

实践要点

财富的得来，义与不义，以及子孙守得住与否，若加以比照、检验，结果往往如此。所以张履祥强调"惟劳苦而得者久长"，这也是历代家训文化的一条真理。教育子孙，一定要知劳苦，不求意外之财。

示儿一

甲辰冬日示维恭。汝生，父年视王考[①]背弃之日，已多十龄[②]，汝今日视父在王考膝下之日，已多几旬[③]。父自幼遭忧[④]，中年患难变故无岁不有，是以早衰。年来凋损加甚，常恐旦暮不保，使汝失所，以至贻辱先人。前年秋，携汝弃家从吕先生[⑤]受业。先生刚直好义，势利不以动心，吾所深敬，不意远游，久而弗返。因复请于嘉兴屠先生、海盐何先生、同县邱先生、乌程凌先生[⑥]，皆深造自得，敦善不怠，君子人也。吾所深契[⑦]，平生切磋受益为多。幸俱见许，汝得纳拜。汝事之终身，奉为宗主[⑧]，便有向上一路。

今译

甲辰年的冬日出示给维恭。你出生的时候，你父亲（我）的年龄比你祖父离世的年龄，已经多了十岁，你如今比你父亲（我）当年在你祖父膝下的日子，也已经多了好几旬了。你父亲自幼遭受孤儿的忧苦，中年的时候更是患难与变故没有一年没有，所以很早就身体衰弱了。近年以来身体凋败、衰损得更加厉害，经常担心自己朝不保夕，使得你流离失所，以至于给先人带来侮辱。前年的秋天，我带着你离家跟从吕先生接受学业。吕先生刚明、正直，好义勇为，不因势利而动心，是我深深尊敬的人，没想到他远游他乡，许久都没有回来。因此又请了嘉兴的屠先生、海盐的何先生、同县（桐乡）的邱先生、乌程的凌先生，都是学有深造而又自己有得，教人从善不敢懈怠，真正是君子呀！我这一生，与他们情投意合，相互切磋学问，受益极多。有幸都得到了他们的允许，你才得以拜在他们的门下。你要终身师从他们，奉为老师，就有了一路向上前进的指引。

简注

① 王考：此处当是张履祥对已故父亲的敬称。

② 张维恭出生时，张履祥四十七岁；张履祥九岁时丧父，其父年仅三十七岁。

③ 张维恭出生于顺治十四年（1657）五月，此时（康熙三年，1664）约七周岁零六个月；张履祥出生于万历三十九年（1611）十月，其父亲去世于万历四十七年（1619）正月，当时约七周岁零三个月。

④ 忧：指丧父。

⑤ 吕先生：吕璜，字康侯，秀水（今浙江嘉兴）人。康熙元年冬远游；五年，病逝于睦州（今浙江建德）。作者先令其长子师从吕璜，吕璜远游后方师从屠安道。

⑥ 即屠安道、何汝霖、邱云、凌克贞，下文还有说明，这四人均为塾师，也是作者的同调好友。

⑦ 契：情意相投。

⑧ 宗主：众人景仰的归依者；某一方面的代表与权威。

实践要点

此信作于康熙三年甲辰（1664），张履祥当时在海盐半逻（今半路村）的何汝霖家处馆，其长子张维恭八岁，在嘉兴的屠安道家读书。张履祥晚年得子，最为担心的就是自己去世之后，儿子流离失所，得不到照顾与教诲，于是提前安排多位友人，让其子拜他们为师。做父母的，即便自己身体健康，其实也应当提前为孩子的未来多作打算，以备万一。而这种打算并不只是购买保险，从物质上考量，还当从教育的角度有所思考，方才真正对孩子的未来有益。就这种打算而言，此信之中耿耿之言，周全、实在，极为难得。

父所守者，“耕田读书，承先启后”八字。稼穑艰难，自幼固当知之，但筋力尚待长大。若诵读讲求，童而肄之，至老不可舍。吾请于先生，预为十年之序，始受《小学》，次《大学》《论语》《孟子》《中庸》，次《诗》《书》

《礼记》《周易》《春秋》，次《近思录》《范氏唐鉴》《大学衍义》，以及《性理》《通鉴纲目》等书。[①] 汝能一一听受先生之教，熟读精思，则自此以往，好书甚多，然大本已尽于此。自古圣贤，修身及家，平均天下，更无别种道理。成就大小，存乎志力而已。王妣[②]有言："孔子、孟子只是孔孟两家无父之子，只为有志向上，便做到大圣大贤，若是不肯学好，流落无底。"汝切切记之。

今译

你父亲所守护的，就是"耕田读书，承先启后"八个字。农耕稼穑非常艰辛，自幼本来应当知道，但是筋骨、力气还有待于长大（若是参加农耕的话）。若是在书册之中诵读，讲求其中的道理，则应当从儿童时期开始学习，到老年都不可以舍去。我向先生们请求，预备以十年为期限依次进行，开始时教授《小学》，接着是《大学》《论语》《孟子》《中庸》，再接着是《诗经》《尚书》《礼记》《周易》《春秋》，再是《近思录》《唐鉴》《大学衍义》，以及《性理大全》《通鉴纲目》等书。你能够一一听先生传授，熟读而深思，那么自此以后，好书虽然还有很多，但是根本的都已经在其中了。自古以来的圣贤，修身以及齐家，治国平天下，更没有别的一种道理不在其中了。一个人取得的成就的大小，就在于他的志向与努力而已。你祖母曾说："孔子、孟子也只是孔孟两家没有父亲的孩子，只是因为有志向上，便能做到大圣大贤，如果是不肯学好，沦落下去也是没有底的。"你要切切牢记呀！

简注

①《小学》：南宋朱熹、刘子登合编的儿童教育课本。《近思录》：朱熹、吕祖谦合编的理学入门书。《唐鉴》：北宋范祖禹所撰编年体史书。《大学衍义》：南宋真德秀所撰《大学》注解本。《性理》：明成祖朱棣敕令编撰的《性理大全》，明代以来的科举参考书。其余各书，众所周知，不注。

② 王妣：对已故祖母的敬称。

实践要点

张履祥讲到"耕田读书，承先启后"，教育儿子自幼就当知生存的艰辛。又回顾自己父亲英年早逝之后，他母亲"有志向上"的教诲，要儿子切切牢记。一个人成败与否，无非就是有没有志向，有没有努力。然而向上一路总是艰苦的，向下的堕落则也是无底的。牢记先人的话，一心向上，即便做不成圣贤，也不失为能够继承父业的孩子。

吾若幸而长年，照顾汝日久，亦汝之幸。然志须是自立，力须是自用，教诲大指，要不能有加。或是力量可及，多置几册书，再从事两三位先生而已。若一日不幸，固是汝命之穷，然能依傍此意，从师受学，知所好恶，亦不到得坠堕。王考有言：“人无父亲，固多流落底，亦有兴起底，只要读书守本分耳。”《论语》曰：“父在，观其志。”汝今日先须立志，要做何等样人。《中庸》曰：“善继人之志，善述人之事。”汝他日长大，能常念王考志事而敬守之，则吾愿毕矣。因屠先生命，将读书次第书之于简，以示遵守，并及此言。

今译

我如果幸运能活得久一点，照顾你的日子就可以长久些，也是你的幸运。然而志向必须自己去立，力气必须自己去用，师长能够教诲的大义，也不能再增加多少了。或者就是力所能及，也不过是多给添置几册图书，再跟从两三位先生多学几年而已。如果有朝一日我不幸早逝，固然是你命运的穷困，然而能够依靠我讲的那些意思，跟从老师求学，知道什么是好什么是恶，也不至于堕落。你祖父曾说：“一个人如果没有了父亲，固然多有向下堕落的，但也有奋发兴起的，只要愿意读书，守住自己的本分即可。”《论语》说：“父亲还在的时候，观察孩子的志向。”你今日必须先立志，要做一个什么样的人。《中庸》说：“（什么叫做孝?）善于继承父辈的志向，善于传述父辈的事迹。”你将来长大了，能够经常想着你祖父的志向、事迹，然后谨慎地守护，我也就心满意足了。根据屠先生的要求，我将读书的次第简要地写在此信中，以便你遵守，并且记得这些话。

实践要点

父母健在，自然是孩子的福气，特别是家庭条件还算不错的，一定要多给孩子准备一些好书，多让孩子向优秀的老师学习。关键则在于，志向必须自己去立，力气必须自己去用。如果父母不幸早逝，孩子更要奋发，努力创造条件读书，固守自己的本分。现在的家庭，因为生活水平的提升，大多数孩子都有机会读到大学，甚至研究生，那么更要树立高远的志向，并且努力去实现。当然，若有可能，继承先辈的志向，记述先辈的事迹，也是很有意义的。能够几代传承的书香门第，或是一种技艺，都是令人羡慕的。

《小学》是读书做人基本。《四书》圣学之渊源，义理之统宗。《六经》义理互相发明，不治经，则书义不能通达，异说足以夺之。《易》是家传一经[①]，尤当加意。《近思录》治经之阶梯。《范氏唐鉴》读史之门户。《大学衍义》经史之条贯。《性理》《通鉴纲目》则经史之匙钥著龟[②]也。学者当务之急，具此数书，其他经籍文字可以类推。

今译

《小学》一书是讲读书做人的基本道理。《四书》是儒家圣学的渊源，义理的纲领。《六经》是各种义理互相发明，不去研习《六经》，那么书中的义理不能通达，异端邪说就足以夺取人的心志。《周易》是我们家传的一种经典，尤其应当多加留意。《近思录》是研习《六经》的阶梯。《唐鉴》是读史书的门户。《大学衍义》是经与史的贯通。《性理大全》与《通鉴纲目》则是经史的门径与标准。学习者的当务之急，就是这几种书，至于其他的经典文字也可以以此类推。

简注

① 家传一经：因为张履祥本人从小就跟两位老师学过《周易》，后来还著有《读易笔记》。

② 蓍（shī）龟：借鉴、标准。

实践要点

此处讲了《小学》《四书》等几种经典的重要性。张履祥精选了多种经典，分别开列出来，作为孩子的必读书目、启蒙读物，要儿子听从老师教学并熟读精思。虽然说这几种经典对现在的孩子来说并不都适用，但就国学入门而言，仍然很有参考价值。他的这种讲法也值得注意。

吕先生秀水，字康侯，戊申，与伯父同庚。邱先生，字季心，壬子，少父一岁。何先生，字商隐，初字云士，戊午，少父七岁。屠先生，字子高，庚申，少父九岁。[①]凌先生，字渝安，初字宁膺，与屠先生同庚。语云："经师易求，人师难得。"[②]诸位先生皆当世人师也，况今经学芜熄[③]，先生各复精通，幸得及门，终身一师，已足成就。但忧贫薄，无力延请于家，负笈[④]追随，不能不听从先生之便，去留久暂，虑不可知，故令汝先执其礼。亦幸俱在数十里以内，比之古人千里从师，为力已易。其外，予之执友尚多，若事势各有掣肘[⑤]，不得已别有商量，但请问先生而往，必然使汝得所。

今译

秀水的吕先生，字康侯，戊申年出生，与你伯父同龄。邱先生，字季心，壬子年出生，比你父亲小一岁。何先生，字商隐，起初字云士，戊午年出生，比你父亲小七岁。屠先生，字子高，庚申年出生，比你父亲小九岁。凌先生，字渝安，起初字宁膺，与屠先生同岁。古语说："教授经典的老师好找，教授做人道理的老师难得。"诸位先生都是当代的人师，何况现在经学衰败，各位先生又各有精通，你有幸成为向他们拜师受业的学生，终身以他们为老师，已经足以有所成就。但是家中贫困、底子薄，无力延请他们到家里来，只能前往求学相随，不能不听从先生的方便，或去或留，或长或短，还无法知道，所以命你先向他们执弟子之礼。所幸的是他们也都在数十里之内，比起古人的千里从师来说，已经容易得多了。此外，我的挚友还有很多，如果形势各自有所掣肘，不得已而要另外商量，只要请问先生而后作出选择，必然也会使你得到适当安排。

简注

① 以上诸先生的生年：戊申，明万历三十六年（1608）；壬子，万历四十年（1612）；戊午，万历四十六年（1618）；庚申，万历四十八年（1620）。

② 语出《北周书・卢诞传》。此句中华书局版、江苏书局版均作“经师易得，人师难求”，本书据《北周书》改。

③ 芜熄：荒芜湮灭。

④ 负笈：背着书籍，指外出求学。

⑤ 掣（chè）肘：比喻做事受到牵制或干扰。

实践要点

张履祥指出，诸位先生都是“当世人师”，因为家贫无力延请到家里，负笈追随则更要注意礼节，特别是因为老师们各有各的东家，并不会在一处很久，故而只能顺应老师选择去留。现在的孩子，比起古人来说，读书的条件极好，所以更要努力向上才是。当然如果做父母的自己有不可抗的困难，那么将孩子好好托付友人相助，也是人之常情，也就可以向张履祥学习了。

凡人终身不可一日离诗书、师友，若三十以前，识力未定，只宜岁岁从师。事无大小，出入无远近，咨禀而行，庶几免于过败。至于朋友，学问苟成，必无孤立之理。少年征逐千百人中，难得益友一二。吾三十以前所交，不愧三益[①]者，惟颜家伯伯一人。（**字士凤，戊申，与伯父同庚。**）

今译

一个人终身都不可以有一日离开经典、师友，如果是三十岁以前，由于见识还未确定，就应当年年都跟从老师。事情无论大小，往来无论远近，如果都禀告之后再去做，大约就可以避免过失了。至于朋友，学问如果有成，必定不会孤立无友。少年时代征逐于功名利禄的千百个人当中，难得有一两个益友。我三十岁以前所交的朋友，不愧于“三益”的，只有你颜家伯伯一个人。（颜统，字士凤，戊申年生，与你伯父同岁。）

简注

① 三益：语出《论语·季氏》："益者三友……友直，友谅，友多闻，益矣。"

实践要点

张履祥也教育儿子要善于择友，所谓"天才成群而来"，任何人的成功都少不得老师与朋友的帮助。再说人总有惰性，不被外界的压力所逼，不被朋友的劝勉所逼，总会有意志消沉的时候。所以在年轻的时候，结交益友，也是极为必要的。并且随着年岁的增大，学问的增长，这样的朋友也会越来越多了。

凡人从幼至老，只有择善一路，终身由之，无穷尽，无休息。心非善不存，言非善不出，行非善不行，以至书必择而读，人必择而交，言必择而听，地必择而蹈，小大精粗，无不由是。《论语》曰："择其善者而从之，其不善者而改之。"又曰："见贤思齐焉，见不贤而内自省也。"又曰："见善如不及，见不善如探汤。"[①] 圣人谆复示人之意切矣。在家在外，总无不与人同处之理，一与同处，薰炙渐濡，势必相入，所与善进于善，所与不善进于不善，可畏也。己有不善，固当速改，不可因以害人。人有不善，尤宜痛戒，何可使其累我！成汤[②]圣人犹然检身若不及，改过不吝；颜子大贤，只是不贰过[③]，得一善服膺而弗失。若乃见善不迁，有过不改，甚或善恶倒置，好恶拂人，饰非使诈，怙恶不悛[④]，灾己辱先民，斯为下而已。父母爱子，虽云无所不至，如此等人，岂愿有之乎？

今译

一个人从幼年到老年，只有择善这一条路，终身顺从而行，没有穷尽，没有休止。心，不是善的不可存留；言，不是善的不可说出；行，不是善的不可践行。以至于书，必须有所选择而读；人，必须有所选择而交；言，必须有所选择而听；地，必须有所选择而去涉足。无论大小、精粗，没有不是这样的。《论语》说："择其善者而从之，其不善者而改之。"又说："见贤思齐焉，见不贤而内自省也。"又说："见善如不及，见不善如探汤。"圣人谆谆反复告知后人，其中的意思可谓真切了。在家里或在外面，总不会有不与他人一同相处的道理，一旦与人相处，受到他人的熏陶、沾染，势必会相互影响，若是善的就受到善的影响，若是不善的就受到不善的影响，真是可怕呀！自己若有不善的，固然应当迅速改正，不可因此而害了他人。人家有不善的，尤其应当痛加戒除，怎么可以使对方连累我呢！成汤虽是圣人，仍然检点自身言行怕有不及，改正自身过错毫不吝惜；颜子（颜回）虽是大贤，只是不会第二次犯同样的错，见到一种善行，也是牢记心中而不敢失去。如果还是见到善行不知学习，有了过错不知改正，甚至于善恶颠倒，不顾好恶违背于人，掩饰过错，使用欺诈，作恶不改，则不仅自己遭受灾害，也将侮辱到先人，这都是最为下等的了。父母疼爱孩子，虽说也是无所不至，但如果孩子是这等人，难道也愿意有吗？

简注

①“择其善”“见贤”“见善”三句：分别语出《论语·述而》《论语·里仁》《论语·季氏》。探汤，探试沸水，形容戒惧。

② 成汤：又称商汤，商朝的开国之君。《礼记·大学》：“汤之盘铭曰：苟日新，日日新，又日新。”说的就是成汤把告诫自己勤于反省的话作为座右铭。

③ 颜子：颜回。不贰过：不犯同样的过错。

④ 怙（hù）恶不悛（quān）：指坚持作恶，不肯悔改。

实践要点

上文说到择友，此处则说到了择善，二者相辅相成。张履祥将《论语》中的几句话梳理成为如自己有不善当如何，如朋友有不善当如何，讲得十分亲切明白。特别是强调不知择善，甚至有过不改、饰非使诈等等，都是连累家人、祖先的行为。所以父母疼爱自己的孩子，就必须要注意让孩子学会择善。

幼年同师之友，与师之子，义分自与寻常不同，苟无大故，子孙犹有世讲之谊。若读书其家，叨受厚情，尤宜中心弗忘。王考读书南庄陆家，临终尚惓惓言之。父成童以往，读书甑山钱家，故平生于董氏子孙，与陆氏、钱氏、颜氏兄弟叔侄，相与较厚，本王考之志也。《诗》云："纵我不往，子宁不来。"[①] 今当反此，纵彼不来，我宁不往。吴忠节公[②] 少尝读书钟氏，后来兄弟贵显，以女妻钟氏之子，人称厚道。此可为法。

今译

幼年时拜在同一老师门下的学友，以及老师的孩子，情义自然与寻常人不同，如果没有什么大的变故，到子孙一辈还应当有世交之情谊。如果到他家去读书，蒙受他家的深情厚谊，尤其应当牢记心中不可忘却。你祖父在南庄陆家读书的事情，到临终的时候还念念不忘。你父亲年龄稍大之后，在甑山钱家读书，所以平生对董氏的子孙，以及陆氏、钱氏、颜氏的兄弟叔侄，交情都比较深厚，这也是本着你祖父当年的意思。《诗经》里说："纵我不往，子宁不来。"如今应当反过来，纵使对方不来，我为何就不往呢？吴忠节公（吴麟征）少年时曾经在钟家读书，后来吴家兄弟显贵了，就将女儿嫁给钟家的儿子，人人都称他们厚道。这当是可以效法的。

简注

① 语出《诗经·郑风·子衿》。

② 吴忠节公：吴麟征，字圣生，浙江海盐人。明天启二年（1622）进士，官至太常少卿。后守西直门御李自成军，城破自缢。福王时，谥忠节。

实践要点

此条极为难得。首先是教育孩子要尊重父辈的世交，特别是对父母有恩情的，更当牢记。要怀着感恩的心情，对待老师，以及老师的孩子。这些做人的品格，都是值得现代社会继承发扬的。同样的，孩子与自己的同学之间，如何相互交往、共同进步，也是与之相关的；培养什么样的同学情谊，也是必须注意的。

昔尔王考早卒，伯父与父诗书之业得以不废，固赖尔曾王考[①]尚在，亦缘王妣晨夕勤劬，给其资用。前此，尔王妣积累奁田所入，广钱店渡[②]产至四十亩，是以出门从师，得所赖藉。今日此产只存十分之一，每为痛心，将欲稍稍经营，为汝束脩、寄膳[③]诸费，债负已多，力未之及。但能常念陈布衣[④]卖油读书，杨忠愍公[⑤]负书牧牛，能自兴起之义，刻苦奋励而师法之，则虽贫有加于今日，何忧乎学业之不成矣？

今译

当年你的祖父早逝，你的伯父与父亲诗书学业得以不被荒废掉，固然是因为你的曾祖父当时还健在，也因为你的祖母从早到晚的勤劳，提供了读书的资费。从前的时候，你祖母积累下陪嫁田产的收入，增添我家在钱店渡的田产到了四十亩，因此当年出门跟着老师求学，也能有所依靠。如今家中的田产只剩十分之一，每次想起这事我都十分痛心，想要稍稍经营一下田产，不过因为给你准备束脩与寄食等费用，负债已经很多，这也是我能力所不及的。但是，如果能够经常想想陈布衣（陈陶）靠卖油读书，杨忠愍公（杨继盛）背着书去放牛，能够依靠自己而兴起的道理，效法他们刻苦奋发，那么即使比现在还要贫困，又有什么必要去担忧学业不成呢？

简注

① 曾王考：曾祖父。

② 广：扩充。钱店渡：在今龙翔街道西南的运河北岸，有钱店渡桥。作者的外祖父家在此。

③ 束脩：馈赠给老师的钱或物，作为酬金。寄膳：在别人家中搭伙吃饭要交的费用。

④ 陈布衣：陈陶，号三教布衣。五代时岭表剑浦人。少时游学于长安。

⑤ 杨忠愍公：杨继盛，明代曾任兵部员外郎。因上疏弹劾严嵩，遭下狱三年后被杀。后至穆宗时追谥忠愍。少时曾牛角挂书，牧牛读书。

实践要点

此信最后叮嘱儿子要学习古人“卖油读书”“负书牧牛”等事例，刻苦奋励，即便父母不在了，即便家中没有什么产业了，如果有了奋起的精神，也不愁学业不成、家业不兴。勤奋好学的故事，大家都会经常讲述，若是能够结合家族文化来讲，结合父母自身的经历来讲，则会对孩子更有启发。张履祥的这一则《示儿》，有许多东西值得现在做父母的反复咀嚼。

示儿二

忠信笃敬，是一生做人根本。若子弟在家庭不敬信父兄，在学堂不敬信师友，欺诈敖慢，习以性成，望其读书明义理，向后长进难矣。欺诈与否，于语言见之；敖慢与否，于动止见之，不可掩也。自以为得则害已，诱人出此则害人。害已必至害人，害人适以害已。人家生此子弟，是大不幸，戒之戒之。

今译

做人要忠实、诚信、厚道、恭敬，这是一辈子做人的根本所在。如果子女、兄弟在家庭之中不能尊重崇信父兄，在学校不能尊重崇信老师和朋友，欺诈，傲慢，习惯后就养成了性格，期望他读书明义理，以后在学业、品德等方面有进步就难了。为人是否欺诈，可在他的言语中觉察到；为人是否傲慢，可在他的行动中看到，是无法掩饰的。欺诈傲慢的人，自以为得当，就害了自己；引诱别人欺诈傲慢，就害了别人。害自己的一定会害别人，害别人正好是害自己。如果生了这样的子女，就是大不幸，要引以为戒。

实践要点

此信作于康熙七年（1668），当时张履祥在半逻的何汝霖家处馆。信中教育长子张维恭做人要忠实、诚信、厚道、恭敬，不可狡诈骗人、傲慢无礼。并且强调，无论是狡诈或傲慢，其实在言行之中都能看得出来，最终则是害人害己，成为家门不幸。语重心长，人人都应当引以为戒。

与何商隐论教子弟书

凡人气傲而心浮，象[①]之不仁，朱[②]之不肖，只坐“傲”之一字。人不忠信，则事皆无实，为恶则易，为善则难。傲则为戾、为狠[③]。浮则必薄、必软[④]。论其质，固中人以下者也。傲则不肯屈下，浮则义理不能入。不肯屈下，则自以为是，顺之必喜，拂之必怒，所喜必邪佞，所怒必正直。义理不能入，则中无定主，习之即流，诱之即趋[⑤]，有流必就下，有趋必从邪。此见病之势有然者也。

今译

大凡人气傲而心地浮躁的，比如象的不仁，丹朱的不肖，都是因为一个“傲”字。人若不忠厚、不诚信，那么所做的事情都没有什么实实在在的，为恶则容易，为善则困难。气傲就会乖戾、残忍。心浮则必定轻薄、懦弱。若论这样的人的气质，固然就是中人以下的了。气傲就不肯屈居人下，心浮就会道理不能进入内心。不肯屈居人下，就会自以为是，顺应他必然欢喜，拂逆他必然恼怒，所欢喜的必定是邪佞之人，所恼怒的必定是正直之人。道理不能进入其心，那么心中就没有确定的主见，学习什么就流向什么，诱导什么就趋向什么，有了流向必然是往下游的，有了趋向必然是顺从邪恶的。由此可见这种弊病的势头就是这样子的。

简注

① 象：传说舜的弟弟名“象”，为人桀骜不驯，曾多次陷害舜。

② 朱：即丹朱。尧之长子名“朱”，被封于丹水，故又名丹朱。被认为缺乏仁德，是尧的不肖之子。

③ 戾（lì）：暴戾，乖张。狠：凶狠，残忍。

④ 薄：轻薄。软：懦弱，容易被诱惑。

⑤ 流：像水一样流动不定。趋：归向，容易向某一方向发展。

实践要点

此信作于康熙五年丙午（1666），题目为后人所加。张履祥认为，气傲与心浮是相互联系的两种弊病，而气傲会发展成为乖戾、残忍，不愿意屈居人下，自以为是等等；心浮会变得轻薄、懦弱，外在的道理不能进入内心，然后走向下流、邪恶等等。这些分析都是非常到位的，说明了某种性格上的弊病，最终会影响到行为习惯，表现为道德上的善恶。所以对于孩子的性格、气质，还是要从小注意培养。

药石之施，在起其敬畏，以抑其傲；进之诚实，以去其浮。庄以莅之[①]，正容以悟之[②]，庶其有敬。轻言轻动，最所当忌。说[③]而后入之，至诚以感之，尚其有信。疾之已甚，持之过急，亦所宜戒。“法语之言，能无从乎？”从而不改，此由于傲。“巽与之言，能无说乎？”[④]说而不绎，此由于浮。虽则不从，不以不从废法语，傲有时不得行。虽则不绎，不以不绎废巽言，浮或者去太甚。此正术也。

今译

整治气傲、心浮弊病的对症之药，在于引起敬畏之心，用来抑制他的气傲；在于输进诚实之心，用来去除他的心浮。用庄重的礼仪来对待他，用正直的神色来开悟他，或许就能使其有所敬畏了。轻率地说话或行动，是最应当忌讳的。心中喜悦而后言语能够进入他的内心，用至诚的话感动他，还能使其有所信服。太快了就会过头，操之过急，也是应当戒除的。“用合乎礼法的话去说服，还能不听从吗？”听从而不愿意改正缺点，这是因为气傲。“用恭顺赞赏的话去说服，还能不愉悦吗？”愉悦而不能够明白道理，这是因为心浮。虽然不听从，不能因为不听从而废弃合乎礼法的话，气傲有时也会不再表现出来。虽然不明白，不能因为不明白而废弃恭顺赞赏的话，心浮或许也会变得不太严重。这就是教育的正确方法。

简注

① 庄以莅之：语出《论语·卫灵公》："知及之，仁不能守之，虽得之，必失之。知及之，仁能守之，不庄以莅之，则民不敬。知及之，仁能守之，庄以莅之，动之不以礼，未善也。"

② 正容以悟之：语出《庄子·田子方》："物无道，正容以悟之，使人之意也消。"

③ 说：通"悦"，心悦诚服。下同。

④ "法语""巽与"二句：语出《论语·子罕》："法语之言，能无从乎？改之为贵！巽与之言，能无说乎？绎之为贵！说而不绎，从而不改，吾末如之何也已矣！"法语之言，以礼法正言规劝。巽与之言，恭顺赞许的话。绎，寻绎，理出头绪，推究巽言之真伪。

实践要点

此处讨论了如何来教育气傲、心浮这两种性格上的弊病。对于气傲，关键是如何引发其敬畏之心，那就只能庄重有礼，在气势上压制他；对于心浮，关键是如何引发其愉悦之心，那就只能顺应赞赏，在情绪上控制他。这些道理其实都是明白易懂的，只是要去做到，一方面需要家长的自我调适，一方面需要家长的耐心引导。所以说，要教育孩子，先要教育家长。做家长的什么时候有了这种觉悟，教育也就成功了一半。

始固未尝无所敬、无所畏，群非众议，加于所尊、所亲，怨恶积而狠戾日长。初亦岂遂无所说、无所信，显诱隐导[①]，出于为残、为忍，智诈萌而轻薄有加。既已积为怨恶，久与相持，终徒劳罔功。既已用其轻薄，强为摩切[②]，将求理弥乱。譬诸琴瑟不调甚者，必解而更张之。譬则瞽矇颠蹶[③]已及，则掖[④]而后先之。莫若授之以甚说，而易之以所服，服则敬心生，说则语易入。虽未必尽受，十犹有一二。较之每必相反，其益已多。虽不必尽善，犹未至溃决。较之事后追咎，所全尤大。迂愚无术，食息以筹之，中夜以复之，不越此也。

今译

其实开始的时候，他们未尝无所崇敬、无所畏惧，因为众多人的非议，再加上所尊敬、所亲近的人的批评，他们心中的怨恨、厌恶积累起来而使得残忍、乖戾之性日益增长。起初的时候，他们岂能就无所喜悦、无所信服，因为明显的诱惑与暗藏的引导，转出而成为残酷、成为容忍，机智、狡诈萌发而轻率、浅薄有加。既然已经积累成为怨恨、厌恶，久久相持，终究是徒劳无功。既然已经变得轻率、浅薄，勉强规劝，想要讲道理，反而会更乱。譬如琴瑟已经严重不协调的，必定要换掉旧的弦，再安上新的。譬如眼盲而走路跌跌撞撞已经很危险的，就应当搀扶着走在他前面。不如教授给他非常喜悦的，交换给他真正信服的，信服就能心生敬畏，喜悦就能使言语进入内心。虽然未必全部都能接受，十分总能有一二分。比起每次都相反来说，其中的益处已经很多了。虽然不能必定都是善的，但还没到溃决的地步。比起事后归咎、悔恨来说，所能保全的更大。我迂腐、愚笨，没有好的办法，吃饭、休息时仔细谋划，半夜里再反复思考，也不过就这些办法了。

简注

① 显诱隐导：明显的诱惑与暗藏的引导。“显诱隐导”与“群非众议”都是指来自外在的不良影响。

② 摩切：规劝。

③ 瞽矇（gǔméng）：目盲。瞽，虽瞎而有眼珠。矇，有眸而无珠。颠踬（zhì）：倒仆，跌跌撞撞。

④ 掖：用手扶着别人的胳膊。

实践要点

气傲的人并非一开始就没有敬畏心，还是因为外在环境影响，怨恨、厌恶积累起来才形成的；同样的，心浮的人也并非起初就不会喜悦、信服，也是因为外在的各种引诱而变得轻率、浅薄。因此教育好气傲、心浮的孩子，不可强要与之处于相持状态，或硬要与之讲道理，应当重新寻找教育的方案，改弦更张。这些说法，应当可以给予现在的家长许多启示。

猱固有升木之性[①]，驯服之，禁制之，犹顾忌未敢导之使升。即跳跃四出，莫之收矣。薪蒸[②]匪为栋宇之材，修剔[③]之，封植[④]之，厥成有可俟[⑤]。伤其本根，将枝叶零败，弗堪滋已。

今译

猕猴本来就有喜好爬树的习性，驯服它，禁止他，还能有所顾忌，不敢使其本性发出来去爬树。如果任由它四处跳跃，就没有办法再收服了。用来烧火的那些树木，本不可用做栋梁之材，修整它，培育它，那么它的成材也是可以等待的。如果伤害了它的根基，使得它枝叶败落，就不能再去培育了。

简注

① 猱（náo）：猿猴的一种，有说即猕猴。升木：即爬树。

② 薪蒸：薪柴，用作烧火的木柴。

③ 修剔：修整，剔除。

④ 封植：又作封殖，壅土培育。

⑤ 厥（jué）：其它。俟（sì）：等待。

实践要点

张履祥通过训练猕猴、培育木材这两个例子说明，虽然在其天性上并不理想的人，如果抓住关键时机，进行一番严格的教育、引导，还是有可能收到实效，成为人才的；如果错过了关键时机，任何教育、引导都将无法起到作用。所以说，一个人的成败，教育的关键期只有那么几年，机不可失，时不再来。

答颜孝嘉论学十二则

一

为学之道，始于立志，犹射者未发矢而志已及之。志大而大，志小而小，他日所成无不由是。吾人须思天地生我，是如何赋畀①，父母生我，是如何属望②，为智为愚，为贤为不肖③，去取断然，自此分明矣。此志一定，便须实做工夫，以必求其如我所志而后已。日用之间，一切外诱凡可以夺志④者，力屏绝之。如耳之于声，目之于色，口之于味，鼻之于臭⑤，四肢之于安佚之类，固有不知其然而浸淫⑥入之者。惟有猛提此志，一发深省曰："吾志为何，而以是自丧乎？"则于学也，将有欲罢不能者矣。

今译

为学之道，从立志开始，好比学习射箭，箭未发出而目标已经在心中了。志大而成就大，志小而成就小，他日所能成就的，没有不是由此立志而开始的。我们人都必须思考一下天地生我，是给予了什么样的责任、担当？父母生我，又是寄予了什么样的期望？成为智者或是愚者，成为贤者或是不肖者，自身如何取舍、如何决断，从这些地方就可以知晓了。志向一旦确定，就必须扎扎实实去做功夫，要求自己必须实现所定的志向方才可以。日常生活中，会影响原定志向的一切外在的诱惑，都要努力摈弃、断绝。比如耳朵对于声音，眼睛对于颜色，嘴巴对于滋味，鼻子对于气味，四肢对于安逸，等等，都在不知不觉地渗透、蔓延整个身心从而沉溺其中。唯一的办法就是猛然之间提醒自己曾经的志向，深刻反省："我的志向到底是什么，由于什么原因而丧失自己的志向？"这样反省以后再去努力奋斗，就会有欲罢不能的精神动力了。

简注

① 赋畀（bì）：给予，特指天赋的权利。

② 属（zhǔ）望：期望。

③ 不肖：品行不好，多用于子弟。

④ 夺志：迫使改变志向。

⑤ 臭（xiù）：同"嗅"，气味。

⑥ 浸淫：逐渐蔓延扩展。

实践要点

颜鼎受，字孝嘉，桐乡人，作者同学、好友颜统之长子。颜统曾延请作者至其家教授颜孝嘉读书。此文写于崇祯十七年（1644），此时颜统已去世，颜孝嘉约十五岁。本文原题《答颜孝嘉》，《光绪桐乡县志》收录时略其首尾，题作《论学十二则》。

此第一则说“为学之道，始于立志”。一个人想要有所成就，对得起天地给予的责任、父母给予的期望，那么就必须要从立志开始，志大而大，志小而小。然而志向一旦确立之后，外在的各种诱惑都会出现，这就需要努力去摈弃、断绝。时时处处都要反省：我的人生志向到底是什么？又怎么能够忘了当初的志向呢？教育孩子，就要随时提醒孩子。不但做父母的要如此提醒，还要让孩子自己养成随时随地自省的习惯，如此方能激发欲罢不能的不懈动力。

二

学必以圣贤为师，今人以为迂①，予以为特未之思耳。使圣贤之道而在于此身之外，迂之可也。孰非人子？孰非人臣？孰非人弟与人友？思为人子，则求所以事其亲；思为人臣，则求所以事其君；思为人弟与人友，则思所以事其兄与施其友。不然，尚可谓人子、人臣、人弟、人友乎？寻②此说也，不至于无父无君，而禽兽不已。孟子曰："规矩，方员之至也；圣人，人伦之至也。"[③] 然则舍圣贤，其何所师哉？吾人此际既看得定，便是要见贤思齐[④]；见贤思齐，便是要见不贤而内自省。此身在天地之间，不是上达，即是下达，无有中立之理。才欲善斯可矣，便已是自暴自弃。《孝经》曰："天地之性，人为贵。"又曰："父母生之，续[⑤]莫大焉。"其何忍于陷溺[⑥]也？

今译

为学，必须要把圣贤作为师，如今之人以为这种说法很迂腐，我以为只是因为未曾去思量而已。假使圣贤之道在于此身之外，那么说迂腐是可以的。哪个人不是人子？哪个人不是人臣？哪个人又不是人弟与人友？作为人子，就要想想如何对待亲人；作为人臣，就要想想如何对待君主；作为人弟与人友，就要想想如何对待兄长与朋友。不然的话，怎么可以称作人子、人臣、人弟、人友呢？顺着这一说法去做，不至于无父无君，乃至禽兽不如。孟子说："规矩，是画方画圆的根本；圣人的言行，是实践人伦之理的根本。"然而舍弃圣贤，又要师从谁呢？我们在这里既然看得确定了，便是要能见贤思齐；见贤思齐，便是要能见不贤而内心自我反省。人生在天地之间，不是向上，就是向下，没有什么中立的道理。才想到为善就觉得可以停下来，便已经是自暴自弃了。《孝经》说："天地的本性，在人身上表现得最为珍贵。"又说："父母生养，延续是最为重要的。"又怎么忍心让自己陷溺于向下一路呢？

简注

① 迂：迂腐，不切事理。

② 寻：顺着。

③ 语出《孟子·离娄上》。员，通"圆"。

④ 见贤思齐：见到有道德、有才能的人，就向他看齐。《论语·里仁》："见贤思齐焉，见不贤而内自省也。"

⑤ 续：继承，延续。

⑥ 陷溺：陷入罪恶或痛苦的境地而不能自拔。

实践要点

第二则说"学必以圣贤为师"。任何人都处在人伦世界之中，作为人子，或者作为人弟、人友等等，都要思考自己应该如何去做，要以圣贤的言行作为依据，努力去见贤思齐、见不贤而内自省。所以说要以圣贤为老师，立足点一定要高，方才不至于沦落。教育孩子也是从立志开始，从向圣贤、伟人学习开始。每一步内心中都应当有榜样在，榜样的力量是无穷的。

三

吾人生于天地之间，当为可有不可无之人。以一家而论，一家不可无；一乡而论，一乡不可无；以至一国天下皆然。所谓“其生也荣，其死也哀”[①]，方不负父母生我之意。今人志卑气弱，说及此际，则以为必非人之所能为。噫！人特不为耳。孟子曰：“若夫豪杰之士，虽无文王犹兴。”[②]孔子、孟子生于衰周之际，何尝有父兄师友之成就，乃孔子“祖述尧、舜，宪章文、武”[③]，孟子则“愿学孔子”，遂为百世之师。所谓“豪杰之士，无文犹兴”[④]者，此也。乃孔子之所以为孔子者，不过曰：“焉不学，而亦何常师之有。”[⑤]孟子之所以为孟子者，亦不过曰：“私淑诸人。”[⑥]人苟有兴起之意，而不欲以凡民自处，前言往行可以私淑者何限，并世之贤可以师资者无穷。乘此年富力强，奋然有为，何患不到圣贤地位。人过三十、四十，去日苦多，不免日暮途远之忧。习染既深，又有难以自新之虑。若少年未尝入世，即能从事于此，譬之以璞玉为圭璋[⑦]，以素丝为文绣，于成也何有？扬子曰：“晞颜亦颜徒，要在用心刚。”[⑧]愿贤者勉之。

今译

我们生于天地之间，应当成为可有不可无的人。从一个家庭来说，一家不可无此人；从一处乡里来说，一乡不可无此人；以至于一个国家、整个天下也都是一样的。古人所说“其生也荣，其死也哀”——生前家国荣耀，死后万民哀恸，赢得这样的尊敬爱戴，方才不辜负父母生我养我的一番苦心。现在的人大多志气卑下，说起要有志气之类的话，往往也认为不是一般人所能做到的。哎！其实都只是不愿意去做而已。孟子说：“如果是真正的豪杰人士，即使没有文王这样的人号召，也会有所感动而奋起的。”孔子、孟子出生在周王朝衰弱的时候，何尝有父亲、兄长、老师、朋友的帮助，所以孔子“效法尧、舜与周文王、周武王”，孟子则“愿意学习孔子”，于是他们都成为世世代代的老师。所谓“豪杰人士，没有文王也能奋起”，说的就是这个。孔子之所以成为孔子，不过就是说：“没什么不可学的，然而又何必要有固定的老师呢？”孟子之所以成为孟子，也不过是说：“私淑这个人（指孔子）。”如果一个人有了奋起的意思，而不想以一个普通人自处，圣人们的前言往行可以私淑的又有什么限制呢，并世同代的贤人之中可以作为老师效法者是无穷的。趁着现在年富力强，奋发有为，哪里用得着担心达不到圣贤的境界呢？人一旦过了三十、四十，已经过去的日子太多了，不免会有日暮而路途遥远的担忧。习气影响既然深了，又有难以自新的忧虑了。如果少年时还未曾真正踏入社会，就能够从事圣贤事业，譬如用璞玉来制作圭璋，用白色丝绸来制作刺绣作品，又有什么做不成的呢？扬雄说：“仰慕颜回的就是颜回之徒，关键在于用心的刚强。”但愿你能够以此勉励自己。

简注

① 语出《论语·子张》。

② 语出《孟子·尽心上》。兴，成功。

③ 语出《礼记·中庸》。祖述、宪章，都是效法的意思。文、武，指周文王、周武王。

④ 语出《孟子·尽心上》："待文王而后兴者，凡民也。若夫豪杰之士，虽无文王犹兴。"

⑤ 语出《论语·子张》。

⑥ 语出《孟子·离娄下》。私淑，私自敬仰而未得到直接的传授。

⑦ 璞玉：未经琢磨的玉石。圭璋：玉器。

⑧ 语出扬雄《法言·学行》。睎（xī），仰慕。颜，指颜回。

实践要点

第三则说"当为可有不可无之人"，强调了人人都可以也都应该成圣成贤的道理。往低一层说，则任何人都应该成为一个家庭可有不可无的人，再推出去，一个乡、一个国家乃至天下都应当如此。只有有了这样的志气，方才不辜负天地、父母的生养，不辜负来做这一世之人。再举孔子、孟子的例子，也就是学习圣人、贤人的前言往行，学习同时代人中的优秀者，趁着年富力强的时候好好努力而已。张履祥其实处处强调立志，希望学生能够有所奋起，这一点是教育孩子的时候特别值得注意的。

四

凡人不可以不知劳。孟子曰："天将降大任于是人也，必先苦其心志，劳其筋骨，饿其体肤，空乏其身，行拂乱其所为，所以动心忍性，增益其所不能。"[①]盖天之于人，犹父母于子。父母于子，欲其他日克家，必须使其苦惯。若是爱以姑息[②]，美衣甘食，所求而无不得，所欲而无不遂，养成膏粱纨袴气体，稼穑艰难有所不知，一与之大任，必有不克荷负者矣。所以劳苦种种，正以为动忍地也，动心忍性，所以为大任地也。吾人生此乱世，兼以孤苦忧患之心，如何不切，直须从百苦中打炼出一副智力，然后此身不为无用，外可以济天下，内可以承先人。《诗》曰："夙兴夜寐，毋忝尔所生。"[③]念此，何能不中夜彷徨也。昔陶士行日运百甓，曰："吾方致力中原，过尔优逸，恐不堪事。"[④]本朝刘忠宣公[⑤]教子，读书兼力农，曰："习勤忘劳，习逸忘惰，吾困之，正以益之也。"此意不可不知。

今译

一个人不可以不知道劳苦。孟子说："天要将大的责任降给这个人的时候，必须先要使其心志艰苦，使其筋骨劳动，使其身体肌肤处于饥饿状态，使其身体受到贫困之苦，使其做事时每一个行动都不能如愿，用这些办法来使其心绪不断波动，性格变得坚忍，增加过去所没有的才能。"天对于人，好比父母对于孩子。父母对于孩子，想要孩子他日能够继承家业，必须使其习惯艰苦。如果是溺爱而姑息，好的衣食享受，所求的没有什么得不到，所想的没有什么不顺心，养成膏粱纨绔的气质形貌，农耕稼穑的艰难有所不知，一旦给予他们较大的责任，则必定会有不能背负的。所以种种的劳苦，正是因为动、忍的必要，动心忍性，方能成为重大责任的担当者。我们生长在这个乱世，加上这孤苦而忧患的心灵，如何不体会真切？必须从上百的苦难之中磨炼出一副智力，然后这个身体才不会无用，对外可以兼济天下，对内则可以继承先人。《诗经》说："夙兴夜寐，毋忝尔所生。"想到这些，怎么能够不半夜还在着急彷徨呢？昔日陶士行（陶侃）每日将上百块砖从室内搬到室外，再从室外搬到室内，说："我打算将来致力于恢复中原，过得太过悠游安逸，恐怕不能胜任大事。"明朝的刘忠宣公（刘大夏）教育儿子，读书兼顾农事，说："习惯于勤奋就会忘了身处的劳苦，习惯于安逸就会忘了身处的懒惰，我要使其处于困境，正是为了增益其才能啊。"此一点是不可不知的。

简注

① 语出《孟子·告子下》。

② 姑息：无原则地宽容。

③ 语出《诗经·小雅·小宛》。意为早起晚睡，勤奋不懈，不要辱没你的父母。

④ 语出《晋书·陶侃传》。陶士行，晋人陶侃，字士行。在任广州刺史时，恐过于优逸，朝夕运百砖于室内外。甓（pì），砖。

⑤ 刘忠宣公：即刘大夏，明弘治时任兵部尚书。为人忠诚恳笃。卒谥忠宣。

实践要点

第四则说“凡人不可以不知劳”，也即懂得劳苦对于人的成长的重要性。张履祥引述《孟子》中的那段名言，以及陶侃的例子，说明一个堪当大任的人，必须有过一番艰苦奋斗的经历，方能增加其才能。一个人想要获得才能，必须付出辛勤的汗水，没有耕耘就没有收获。从事艰难的体力劳作，对于磨炼心性极有帮助，当然从事其他劳苦之事也是一样的。从少年时代起，就必须正确看待生活的艰辛，自觉主动地接受劳苦的磨炼，这样才能真正成材。

五

读书所以明理，明理所以适用。今人将适用二字看得远了，以为致君泽民[①]，然后谓之适用。此不然也。即如今日，在亲长之前，便有事亲长之理；处宗族之间，便有处宗族之理；以至亲戚、朋友、乡党、州里，无一不然；以至左右仆妾之人，亦莫不然。此际不容一处缺陷，处之当与不当，正见人实际学问。孟子曰："君子以仁存心，以礼存心。"又曰："爱人者，人恒爱之；敬人者，人恒敬之。"又曰："舜为法于天下，可传于后世，我犹未免为乡人也，是则可忧也。"舜之横逆[②]，直从父子兄弟之间起来，较之宗族乡党，其难百倍。然自瞽瞍底豫[③]，以至格及有苗[④]，无非爱敬之尽处。故曰："君子必自反也，我必不仁也，必无礼也"；"我必不忠"。[⑤]《中孚》格及豚鱼[⑥]，诚爱诚敬，岂有终不可格[⑦]之理？颜渊曰："舜何人也？予何人也？"[⑧]愿吾党[⑨]从事于斯。

今译

读书是为了明白道理，明白道理则是为了适用。如今的人将"适用"二字看得太远了，以为必须要致君与泽民，然后才可以说是适用。其实这不完全对。比如今日，在亲人长辈面前，就有服侍亲人长辈的道理；处于宗族之间，就有如何与宗族相处的道理；再至于亲戚、朋友、乡党、州里，没有一处不是这样的；再至于身边的奴仆、妻妾这类人，也没有一处不是这样的。在这中间都不容许有一处有所缺陷，处理得当或不当，正好体现出实际的学问如何。孟子说："君子要以仁爱存心，要以礼让存心。"又说："爱人的人，人都会爱他；敬人的人，人都会敬他。"又说："舜可以让天下人效法，名声可以流传到后世，我还不免只是一个普通的乡里之人（没什么可以效法、流传的），这实在是值得担忧呀！"舜受到的非难、阻力，都是从父子、兄弟之间发展而来的，较之宗族、乡党，困难百倍。然而从让其父瞽瞍得到欢乐，再到让有苗氏前来服从，无非就是将爱敬做到极处。所以说："君子必自反也，我必不仁也，必无礼也"；"我必不忠"。《周易·中孚》说的用豚鱼之祭而获得吉祥，诚爱诚敬，难道还有终究不可推究的道理吗？颜渊曰："舜是什么样的人，我也是什么样的人。"但愿吾辈也致力于此。

简注

① 致君泽民：辅助国君，施恩惠于人民。

② 横逆：受到的非难、阻力。

③ 瞽瞍：舜的父亲。底豫：得到欢乐。事见《孟子·离娄上》。

④ 格：限制。有苗：上古氏族名，尧舜时常作乱，被舜迁至今敦煌东南。

⑤ 以上五句引文，语出《孟子·离娄下》。

⑥《中孚》：《易经》卦名。其中说由于忠心诚信，用豚和鱼这样的小祭品祭

祀神灵，虽小而吉祥。

⑦ 格：推究。

⑧ 语出《孟子·滕文公上》。

⑨ 吾党："党"字古代可作"地方基层组织"解，如"乡党"；可作"朋党、同伙"解；可作"类"解。此处解作"吾辈"。

实践要点

第五则说"读书所以明理，明理所以适用"。与亲人、长辈相处，与社会上的各种人相处，都应当注意的是如何把所学到的理具体用起来。学问好不好，还是要具体落实在各种社会关系当中，落实在各种日常事务当中。学以致用，这是自古以来的准则，不要将学与用完全脱离了。

六

世衰道微，民彝泯乱，邪说暴行比比而是。吾人学问之际，择善不可不精，信道不可不笃。择之不精，则惑于异说而不能自知；信之不笃，则迁于彼此而不能自定。究也不免于波流而已。见之明，守之固，非天下之大知，其孰能与于斯？非天下之大勇，其孰能与于斯？

今译

如今世道衰微，人伦昏乱，邪说暴行也比比皆是。我们在做学问的时候，选择善者不可以不精切，信奉正道不可以不笃实。选择不精，就会迷惑于异端邪说而不能自知；信得不够笃实，就会在彼此之间变来变去而不能自安。终究也不能免于随波逐流。见地的明晰，守护的稳固，不是天下的大智者，谁能做得这样呢？不是天下的大勇者，谁能做得这样呢？

实践要点

第六则说“择善不可不精”。好的世道，做人做事都容易。遇到了坏的世道，做人做事则都不那么容易。所以要在为学的时候，精切地择善，才不会迷惑于各种异端邪说。这样在具体的言行之中，也就不会随波逐流，心无主见了。如此方才是智者、勇者。现代社会，信息量极大，获取各种思想学说也容易，那么教育孩子走正道，就更要注意好好引导了。

七

古人云：“立身一败，万事瓦裂。”①言行已之不可不慎也。年少未尝涉事，虽有差失，长者为之任过。至于婚冠以往，则有成人之道，当此一举一动，名教之地分毫得罪不得。若不将修己功夫着实用力，安常处顺，幸而保全过了一生，一遇事变，便破败出来。到得破败时节，便高才博学一无所济，显名盛势亦一无所济，诚有所谓“孝子慈孙，百世不能改者”②，可哀也已。若此，皆缘平时不能好修，故至于一败而不可救也。子夏曰：“大德不逾闲，小德出入可也。”③可者，不得已而可之之意，非谓小者竟可不顾也。百行草草，大节未有能立者，故曰：“不可不敬也。”

今译

古人说：“立身一败，万事瓦裂。”说的就是自己的修身之道不可以不谨慎。年少之人未曾涉猎世事，虽然会有一些差失，长者还会为他们承担过错。等到了结婚、成人之后，那么就有成人的道理，到了此时一举一动，礼仪规范之中分毫都触犯不得。如果不将修养的功夫着实用力一番，安于常规而处于顺境，幸而平安过了一生，一旦遭遇事变，破败之相便会露出来。等到破败的时节，即便是高才博学也一无所用，显赫的名气、强盛的家势也一无所用，确实是所谓“孝子慈孙，百世不能改者”，真令人哀叹。像这样，都是因为平时不能好好修为，所以才至于一败而无法挽救。子夏说：“大德不逾闲，小德出入可也。”可的意思，是说不得已而可，并非说小的方面竟然可以不管不顾。各种事情都草草了之，大节之处是没有办法确立的，所以说："不可不敬也。"

简注

① 语出柳宗元《寄许克业孟容书》。意为立身之本一旦败坏，所有事情都会崩溃。

② 语出《孟子·离娄上》。意为即使他们的后代是孝子慈孙，经历一百代也不能更改祖先的恶名。

③ 语出《论语·子张》。意为大节方面不能逾越界限，小节方面稍微放松一点是可以的。逾，越过。闲，栅栏，指界限。

实践要点

第七则说"行己不可不慎"，也即修身之道必须谨慎。少年之人犯错，长辈们还会有所担当，到了成人之后，一举一动，各种礼仪规范若做得不对，就没有人会再原谅了。所以说，一个人的修养功夫必须从小着手，方才能够在成人之后遭遇事情的时候不会有太大的差错。做父母的，必须在孩子小的时候，就谨慎对待各种修养之道。

八

人不可以无友，非不可以无友也，不可以无贤友也。君子、小人并生于天地之间，存乎人之自取而已。吾所取君子也，其过日闻，其德日进，其势不容于不君子。吾所取小人也，其过日多，其德日损，其势不容于不小人。孔子曰：“益者三友，损者三友。”又曰：“泛爱众而亲仁。”又曰：“毋友不如己者。”[①]示人之意可谓深切矣。自家人骨肉而外，无在不为。朋友交接之际，先须辨别君子、小人。大都温而厚者，必君子；残而薄者，必小人。严正者，必君子；柔媚者，必小人。好学者，必君子；暴弃者，必小人。告我以过者，必君子；导我以慝者，必小人。辨之既审，与君子日亲，与小人日远，其于学也殆庶几矣。若清浊不欲太分，必也尊贤而容众乎？《记》曰：“师无当于五服，五服弗得不亲。”[②]唯友亦然。

今译

人不可以没有朋友，这不是说不可以没有朋友，而是说不可以没有贤良的朋友。君子、小人都生在天地之间，就在于人的自我选择而已。我所选的是君子，他的过失每天都能听到，他的品德每日都进步，这样下去则不可能不成为一个君子。我所选的是小人，他的过失每天都在增多，他的品德每天都在减损，这样下去也不容许不成为一个小人。孔子曰："益者三友，损者三友。"又曰："泛爱众而亲仁。"又曰："毋友不如己者。"展示给人的意思真可谓深切呀！自家人的骨肉之外，没有什么是不可为的。朋友交往接触之际，首先必须辨别君子、小人。大体而言，温和而厚道的，必定是君子；残忍而轻薄的，必定是小人。严正的，必定是君子；奉承的，必定是小人。好学的，必定是君子；自暴自弃的，必定是小人。把我的过错告诉我的，必定是君子；引导我走向邪恶的，必定是小人。辨别精审以后，与君子一日比一日亲，与小人一日比一日远，对于学习也就差不多了。如果清浊不想分得过于明显，那一定也要尊重贤者而容纳大众吗?《礼记》说："老师并不在五服之列，但是如果没有老师的教诲，五服之亲也不能真正亲敬。"朋友之道也是如此。

简注

①"益者"句：语出《论语·季氏》。"泛爱""毋友"二句：语出《论语·学而》。益友，指正直、诚信、见闻学识广博的人。损友，指习于歪门邪道、善于阿谀奉承、惯于花言巧语的人。

② 语出《札记·学记》。老师并不相当于五服（高祖、曾祖、祖父、父亲、自身）的某一亲属，但如没有老师的教诲，五服之亲就不能感情亲密。

实践要点

第八则说“不可以无贤友”，也即“择友”。关键是如何区分君子与小人。张履祥列举了君子、小人各种各样的不同表现，说得非常具体，对于理解如何选择好的朋友，如何见贤思齐等等，应当都会有很大的启示。做父母的，需要提醒孩子的也无非就是这些。对于择友这个问题，必须一说再说，甚至“喋喋不休”，因为这是一个人成败的关键所在。

九

少年血气未定，无事不可以引其心。博弈、饮酒之类，智者固有不可。至若作诗写字，耳目玩好，以及闲杂诸书，此于学者日用最近，往往不免，然亦足以丧志，不可不远。先儒论举业曰：“不患妨功，惟患夺志。”夫举业，朝廷以之取士，士子以之进身，尚犹苦其夺志，他可知已。扬子云曰：“孝子爱日。”[①] 陶士行曰：“大禹尚惜寸阴，吾人当惜分阴。”龟山先生[②] 曰：“此日不再得。”由此思之，此等不独有所不可，亦有所不暇矣。

今译

人在年轻时血气还不稳定，什么事情都可能会吸引他的心。比如博弈、饮酒之类，智者固然不会去做。至于作诗、写字、耳目方面的各种嗜好，以及闲杂的各种书籍，这些对于学习者来说都是日常生活中离得最近的，往往不免多有涉及，然而也足以让人丧失心志，所以不可以不远离。先儒讨论科举之业的时候就说："不担心妨碍功夫，只担心改变志向。"科举之业，朝廷用来选拔士子，士子用来进取谋个出身，还要苦于被强迫改变志向，那么其他的也就可想而知了。扬子（扬雄）说："孝子爱惜时光。"陶侃说："大禹尚且珍惜一寸光阴，我们更应当珍惜每一分的光阴。"龟山先生（杨时）说："此日不会再次得到。"由此可知，这些兴趣爱好不但是有所不可，也没空去从事。

简注

① 孝子爱日：语出扬雄《法言·孝至》。日，光阴。

② 龟山先生：即宋代理学家杨时，字中立，晚年隐居龟山，学者称龟山先生。

实践要点

第九则说"惜阴"。张履祥讲到少年之人，因为血气未定，所以容易被社会上的各种好玩的事情所吸引。对于年轻人来说，即便是作诗、写字等等，也最好都要远离，因为一旦这些东西成为兴趣爱好，难免会让人玩物丧志，耽误主业。所以珍惜光阴是最为重要的，年少之时更要把握得牢牢的，自己做不到，就需要父母、老师的帮助，制度、规则的约束。

十

子曰："性相近也，习相远也。"[①]"人生而静以上不容说。"[②]言感物而动以后，无日而非习矣。一世有一世之习，一方有一方之习，一乡有一乡之习，一家有一家之习，一人有一人之习，习之既深，所性几乎不可复见。所恃以可见者，时时发于恻隐、羞恶、辞让、是非[③]，从此充而长之，便是人皆可为尧舜处。而其所以充长之道，全在日用之间操存此心，而无使其梏亡，则自能日生日懋，以至于畅四肢、发事业，而不容已者。若其培养此心，则读书之力自不能少。吾人读《风》《雅》便觉兴感，读《春秋》便欲谨严，读《易》便思寡过，推此以论，何书不然？古人云："非圣之书不读。"亦所以慎其习也。

今译

孔夫子说:“人的本性是相近的,因为习染不同,所以相距悬远。”“人生来就是安定的,再往前则无法言说了。”这些话说的是感于外物而后内心有所触动,没有一日不在习染之中。一世会有一世的习染,一方会有一方的习染,一乡也有一乡的习染,一家也有一家的习染,一人也有一人的习染,习染深了以后,原来的本性就几乎不可再见了。之所以偶尔还能见到善的本性,凭借的主要是时时从恻隐、羞恶、辞让、是非这四端引发出来的东西,由此而扩充而增长,便是人人都可以成为尧舜的根本之处。然而扩充、增长的方法,全都在于日常之间执持此心,而不让其丧失,那么就自然能够越来越盛大,以至于使四肢畅达,使事业发达,都有一种生生不息的样子。如果就这样培养人心,那么读书的努力自然不能少了。我们去读《风》《雅》,便会觉得有所兴感,读《春秋》便会想有严谨的精神,读《易》便会思考如何减少过错,以此类推,什么书不是这样呢?古人说:“不是圣人之书不读。”也就是因为要谨慎地对待习气的熏染。

简注

① 语出《论语·阳货》。

② 语出《二程集》。

③ 语出《孟子·公孙丑》:“恻隐之心,仁之端也,无恻隐之心,非人也;羞恶之心,义之端也,无羞恶之心,非人也;辞让之心,礼之端也,无辞让之心,非人也;是非之心,智之端也,无是非之心,非人也。”

实践要点

第十则说“慎习”。一个地方、一个家庭，乃至一个人，都会受到各种习气的熏染，所以必须要谨慎对待各种习气的影响。受到外界的习染一旦深了久了，也就必然会导致善的本性的隐藏。所以必须要固守本性之善，要通过努力读书，体会圣人之言，两者结合才能扩充而增长本性之善。谨慎对待各种习气的熏染，这确实是任何社会、任何人必须注意的修养要点。

十一

为学只一件事，非有歧也。今人不知，为应举者则曰科举之学，为治道者则曰经济之学，为道德者则曰道学，为百家言者则曰古学，穷经者则曰经学，治史者则曰史学。噫！学若是歧乎！夫学一而已矣，理义之谓也。圣人先得我心之所同然也，吾唯从事于我心之所同然。修之于身则为道德，见之于行则为事业，发之于言则为文章。事亲、从兄，此理也，此义也；敷奏以言，明试以功，此理也，此义也；为法天下，可传后世，此理也，此义也。《中庸》所谓“溥博渊泉，而时出之”[①]，《孟子》所谓“学问之道无他”[②]者，此之谓也。今人所见差异，是以终日读圣贤书，而臣弑其君者有之，子弑其父者有之，宜哉。

今译

为学其实只有一件事，没有什么别的。如今的人并不知道，为了参加科举的就说是科举之学，为了治理之道的就说是经济之学，为了道德的就说是道学，为了百家之学的就是说古学，穷究经典的就说是经学，攻治史书的就说是史学。哎呀！学问有这么多岔道吗！所谓的学其实只是一个而已，也就是理义之学。圣人在我想到的那些与他们相同的道理之前就想到了，我所从事的也就是这些相同的道理。用来修身就表现为道德，用来行动就表现为事业，抒发而成为语言文字就表现为文章。服侍亲人、顺从兄长，都是这个理，这个义；用语言来陈述奏明，应试获得功名，也是这个理，这个义；作为天下之法，可以传之后世，也是这个理，这个义。《中庸》所说的“溥博渊泉，而时出之”，《孟子》所谓的“学问之道没有别的”，都是这个意思。如今的人对为学的理解有了偏差，以至于终日读圣贤书，然而以臣子弑君的也有，以儿子弑父的也有，当然就会如此。

简注

① 语出《中庸》，意思是圣明的人的美德就像渊泉外溢般时常表露。

② 语出《孟子·告子上》。

实践要点

第十一则说“夫学一而已矣，理义之谓也”，也即学理义。在张履祥看来，不可以将为学区分得太过琐碎，什么科举、经济、道德等等，区分得琐碎了，反而就迷失了为学的根本，也即理义。把握圣贤之书当中一以贯之的理义，方才能够再去从事其他的具体的致用之学。现代社会，学科分类多了杂了，也是如此，应当注意的还是把握根本。

十二

《孝经》首章曰："身体发肤，受之父母，不敢毁伤。"《中庸》十九章曰："夫孝者，善继人之志，善述人之事者也。"《孟子》之四篇[①]，亦曰："守身，守之本也。"由此思之，此身为父母之身，即当心父母之心，行父母之行，方可谓之养志。即欲自暴自弃，而实有所不敢，亦有所不忍矣。是以古人一出言而不敢忘父母，一举足而不敢忘父母，惧辱先也。既有辱先之惧，则不得不出于立身行道，以显父母之一路。况吾人幼失父母，有力有劳何从而用，舍志事而外，更无可为人子之职者。今日足下之所为继志而述事者，唯有学问而已。尊君中道而逝，百事不了，其外无论，一家之势可谓岌岌矣。堂上二大人在，足下为长孙；怀中三幼弟在，足下为长兄。长孙则有子之道，长兄则有父之道，承前启后，重大之任，全责于足下之一身。直须待二十年之后，令弟俱婚冠成立，然后事势可定。若二十年以内，风雨漂摇之惧，何日能忘？此仆每与胡先生[②]私论及此，未尝不为之流涕也。若足下果能力学，则亦无难，老者可安，幼者可教，以至门内之不和可以致其和，外侮之窥伺者，可以寝[③]其侮。家业不厚，何以为撙节[④]之方？世务未达，何以为通显之道？种种处置，总不可以无学。至于古人所云"风雨不动安如山"，方见负荷之力。况自此而外，尚有无穷之志，无穷之事乎？仆前所云"动心忍性，生于忧患"，盖以此也。《孟子》曰："若曾子，则可谓养志也。"[⑤]乃其言曰："士不可以不弘毅。"[⑥]又曰："战战兢兢，如临深渊，如履薄冰。"[⑦]有冰渊之心，而后可为弘毅之学，有弘毅之学，而后可以守身，可为继述，可谓不毁伤也已。

今译

《孝经》首章说："身体发肤，都是父母给的，不敢有丝毫损伤。"《中庸》十九章说："所谓孝顺，就是善于继承父辈的志向，善于传述父辈的事迹。"《孟子》之中的第四篇，也说："守身是根本。"由这些而想开去，这个身体是父母给的身体，就应当心里想着父母所想，做父母所希望做的事情，方才可以说是养志。即便想要自暴自弃，而实际上则有所不敢，也有所不忍了。因此古人每次说话都不敢忘了父母，每次行动都不敢忘了父母，是害怕侮辱了先人呀！既然害怕侮辱了先人，那么就不得不出于立身行道，用以显耀父母这一路了。况且我辈（颜孝嘉与张履祥一样，都是年纪很小父亲就去世了）幼年就失了父母，有力气、有劳苦从何而使用？除了立志的事业而外，更没有什么可以体现作为人子的职责。今日你可以继承而传述的，只有做学问而已。你父亲中道而逝，各种事情都无法再参与，其他的且不说，一家的家势就可以说已经岌岌可危了。堂上还有二位大人在，你是长孙；怀中还有三位幼弟在，你是长兄。长孙就有做儿子的道理在，长兄就有做父亲的道理在，承前启后，全部的责任就在你一人身上。必须要到等待二十年之后，你的弟弟都结婚、成人之后，然后家势可以安定。如果在二十年以内，风雨飘摇的忧惧，何日能够忘却？我每每与胡先生私下议论到这里，未曾不为之而流泪。如果你果然能够勤奋力学，那么也没有什么太难的，老者可以安之，幼者可以教之，再至于家门之内的不和可以使得他们和谐起来，外在的侮辱以及窥伺者，可以让他们停止侮辱。家业不太厚，如何来实现节制的办法？世务未通达，如何来实现通达与显耀之道？种种的处置方法，都不可以不去学习。至于古人所说的“风雨不动安如山”，方才可见负荷的力量。况且自此而外，还有无穷的志力，无穷的事情呢？我前面所说的“动心忍性，生于忧患”，就是从这个角度来说的。《孟子》说：“至于曾子，才可以说是顺从养亲之意。”还有如曾子所说：“读书人不可以不志向远大，意志坚强。”又说：“战战兢兢，如临深渊，如履薄冰。”有了履薄冰、临深渊的谨慎，而后可以为弘毅之学，有了弘毅之学，而后可以守身，可以实现继承与传述，可以说就是不敢毁伤了。

简注

① 四篇：指《孟子·离娄》。

② 胡先生：与作者同为颜统的好友，名不详。

③ 寝：止，息。

④ 撙（zǔn）节：节制，节省。

⑤ 语出《孟子·离娄上》。

⑥ 语出《论语·泰伯》。

⑦ 语出《诗经·小雅·小宛》。

实践要点

第十二则说“行孝道”。张履祥十分熟悉颜家的家境，当时正面临家族之难，外在力量的影响使得他家有财产败亡的危险。所以结合孝道的讲解，告知作为长孙、长兄的颜孝嘉，注意谨慎对待内外各种事务。如何才能继父之志而述父之事？首先就是读书明理，然后协助祖父一起支撑家业，若二十年后，三个弟弟都结婚、成人，方才可以松一口气。这些贴切实际的讲解，应当是最为难得的，所谓关爱同学、朋友之子，莫过于此。

右[①]所陈十有二则，多大纲之言，节目[②]未备。然有尝为足下言之者，有未为足下言之者。其已言者，似不必再陈，特以言之有当于足下，或不厌其丁宁也。若立身为学之道，春初所与足下《证人》《人谱》[③]两书，其义已无以加，何必更有所言？且仆凡于相知之前，未尝悉意言此，同学之子虽时与之言，而未尝托之于书。以德之不修，窃学古人谨言之万一也。今者因令祖先生之命，足下意复诚厚，不可不答，故有此陈。幸勿徒以往复之常忽之，亦或尊君之志也。

今译

上文所列的十二则，多半还是总纲，细节方面还不完备。然而有些曾经与你说过，有些未曾与你说起。其中已经说过的，似乎不必再写上去，但是多说说对你总有好处，所以不厌其烦地再三叮咛。若是说立身为学之道，今年初春与你说起的《证人社约》《人谱》两本书，其中的道理已经说到极处了，何必再多说什么呢？而且我一般在相知的人面前，都未曾详细地说过这些话，对当年那些同学的孩子虽然时常讲起，但未曾写成文字。因为我自以为品德上的修为还不够，所以暗中将古人谨言的习惯学到万分之一吧。如今因为你祖父（颜世杰）的嘱托，加上你心意诚恳，不可不认真作答，所以才有上面这些文字。希望你不要因为都是些老生常谈而忽视，或者可以说，这些话也相当于你父亲的心愿。

简注

① 右：古人作文从右往左排列，相当于现在从上往下排列。

② 节目：条目。此处说上边陈述的都是纲领性的，具体的条目还没有展开。

③《证人》《人谱》：均为张履祥的老师刘宗周的著作。《证人》即《证人社约》。

实践要点

上述的立志、以圣贤为师、为可有不可无之人、知劳、明理、择善、修己、择友、惜阴、慎习、学理义、行孝道共十二方面的立身为学之道，其实也是张履祥与弟子们（这些弟子大多是当年的同学或至交的孩子）反复讲解的内容，此次因为好友之祖父的叮嘱，故而撰写成文，其中体现了他对弟子的深切关爱。而文章说理清楚，论证有力，是一篇指导青年正确读书做人的好文章。

澉湖塾约

初觉，即省[①]昨日所业，与今日所当为。旦而起。

衣冠，读经义[②]一二条。先将正文熟诵精思，从容详味。俟有所见，然后及于传注，然后及于诸说。洗心静气，以求其解，毋执己见以违古训，毋傍旧说以昧新知。乘此虚明，长养义理。

午膳后，敷述所看经义，以相质问。论说逾时，总期有当身心，勿宜杂及。

日间言语行事，即准于经义而出之。其有不合，必思所以。习心隐慝，种种自形，力使其去。旦昼梏亡[③]，庶乎免矣。若人事罕接，则读史书一二种，（**无余力则已。**）非徒闻见之资，要亦择善之务。

日暮，捡点一日所课，有阙则补，有疑则记，有过则自讼不寐[④]，焚膏继晷[⑤]。夫岂徒然对此？良宜深省也。（**右五条，日有定程。**）

今译

早晨刚醒之时，就要想想昨日所学的，与今日当学的。天亮就起床。

穿衣戴帽，读经义一二条。先将正文熟读成诵，细密思考，从容体味。等到自己有了一些见解，然后再去看经文的传、注，然后再看诸家的评说。应当洗涤心胸，静养气息，以寻求经文的正解，不要执着自己的见解而违背古人之训，不要依傍旧有的说法而蒙昧新知。借着这一点内心的灵明，助长滋养新学到的义理。

午饭之后，陈述所看的经义，相互问难。论说超过一定的时间，总是希望对于身心能有帮助，不要杂乱地涉及其他。

白天说话与做事，就应该用经义所讲的道理作为准绳。其中如果有不合的，必须思考其中原因。习得的意念里头隐藏着过恶，种种由此而来的表现，要努力使之去除。那么日后丧失本性的危险，大概就可以避免了。如果人情往来事务较少，就读一二种史书，（没有多余的时间就算了。）这并不仅仅是为了增长见闻，更重要的是学习如何去择善。

天黑之后，检查一天所学的功课，如有缺失就要补上，如有疑问就要记录，如有过错就要自责而暂不睡觉，日夜用功。难道仅仅如此就可以应付过去吗？真应当深刻反省呀！（以上五条，每日都有规定的课程。）

简注

① 省（xǐng）：反省。

② 经义：经书的义理。

③ 旦昼：明日。梏（gù）亡：因为利欲而丧失本心。语出《孟子·告子上》："其旦昼之所为，有梏亡之矣！"

④ 自讼：自己责备。寐：睡。

⑤ 焚膏继晷（guǐ）：形容夜以继日地用功读书。焚膏，点起灯烛。晷，日影。

实践要点

清顺治十三年（1656），作者应聘至海盐澉浦吴谦牧（字裒仲）家处馆，故作《澉湖塾约》。此"学规"对学子的每日行为，从早到晚，都提出了具体而严格的要求。

这五条，其实都是围绕着经典要义进行的。早上要思考昨日与今日所学的关键处；读经典，先不看前人注解，熟读经典原文并想想其中意思如何，然后再对照注解之类；有疑惑则勤问，不只是问老师、同学，还要将所理解的道理在言行之中加以考量。从记忆、熟读、思考、辨析、问难、反省等多个角度来学习经典要义，这些步骤其实都是值得当下研习经典者参考的。

问难之益，彼此共之。有疑则问，无惮其烦。（**不止书中义理为然。**）仆虽寡知，昔闻于师，敢不罄尽[①]。其不知者，正可互相稽论，以求其明。勿以迟暮，惘惘[②]而弃之也。

精神散漫，方寸憧憧[③]，学者通患。惟主敬[④]可以摄之。（**古人为学之方，多主静坐，近见人静坐便欲厌弃事物，故不立为程约。若能凝然收敛，涵养本原，则此功自不可少。**）若劳攘[⑤]之余，初欲习静，则抄录写仿亦一道也。先儒云，便是"执事敬"[⑥]。

古人诗歌，游泳[⑦]寄托，前哲不废，特畏溺情丧志耳。余力涉之，亦兴观之助也。文字虽非急务，间一作之，以征所得。（**右三条，无定程，随时从事。**）

今译

问难的好处，彼此之间共同享有。有疑惑就发问，不要害怕繁琐。（不只是书中的义理。）我虽所知甚少，可是过去从老师那里学来的，怎敢不全部都传授呢？其中若有不知道的，正好可以相互讨论，以求明白。不要因为我年纪大了，就迷迷糊糊抛弃我呀！

精神散漫，内心总是心神不定，这是学习者的通病。只有主敬的工夫可以控制住。（古人讲到为学之方，多有主张静坐的，近来看到有人一静坐，就有厌弃事物的弊病，所以不将静坐作为课程、规约。如果能够通过静坐来凝聚收敛精神，涵养内心的大本大原，那么静坐的功劳也是不可少的。）若能在日常劳碌之余，开始想要学习静坐，那么抄录（诗文）、摹仿（字帖）的功效其实也是一样的。以前的大儒说，这就是“谨慎地办事”。

古人的诗歌，可以陶冶情操、寄托情怀。前辈哲人不废弃诗歌之学，只是害怕过于沉溺其中而丧失了志向。学有余力则涉及其中，也可以作为兴发、观摩之助。文章写作虽然不是要紧的事务，但不妨偶一为之，用以证明自己学习的所得。（以上三条，没有规定的课程，随时从事。）

简注

① 罄尽：用完，竭尽。

② 惘惘：迷迷糊糊，若有所失的样子。

③ 憧（chōng）憧：心神不定的样子。

④ 主敬：作为一种修养工夫，主要是指内在的精神专注、外在的整齐严肃。

⑤ 劳攘：奔波劳碌的样子。

⑥ 执事敬：办事认真谨慎。语出《论语·子路》。

⑦ 游泳：涵泳，陶冶。

实践要点

这三条讲到了师生或学生之间相互问难的重要性。对于书本知识，必须要经过一个相互问难的过程；培养精神，如何能够集中注意力去高效率地学习，也是必须注意的一个方面；最后讲到了对诗歌、文章的看法，必须是学有余力方才去读诗作文，也就是说学习必须分清主次，把握重点。这些话，对于当下教育孩子，依旧非常有启发：必须安排足够的时间进行问难，才能有效训练学生的思维，也要注意学生的精神集中的问题，分清主次的问题。虽然不必每天都注意，但这三点都是要经常提醒的。

为学先须立大规模。“万物皆备于我”①，天地间事，孰非分内事？不学，安得理明而义精？既负七尺，亦负父兄，愧怍②如何！

功夫须是绵密，日积月累，久自有益。毋急躁，毋间断，急躁、间断，病实相因。尤忌等待，眼前一刻，即百年中一刻。日月如流，志业不立，率③坐等待之故。

修德行道，尽其在我。穷通得丧，俟其自天。营营一生，枉为小人者何限？流俗坑堑④，陷溺实深，探汤履虎⑤，未足为喻也。

祸乱之作，倾覆相寻，然圣贤豪杰，恒以兴起。处今之士，险难在前，靡有不知，从而动忍者几人？在于少年，益宜忧患存心，无忘修省之实。

近代学者，废弃实事，崇长虚浮，人伦庶物，未尝经心。是以高者空言无用，卑者沦胥⑥以亡。今宜痛惩，专务本实，一遵《大学》条目（**自格物、致知、诚意、正心、修身、齐家以往八条。**）以为法程。释义曰："塾者，熟也。诵之熟，讲之熟，思之熟，行之熟，愿与子勉之矣！"（**右五条，通言大指。**）

今译

为学之道，首先必须确立一个大的规模。"天地间万物之理在我身都具备了"，天地之间的事情，哪一件不是我分内的事情？不学习，怎么能够做到道理明晰而涵义精深？既辜负了七尺之躯，也辜负了父兄之期望，不知又该如何惭愧了！

功夫必须下得细致周密，日积月累，时间长了以后自有好处。不要急躁，不要间断，急躁与间断，这两种毛病其实是相互因袭的。尤其忌讳的是等待，眼前的一刻钟，就是人生百年之中的一刻钟。日去月来时光如流水，不能确立志向，都是因为等待的缘故。

修德与行道，都在于我自己。穷困与通达，得与失，则只能等待命运的安排了。忙忙碌碌一辈子，枉自成了小人的又有多少呢？流入庸俗的深沟，陷溺得实在很深，其中的危险，是将手伸到沸水、将脚踩着老虎尾巴都不足以比喻的。

灾祸变乱的发作，倾覆接连而来，但是圣贤豪杰，常常因此而兴起。如今的士子们，险阻艰难就在前面，很少有不知道的，然而能够动心忍性的又有几个？至于你们少年，更加应当存有忧患之心，时刻不忘实实在在地做修身、反省的功夫。

近代以来的学者，往往废弃切实有益的事，崇尚浮而不实，人伦日常、各类事务都未曾留心。于是高蹈的说些空话、毫无用处，卑下的相继败亡。如今应当痛加惩戒（这类现象），专心从事实在的功夫，完全遵循《大学》里的那些条目（从格物、致知、诚意、正心、修身、齐家以下的八条）作为法则。最后解释一下“塾”的意思：“塾，就是熟。背诵得熟，讲解得熟，思考得熟，行动得熟，我愿意与诸位学子共勉！”（以上五条，通论为学的指要。）

简注

① 语出《孟子·尽心上》。陆九渊：“宇宙内事是己分内事，己分内事是宇宙内事。”

② 愧怍（zuò）：惭愧，羞愧。《孟子·尽心上》：“仰不愧于天，俯不怍于人。”

③ 率（shuài）：都是。

④ 坑堑（qiàn）：壕沟、大水坑。

⑤ 探汤履虎：汤，烧开的水。履，践蹈，踩。比喻危险。

⑥ 沦胥：相率，一个接着一个。

| 实践要点 |

最后五条，是从为学之道立大规模，也即立志开始讲起，再到具体的如何“修德行道”等方面，从自己的切身体会出发，提出行为准则。比如他说功夫必须要绵密，反之即为急躁、间断；最为忌讳的就是等待，也即“明日复明日”。所以必须要知道“眼前一刻，即百年中一刻”，不珍惜光阴，不从绵密处下功夫，则终究一事无成。现代的教育，也应当鼓励孩子修德行道，有着广阔的胸怀，去努力做一番事业，而落实在具体之中，则还是绵密的功夫。

东庄约语

儒者之学，修身为本，罔间穷通[①]。克己功夫，宁分老少？只求无忝所生，不负师友，在覆载中，有殊庶物而已。延平先生曰："爱身明道，修己俟时。"[②]不可一日忘于心，此其准的也。

今译

儒生的学问，以修身为本，无论身处困顿还是显达都不间断。克己的功夫，难道还分老与少？只求不要玷辱父母之所生，不要辜负师友之教诲，在天地之中，与普通人还有一些区别（诸如懂得人伦物理等方面）而已。延平先生说："爱惜身体，讲明道理，修养自己，等待时机。"这个意思在心里一天都不可忘记，因为这就是做人的标准。

简注

① 罔间穷通：无论困顿、显达都不间断。

② 延平先生：李侗，南宋理学家，学者称延平先生。朱熹曾受业其门。其语录由朱熹编为《延平答问》。俟时：等待时机。

实践要点

清康熙八年（1669），张履祥应吕留良之邀，到石门县东庄处馆，教授吕家子弟，故作有《东庄约语》。此处强调为学的目的当是为了修身，无论穷通，毫不间断，或者说将来成就如何要看时机，只有当下的修身、治学才是根本。不要为功利之心所左右，也是现在的孩子求学之时，父母、师长应当经常讲讲的。

尺蠖屈以求信[①]，龙蛇蛰以存身。物无大小，理固皆然。古人言学，藏先于修，游后于息[②]。未有终日驰骋其耳目知思，而能为益身心者也。盛年百务未历，履道坦如，尤以收敛翕聚[③]，为固基植本之计。夙兴夕惕[④]，时哉弗可失也！

今译

尺蠖的弯曲是为了求得伸展，龙蛇的蛰伏是为了保全身体。各种各样的事物，无论其大小，其中的道理本来都是一样的。古人讲到为学，保藏之心要先于各种知识才能的修习，游乐之心要后于诸多杂念的止息。没有人能够做到耳朵、眼睛、知觉、思虑终日驰骋，而仍然有益于其身心。盛年之时，各种事务未曾经历，好比行走在坦荡的道路上，尤其应当收敛身心、会聚精神，方能作为巩固、培养根本品德之计。白天勤奋学习，夜晚小心谨慎，任何时候都不可以放松呀！

简注

① 尺蠖（huò）：蛾的幼虫，体柔软细长，屈伸而行。常用为先屈后伸之喻。信：通“伸”。

② 语出《礼记·学记》：“君子之于学也，藏焉，修焉，息焉，游焉。”藏，指怀抱，不可到处显摆。息，指停息各种邪念。

③ 收敛（liǎn）：约束自身，不放纵。翕（xī）聚：会聚。

④ 夙（sù）兴：早晨起来学习、工作。夕惕：夜里小心谨慎。

实践要点

此处呼应上文，强调藏、息二字，消除功利杂念，安心于培养根本的品德。对孩子，应当谈理想、谈未来，然而不可过于宣扬升官发财之类的念头，以至于令其迷失根本。

读书所期，明体适用。近代学者，徒事空言，宜乎占毕没齿①，反己茫然，全无可述也。日用从事，一遵胡安定经义、治事以为之则，庶少壮岁月，不贻枉废之叹。

米盐妻子，庶事应酬，道心处之，无非道者。苟使萦怀，豪杰志气，不难因之损尽。是以出就燕闲，听睹不杂，心力易专，养德养身，二益均有。

今译

读书所期待的，应是明白本体（修己治人的根本）而切于实用。近代以来的学者，徒然从事于空洞的言谈，难怪会诵读了一辈子的诗书，返回到自己的修身上却是茫然无知，终其一生都没有什么事迹可以让后人记述的。日常行事，完全遵循胡安定先生讲求经义、治事两种学问作为准则。这样，少壮的岁月，才不至于有枉费的感叹。

柴米油盐、妻子孩子，各种琐碎事务的应酬，一律用平常心来处置，也无非就是讲求道义而已。如果总是被琐事萦绕心怀，即使有着豪杰的志气，也不难因为这些而损失殆尽了。因此离家出去过一段安宁的求学日子，听到的、看到的都不会过于杂乱，心力也容易专一，修养德行与修养身体两种益处也就都有了。

简注

① 占（zhàn）毕：诵读。没（mò）齿：终身，一辈子。

实践要点

进一步，强调了两个方面：一是注意经典的研习与致用的讲求；一是避免生活琐事的干扰，离家外出求学对于养德、养身的重要性。现代教育，除了重视知识学习，也应当重视技能的培养，还有强调孩子在高中、大学阶段过几年寄宿制的学习，这些理念正好符合张履祥所讲的两点。

古人澹泊明志①。膏粱之习，克治宜先。长白山齑粥②，可取法也。今即未能，尚师其意，日以蔬食为主，间佐鱼肉，然总弗得兼味。

学问之道，固尚从容，然一任优游，难睎③自得。举其通病，不出五闲。（闲思虑，闲言语，闲出入，闲涉猎及接闲人与闲事。）果能必有事焉④，其诸慆慢⑤非惟不敢，亦不暇矣。（终日劳扰，实无一事当做，总是闲。）

今译

古人常说淡泊名利，以明高洁之志。膏粱纨绔子弟的习气，应该最先加以克治。范仲淹小时候在长白山吃腌菜与粥，勤俭苦读的精神，依旧可以取法。如今即使做不到，还可以效法其中的大意，每日都以吃蔬菜为主，间或也可以鱼肉作为佐食，然而不要一餐而兼有两种以上的菜肴。

治学之道，固然崇尚从容不迫的态度，然而一旦任凭他去悠游自在，则难以期望其有所得。若要举出其中的通病，不出这五种“闲”。（闲思闲虑，闲言闲语，闲出闲入，闲涉猎杂书，以及接待闲人与接触闲事。）如果能够做到“必有事焉”的状态，那么各种怠慢的行为，就非但不敢去做，也不得空闲去做了。（终日劳苦搅扰，其实没有一件事情是应当做的，也就总是“闲”。）

简注

① 澹泊（dànbó）：也作“淡泊”，恬淡寡欲，不求名利。诸葛亮《戒子书》：“非澹泊无以明志，非宁静无以致远。”

② 齑（jī）：切成碎末用酱拌和的菜，泛指腌菜。释文莹《湘山野录》：“范仲淹少贫，读书长白山僧舍，作粥一器，经宿遂凝，以刀画为四块，早晚取两块，断齑数十茎啖之，如此者三年。”

③ 晞（xī）：望。

④ 语出《孟子·公孙丑上》：“必有事焉，而勿正，心勿忘，勿助长也。”意

思是说，心中一定要在意所做的事情（原指养浩然之气），但不可预期必定如何，心中既要不忘，也不要拔苗助长。

⑤ 慆（tāo）慢：怠慢。

实践要点

最后再次强调求学阶段一定要少应酬，专心于养德养身，淡泊明志，不要有纨绔子弟的习气等等。勤与俭，都是最应当提倡的。至于一个“闲”字，以及“闲”的这五种通病，都说得特别到位。人的一生，无论求学阶段还是工作阶段，如果能够控制好这个“闲”字，那么总会有所成就的。

困勉斋记

吴子裒仲[①]以困勉[②]名斋，属予记之，而言其义以相勖[③]也。裒仲十六七已不甘流俗之学，始闻释氏之说而说，二十而尽弃之，学圣贤之道。穷理必择其精，动止必要[④]诸礼，裒仲之资可谓学而知、利而行者矣。而顾自处以困勉，诚哉其卑以自牧[⑤]也。予壮志已去，衰及无闻，方奉之为畏友，资切劘[⑥]之益，何足以勖裒仲？顾其义甚美，乐得而道之。

今译

吴裒仲用“困勉”作为书斋的名字，嘱咐我写一篇“记”文，讲述“困勉”的大义，用作对他的勉励。裒仲十六七岁的时候，已经不甘心从事流俗的学问，开始时听了佛学的说法感到愉悦，到了二十岁就全部放弃了，转而学习儒家的圣贤之道。穷究义理必定选择其中的精华，行动举止必定探索各种各样的礼仪，裒仲的资质，可以说是“学而知之”“利而行之”这一类了。但是他仍然自认为必须用“困而知之”“勉而行之”的功夫，真是做到了名字中的“以谦卑自守”呀！我年轻时候的壮志已经远去，如今衰老而默默无闻，正想将裒仲尊奉为畏友，以得到相互切磋的益处，哪有资格勉励裒仲呢？看这“困勉”之大义非常好，也就乐意说一说了。

简注

① 吴子裒仲：吴谦牧（1631—1659），字裒（póu）仲，海盐人。张履祥四十六岁时应邀到吴谦牧家处馆，《杨园先生全集》另有《吊吴裒仲文》《吴子裒仲墓志铭》以及书信二十四通。

② 困勉：即“困知勉行”，不断克服困难以求知，求知与实行相结合。“困知勉行”以及下文的“生知安行”“学知利行”，语出《中庸》：“或生而知之，或学而知之，或困而知之，及其知之一也；或安而行之，或利而行之，或勉强而行之，及其成功一也。”

③ 勖（xù）：勉励。

④ 要：通“徼”(jiǎo)，探求，求取。

⑤ 卑以自牧：以谦卑自守。语出《周易・谦卦》。

⑥ 劘（mó）：切磋。

实践要点

友人吴谦牧请其为书斋作记，以作勉学。文中嘉奖了吴谦牧的严于律己、好学敏求。由此可见后天的努力学习对于一个人成长、成功的重要性。文中还针对当时“直捷径省之说”等不良学风展开了批判，提醒学者当从困知勉行处入手。

夫人未有得恃其生资，无劳而圣贤者也。夫子至圣，犹然好古敏求①，至于发愤忘食②。大贤如颜、曾，一则曰拳拳服膺③，一则曰日省其身④。而孟子亦曰有终身之忧也⑤，其告滕世子⑥，则以《书》之“药不瞑眩，厥疾不瘳”⑦勉之。夫既曰性善，人皆可以为尧舜矣，复进之以是言，有以知其愿学。孔子以来，其为瞑眩也多矣。盖人之生也，固皆具可以为圣贤之资，然而清明纯粹者，千百不一人也。入世以后，缘习俗闻见而迁者，又不知其几。其违道日远，何惑焉？抑或资之美矣，而过于此者，不及于彼；广大也，未必精微；高明也，未必中庸。⑧自非择之精，执之固，明善以诚其身，而徒任其所知以往，则固有自以为中道而已，不知其离道也。一二事之偶中于道而已，不知其余之皆离道也。

今译

没有人能够依仗着他生来的天资，不经过劳累就成为圣贤的。孔夫子是“至圣”，但是依旧“好古敏求”，以至于“发愤忘食”。比如颜回、曾参两位大贤，一个说要把孔夫子说的话“拳拳服膺”不敢忘记，一个说每日都要“三省吾身”。还有孟子也说一个君子要有“终身之忧”，他告诉滕国的世子，就用《尚书》之中的“药不瞑眩，厥疾不瘳”来勉励他。孟子说“性善”，人人都可以成为尧舜那样的人，而之所以又说这一句话，是因为知道他是愿意学习的。自从孔子以来，必须用令人头晕目眩的猛药的人也很多了。因为一个人的出生，固然都具有可以成为圣人、贤人的资质，但是天资清明而纯粹的人，千百个之中没有一个。进入社会之后，因为习俗、闻见而改变志愿的人，又不知道有多少。他们都背离圣人之道越来越远，是为什么而迷惑了呢？或者是因为天资甚高，却在这方面过头，而在那方面又不及；学识广大，却未必精微；学识高明，却未必中庸。倘若不是选择得精到，坚持得稳固，明晰什么是善并且诚实地修身，只是凭借自己的所知而一路前行，就当然会自以为是中道，而其实不知早已远离中道了。一两件事情偶然合于中庸之道而已，却不知道其他许多方面都已经背离中道了。

简注

① 敏求：勉力以求。语出《论语·述而》：“我非生而知之者，好古，敏以求之者也。”

② 发愤忘食：语出《论语·述而》：“其为人也，发愤忘食，乐以忘忧，不知老之将至云尔。”

③ 拳拳服膺：诚恳信奉、衷心信服。语出《中庸》：“回之为人也，择乎中庸，得一善，则拳拳服膺而弗失之矣。”

④ 日省其身：语出《论语·学而》：“曾子曰：‘吾日三省吾身，为人谋而不忠乎？与朋友交而不信乎？传不习乎？’”

⑤ 语出《孟子·离娄下》：“君子有终身之忧，无一朝之患也。”

⑥ 滕世子：即后来的滕文公。世子，即太子。事见《孟子·滕文公上》。

⑦ 药不瞑（mián）眩，厥疾不瘳（chōu）：如果药物不能使人头晕目旋，那病是不会痊愈的。语出《尚书·说命上》。

⑧《中庸》：“君子尊德性而道问学，致广大而尽精微，极高明而道中庸。”

实践要点

这一段讲了孔子以及颜回、曾参，即便是圣人、贤人，也都非常注意“为学之道”。孔子的“发愤忘食”，颜回的“拳拳服膺”与曾参的“三省吾身”，其实都是在做“困知勉行”的功夫。再引用孟子对滕世子说的话，指出为学必须要有“药不瞑眩”的精神，也即必须下猛药、用苦功。绝大多数人，天资不错，但并非清明纯粹，进入社会之后受到各种诱惑，往往就放弃了少年时代的志向。所以能够明善、诚身努力实现中庸之道的人，实在是很少很少了。

故圣人不以生知安行为可恃，必下而及夫困而知、勉而行者，与生知安行、学知利行者并列，曰“及其知之一也”“及其成功一也”。至举其为学之道，则曰博学、审问、慎思、明辨、笃行，弗知、弗能弗以措也。虽至人一己百，人十己千，苟弗知而弗能，终弗以措也。①

今译

所以圣人不会认为自己有着“生知安行”的资质可以依靠，而是必定要下“困而知之”“勉而行之”的功夫，并且将之与“生知安行”“学之利行”同等看待，会说其中的知是一样的，其中的成功也是一样的。至于说到为学之道，就是“博学之，审问之，慎思之，明辨之，笃行之”，不能做到晓畅有真知，不能做到通达能笃行，是不会停止的。虽然做到了别人学一次自己学一百次，别人学十次自己学一千次，如果还是不能学得晓畅、通达，终究也不敢停止。

简注

① 语出《中庸》：“博学之，审问之，慎思之，明辨之，笃行之。有弗学，学之弗能，弗措也；有弗问，问之弗知，弗措也；有弗思，思之弗得，弗措也；

有弗辨，辨之弗明，弗措也；有弗行，行之弗笃，弗措也。人一能之己百之，人十能之己千之。果能此道矣，虽愚必明，虽柔必强。”

实践要点

此段再次申述圣贤的学习，将“生知安行”“学知利行”，与“困知勉行”一样看待，从不自以为是。并且必须用“人一己百，人十己千”的功夫，必须做到晓畅、通达，真知而笃行才会停止。张履祥告诫世人，不要自以为资质不错而不去努力学习，即便是圣贤也要用“困知勉行”的功夫，更何况任何人的资质都会有缺陷的地方，不得不将自己归入“困知勉行”的行列，才能真正获得成功。

予也尝学稼事，请以为喻。五谷，种之美者也（**此喻天命之性**），春而甲坼①，夏而长茂，秋而秀实，冬而敛藏，天之时也，地之利也（**此喻率性之道**）。其自播种而往，灌之、溉之、耨之、耔之②，晨而耘，午而锄者，劳苦盖不可以算，然而水旱有灾也，虫螟③有害也，劳苦有加焉，弗以辞也，如是庶罔弗谷矣。弗敢自信也，必问诸老农而致其力焉，不然者力虽勤，犹鲜获也。若乃怠弃焉，作辍焉，种则犹是，而秀实不啻倍蓰④矣（**此喻修道之教**）。

今译

我也曾学习过种植庄稼，就用这个来作比喻吧。五谷，当是粮食作物中的好品种（这是比喻人的天命之本性），春天到了种子外皮裂开，夏天到了生长繁茂，秋天到了果实丰满，冬天到了收藏起来，这是靠着天气的时令，田地的便利（这是比喻人应当顺从本性而发展）。自从播种开始，灌溉、锄草、培土，早上除草，中午锄地，其中的劳苦且不去计算，然而还有水灾、旱灾，各种虫子也会产生损害，劳苦虽然加重了，却不敢懈怠，像这样就应该会有好收成了。但不敢相信自己，必须向老农请教然后再去用力劳作，不然的话，即使用力虽多，也会收获很少。如果怠惰荒废，有时劳作有时停止，种子还是那些种子，但果实的丰收就不只是相差数倍了（这是比喻遵循天道本性而进行修养教化）。

简注

① 甲坼（chè）：说草木发芽时种子外皮裂开。甲，草木萌芽时的外皮。坼，裂开。

② 耨（nòu）：锄草。耔（zǐ）：在植物根上培土。

③ 虫螟（míng）：指危害庄稼的虫类。

④ 不啻（chì）：不如，比不上。倍蓰（xǐ）：亦作倍屣、倍徙，指数倍。

实践要点

此段用种植庄稼作比喻，想要说明的是，同样的资质，努力的程度不同，方法不同，其结果往往天差地别。所以关键不是先天的禀赋，而在于后天的努力。

君子之于道，亦若是而已。孩提之童，莫不知爱其亲，及其长也，莫不知敬其兄，固也。然充而养之，犹必居敬以存其心，穷理以致其知。凡夫欲之易流也，窒勿流；忿之易发也，惩弗发。[①] 善之难迁也，必以迁；过之难改也，必以改。言则务其逆于耳，必求直谅[②]之友而与居；行无务其适于心，必就维则之闲而以动。稂莠[③]之不芸不敢也，揠苗以助长不敢也。然而疾病之为水旱，忧患之为螟虫也众矣。日乾夕惕[④]，譬未雨而治其沟塍[⑤]也；殀寿不贰[⑥]，譬善其镃基[⑦]而俟时也。故曰："思诚者，人之道也""强恕而行，求仁莫近焉。"[⑧]

今译

君子和大道之间的关系，也就是这样子的。小孩子的时候，没有人不知道要关爱双亲；等到长大后，没有人不知道要敬顺兄长，本性如此呀。然而想要充实其本性而加以培养，还必须用恭敬严肃来存养内心，用穷究义理来获取知识智慧。凡是欲求都容易流变，要克制欲求使其不流变；愤怒都容易发作，要惩治愤怒使其不发作。善良是难以做到的，必须努力做到；过错是难以改正的，必须努力改正。言语务必使其听起来不是很顺耳，必须寻求正直诚信的朋友与他一同居住；行动务必使其做起来不是很舒适，必须寻求纲领规则的防范才能行动。不敢不去根除杂草，不敢拔苗助长。但是水灾、旱灾造成的疾病、螟虫造成的忧患也很多呀！白天黑夜都要勤奋谨慎，比如还没有下雨就整治沟渠、田塍；短命、长寿不必多想，比如先修理好锄头再等待农时的到来。所以说："求诚，是做人的道理""奋力不懈以推己及人的恕道去做，没有比这更接近仁德的了。"

简注

① 惩：克制。《周易·损》："君子以惩忿窒欲。"

② 直谅：正直诚信。《论语·季氏》："益者三友，损者三友。友直，友谅，友多闻，益矣。"

③ 稂莠（lángyǒu）：泛指对禾苗有害的杂草，常比喻害群之人。

④ 日乾夕惕：即"朝乾夕惕"，语出《周易·乾卦》。

⑤ 沟塍（chéng）：沟渠和田埂。

⑥ 殀（yāo）寿不贰：夭折与长寿没有分别。《孟子·尽心上》："殀寿不贰，修身以俟之，所以立命也。"。

⑦ 镃（zī）基：亦作"镃錤"，即锄头。《孟子·公孙丑上》："虽有镃基，不如待时。"

⑧“思诚”句：语出《孟子·离娄上》；“强恕”句：语出《孟子·尽心上》。

实践要点

此段具体讲述如何做到“困知勉行”，不只是要做居敬穷理的工夫，还要克制欲求，惩治愤怒，并且能听得进逆耳忠言，能接受不太舒适的日常生活。还要像种庄稼一样，未雨绸缪，随时修整好农具，不论白天黑夜，也不论夭折与长寿，尽力做好分内的事情，做到诚与恕。这种时刻准备的心态，才是真正的“困知勉行”。

百余年来，学者惑于直捷径省之说，以多闻多见为知之次，而肆焉自居于生而知之。其见之行事，则以我心自有天则，而不必循乎古人之涂辙。于是将废所谓博学、审问、慎思、明辨者，而致其良知，以为是即一日而圣人矣；是必人皆“不思而得，不勉而中”①，志学之日，即可以“从心所欲不逾矩”也。圣人不能也，夫以七十子之徒，得夫子以为依归②，博文约礼③之诲，闻之岂不至稔④？然犹不能无过不及之差。自颜子而外，只能日月至焉，不能守之久而不失也。而谓今之人则易然，是何异于指甲坼为颖栗⑤，而无俟乎耘耔⑥也？抑弗思之甚矣！

今译

一百多年来，学者迷惑于简易便捷、直指本心的阳明心学，将多听多看作为次要的知识，然而却放肆地以“生而知之”的圣人自居。这样思想用在做事上，就会让人以为我的内心自有天道、法则，不必遵循古人的途径、规矩。于是将要废弃所谓博学、审问、慎思、明辨等，而致力于心中的良知，以为这样一天就可以成为圣人了；这样的话，必定人人都是“不必思索言语行动就能得当，不必勉强为人处事就能合理”，从立志于圣人之学的那一天开始，就可以“随心所欲而不会逾越规矩”了。其实圣人也不能这样子呀！比如孔门的七十弟子，得到孔夫子作为求学的参照、旨归，“博学于文，约之以礼”的教诲，听得难道不够熟悉？但是还不能避免过头或不及的差错。除了颜回以外，大多数弟子只能一日做到仁，或者一月做到仁，不能守护仁德而长久不失。然而如今的那些学者却换了个样子，这与那些指望着种皮刚刚开裂就要得到饱满的果实，但是不去除草、培土的人又有什么不同呢？或许也太不注重思考了吧！

简注

① 语出《中庸》：“诚者不勉而中，不思而得，从容中道，圣人也。”

② 依归：依托，依靠。

③ 博文约礼：广求学问，恪守礼法。语出《论语·雍也》：“君子博学于文，约之以礼，亦可以弗畔矣夫！”

④ 稔（rěn）：本指庄稼成熟，比喻学有所成。

⑤ 颖：长出芒的穗。栗：谷粒饱满坚实。

⑥ 耘耔：除草培土，泛指从事田间劳动。

实践要点

此段对于晚明以来盛行的阳明心学提出批评。事实上并非阳明心学本身有错误，而是“现成良知”“现成圣人”等心学观念，离开了王阳明等心学的具体语境，就容易被误解、误用。张履祥批评的就是学习阳明心学而陷入错误认识的那些学者，他们认为不需要经过闻见知识的学习，不需要经过事上的磨炼，心中就有了良知、天则。张履祥批评这些学阳明心学而走向邪路的人，然后指出即便是孔门弟子，大多数也不能做到孔子所说的仁德，怎么可能一天就成了圣人？怎么可能一旦立志就可以“从心所欲不逾矩”？所以张履祥再三强调的就是，学者应该踏实去做“困知勉行”的功夫。

夫孟子所谓“良知”“良能”云者，为夫世之人以仁义为外铄[①]，而自暴弃也。故为之言，曰孩提而有不学虑之知能，是即谓之仁义云尔。若之何其旷安宅而舍正路[②]也？若夫明庶物，察人伦，而由仁义行，则惟舜为能之，[③]汤、武而下未之许也。今之世非无好学之士也，一入其说，老死而不知悔，又将断断焉执其一偏之闻见，以为圣人复起不能吾易。及徐而考其言行，则与小人之无忌惮者同科。是则可知恃其良知之不如困而知之，恃其良能之不若勉而能之也已。

今译

孟子之所以提出“良知”与“良能”，是因为世人将仁义作为外来的力量，于是自暴自弃。所以才说，小孩子具有不必学习思考就能获得的良知、良能，这就是仁义的发端。为什么要荒废平安的住宅而舍弃正直的大路呢？至于明察万物，明察人伦，都要通过仁义才能做到，那么只有舜能做到，成汤、周武王以下的人都不能做到。如今这世上并非没有好学的人，然而一旦进入阳明心学，到死也不知道悔改，还要坚持执着一些偏见，认为即便是圣人再生也不能改变我的观念。等到慢慢考察这些人的言行，就会发现与小人的肆无忌惮都是一样的。这样就可以知道，与其凭着他所谓的良知，还不如“困而知之”；凭着他所谓的良能，还不如“勉而行之”。

简注

① 外铄：外力。语出《孟子·告子上》：“仁义礼智，非由外铄我也，我固

有之也。”

② 旷安宅而舍正路：语出《孟子·离娄上》：“仁，人之安宅也；义，人之正路也。旷安宅而弗居，舍正路而不由，哀哉！”

③ “明庶物”句：语出《孟子·离娄下》：“舜明于庶物，察于人伦，由仁义行，非行仁义也。”庶物，万物。

实践要点

此段进一步批评阳明心学，一是指出阳明学其实是对孟子思想的误读；二是指出那些错误理解了阳明学的学者，固执一些偏见，结果却陷入肆无忌惮的小人行径。所以必须指出他们的错误，希望他们能够转而学习规矩分明的程朱理学，努力去做“困知勉行”的工夫。

夫直捷径省之说，与释氏之言最相符，故今之为释氏之学者，多好言“良知”“良能”，以逞其猖狂无忌之志。衷仲翻然去释氏之说，而于“良知”家言又卓然不惑，以循循焉从事于困勉。虽以予之无闻知，亦将过而问焉，其进而至于明善诚身[①]也不难矣。予故乐而道之，且将因是以质诸世之有志于学者。

今译

那些简易直接的学说，其实与佛教思想最为相符，所以如今从事佛学的学者，大多喜欢讲“良知”与“良能”，用来显示他们肆无忌惮的志向。衰仲幡然醒悟，剔除其佛学的思想，而且对于“良知”之言也能够见识卓然不被迷惑，从而用循序渐进的方法致力于“困勉”的功夫。虽然我没有什么见识，也将拜访、请教他进而达到明善知恶、以诚立身也就不难了。我因此乐于说说自己的认识，并且以这些认识求教于世上有志为学的人。

简注

① 明善诚身：语出《中庸》：“诚身有道，不明乎善，不诚其身矣。”

实践要点

最后一段，点明良知心学与佛学的关系。晚明思想界多有三教合一之类，从事佛学的人多受阳明学的影响。张履祥赞扬吴衰仲能够幡然醒悟，能够不受阳明学的影响，从事“困勉”功夫。整篇文章，其实是说简易直接的心学、佛学都不应该学习，真正应该学习的就是传自孔子的“困而知之”“勉而行之”的修养功夫。也就是把自己当作最愚钝的人，在最危急的时刻，用最平易踏实的功夫，才能获得真正的成功。

始学斋记

语溪董子[①]，尝受学于吕先生。去年，见予于廓如[②]之楼，今兹执经以来，相与栖止东庄[③]，岁暮将归，以“始学”名其斋，愿一言以志别。予衰眊[④]无闻，正如饥岁穷寒，百物凋耗[⑤]，几几[⑥]欲尽也，复何言哉？顾教衰俗敝之日，一旦盛年之士怀抱美志，期于进德修业，又如日穷星回，一阳来复，能不喜溢于中，亟述所闻以勖之？

今译

语溪的董载臣，曾经师从于吕留良先生。去年，在廓如楼见到我，如今师从我，自学习儒家经典以来，一起住在吕家东庄，年末即将回去，用“始学”作为自己书斋名字，想求一篇文章纪念此次离别。我衰老昏聩，默默无闻，正好比饥荒的年头，穷困寒冷，万物凋零，几乎就要到尽头了，还有什么可以说的呢？但在教化衰微、风俗败坏的时候，一旦出现正当盛年的读书人怀抱美好的志向，想要增进德行、修习学业，又好像日暮而星光出现，一阳来复，怎么能够不喜悦洋溢于内心，急忙讲述一些自己听说过的话，用来勉励他呢？

简注

① 语溪：崇德县（今桐乡）的雅称。董子：即董杲，字载臣，与吕留良有亲戚关系，曾受学于吕留良，亦曾受学于张履祥。《杨园先生全集》有与董载臣书信五通。

② 廓如：吕家的楼名。

③ 东庄：俗称东庄角，是吕家的农庄，此时吕留良隐居于此，今属崇福镇南阳村。

④ 眊（mào）：眼睛失神，引申为昏聩。

⑤ 凋耗：衰败，损耗。

⑥ 几几：几乎。

实践要点

作者为董载臣的书斋作记，从“始学”出发，勉励其立身处世当以仁义为本。此段则讲述写作此文的理由，也即因为出现一个好学的年轻人而喜悦。

窃惟天地之生，人为贵。仁义者，人之所以为心也。今予与子处覆载中，服衣冠，负书册，列于士林，则既贵于人人矣。可不求其所以贵于人人者，以无忝天地之心乎？曾子曰："士不可以不弘毅。"孟子曰："居天下之广居""行天下之大道。"①弘者，广居之量也；毅者，行道之力也。其始，莫不自其一念不安于人人之所为，而守之不变，致知力行，以至于终其身，又自其身推而达之。莫不始自一人独立不惧，勉焉不已，以渐及于家邦之远。若火之然②，星星攸灼③，至于燎原野而烈山泽；若泉之达，涓涓盈科④，至于经川渎⑤而放四海也。故曰："居仁由义，大人之事备矣。"⑥

今译

我认为天地之间的生物，人是最为尊贵的。仁义，就是作为一个人所要依凭的道理。如今我与你都身处天地之间，穿戴衣冠，背负书册，列于读书人之中，那就比一般人都要尊贵了。难道可以不去探求比一般人尊贵的原因，从而无愧于天地之心吗？曾子说："读书人，不可以不抱负远大，意志坚强。"孟子说："居住在天下最宽广的居所""行走在天下最宽阔的大道。"所谓弘，是宽广居所的容纳量；所谓毅，是履行道义的力量。开始的时候，都是因为他的一个不愿意与一般人一样的念头，进而固守不变，致知而力行，以至于终其一生，又从自身推而广之。都是始于一个人的独立不惧，勉励而不停止，然后渐渐到达乡邦、国家那样远。好像火的燃烧，星星点点迅速点燃，以至于形成燎原之势，山川湖泽也烈火熊熊；好像泉水的流淌，涓涓细流，充满沟沟坎坎，以至于经过河流到达大海。所以说："内心存有仁心，做事遵循正义，德行高尚的人所做的事就齐备了。"

简注

① 语出《孟子·滕文公下》。朱熹《四书章句集注》："广居，仁也。正位，礼也。大道，义也。"

② 然：即燃，"然"是"燃"的本字。

③ 攸灼：指迅疾地燃烧。

④ 盈科：水充满坑坎。

⑤ 川渎：泛指河流。

⑥ 语出《孟子·尽心上》。

实践要点

作者指出，天地之间最为尊贵的就是人，而人最为重要的就是要有仁义之心。读书人必须弘毅，而且开始的时候发力最为关键，好比星星之火的点燃、涓涓之泉的喷发。他还强调，仁义当从自身做起，然后推己及人；仁义还当从小处做起，然后推至家国天下。

然欲居仁，必充其无欲害人之心，以尽其类，则断一树，杀一兽，苟为非仁，而有所不忍。欲由义，必充其不取非有之心，以尽其类，则箪食豆羹[①]，千驷万钟，苟为非义，而有所不为。非然者，虽其声闻权籍，孔昭于当世，使家邦之人皆有贤豪君子之目，究其隐微，终不免于鸡鸣而起，孳孳[②]为利之徒，旦昼所为，梏亡其固有之良而已。揆[③]其失，惟在辨之不早辨也。

今译

然而想要内心存有仁心，就必须扩充不想害人的心，并类推到各种类别的事物，那么即便是断一棵树，杀一头兽，如果不符合仁德，也会有所不忍。想要做事遵循正义，就必须扩充不谋取不应该有的东西的心，并类推到各种类别的事物，那么即便是一箪饭食，一豆羹汤，千乘快马，万钟俸禄，如果不符合正义，也会有所不为。如果不是这样的话，虽然名声、权柄在当世就很显著，国家、乡邦的人都将他作为贤人、豪杰、君子看待，推究其细微之处，终究只是鸡鸣而起，对利益孜孜以求的人，每天的所作所为，也只是丧失他固有的良知而已。推求其中的失误，只在于未能早一点辨析是否仁义而已。

简注

① 箪（dān）：盛饭的竹器。豆：古代盛食物的器皿。

② 孳（zī）孳：同“孜孜”，用心力的样子。

③ 揆（kuí）：揣摩，推求。

实践要点

此段强调要尽早学会辨识其开始之处，是否真正把握了仁义，为了避免成为“孳孳为利之徒”而不自知，这也就是“始学”的意思。

辨之云何？今日者，感民生之憔悴，父子兄弟不能相保，尝为之恻然于中。见人事之不臧[①]，欺诈相高，凌轧相竞，甚恶其廉耻道丧。非不耿然甚明，乃人心何尝葆之不易。凡诸寝兴食息之恒，动作云为之际，无不内省诸己：孰为仁，孰为非仁，孰为义，孰为非义。不表饰于大廷，不苟驰于幽隐。人知之惟是，人不知亦惟是。切切焉，未免乡人以为忧，有初鲜终以为戒。历兹以往，百行皆然。当其穷，入孝出弟，闲[②]圣道以正人心。及其行，以不忍人之心遏恶扬善，正君而定国，约困而不陨，通显而不盈。庶乎不失任重道远之义，而后无负于衣冠书册，中处覆载间也。

今译

辨析什么是仁义？生在今日，感受到民生的憔悴，父子兄弟不能相互保全，曾经因为这些而心中恻然。见到人与事不够善良，相互欺诈，相互欺凌，非常厌恶那些廉耻之道的丧失。并非不能耿耿明白，而是人的心中想要保有仁义，还是不容易的。凡是睡眠、起床、饮食、休息等日常之事，举动言论之际，没有不需要内心作自我反省的：什么是仁，什么是不仁；什么是义，什么是不义。不在乎得到朝廷的表彰，也不在乎只是身处低微、隐蔽之地。有人知道是如此，没有人知道也是如此。内心急切，不能避免乡里人所担心的，要以有始而少能有终为戒。历代以来，各种行当、事业都是这样的。当他不得志的时候，能够“入则孝，出则悌”，保卫圣人之道而端正人心。等他能有一番作为的时候，用不忍人的心态来遏制恶行、弘扬善行，纠正人君而安定国家，贫穷困顿而不堕落，通达显赫而不自满。差不多就能不失“任重道远”之义，而后也不会辜负位于读书人之列，身处天地之间了。

简注

① 臧：善，好。

② 闲：保卫，维持。

实践要点

此段具体讲述什么是仁义，进一步则说明推广仁义的具体方法。作者结合“廉耻道丧”的现状，认为君子穷则“入孝出弟”以正人心，达则“遏恶扬善”正君定国。此外，还要注意“有初鲜终”，能够将仁义之心、仁义之行坚持到底的，更不容易了。只有无论自己穷困，还是显达，都能坚持仁义，才能说是不辜负一个读书人的身份，也不辜负身处于天地之间。张履祥对读书人的要求，可以说是很高的，然而作为君子，就应当“弘毅”，体会“任重道远”之义。

畴昔之日，所闻于师者如此。予悔始之不力，冉冉而老，无能为也已。子其勉诸。积学有待，是犹耕三余一，水旱不能为灾也；日新厥德，亦犹旭日东升，长夜漫漫有时复旦也。子其勉诸。东庄终岁之聚，可以慰吕先生夙愿，予与有余乐矣。

今译

从前的时候，从老师那里听到的就是这些。我后悔自己开始的时候不够努力，渐渐老了，也就无能为力了。董生你要努力做好这些呀！积累学识而有所期待，好比是耕种三年，结余一年的粮食，即便碰到水灾、旱灾也不会造成损失；

每天增进自己的德行，也就像是旭日东升，漫长的黑夜总有光明的时候。董生你要努力做好这些呀！东庄一整年的团聚，可以安慰吕先生的夙愿，我也就有了更多的快乐。

实践要点

最后寄托希望，自己已经年老体衰，所以只能希望董载臣从开始为学的时候就勉励自己，渐渐积累学识，增进德行。努力学习，也是对东庄主人吕留良给予二人团聚机会的最好报答。

自箴并说

自智、自愚、自贤、自不肖、自尊、自卑、自贵、自贱、自成、自败、自祸、自福

自公、自私、自敬、自肆、自诚、自伪、自厚、自薄、自贞、自淫、自淑、自慝、自弛、自张、自作、自辍、自出、自处、自语、自默、自安、自危、自理、自乱、自废、自兴、自存、自亡

自取、自舍、自得、自失、自苦、自乐

自暴、自弃、自是、自圣、自纵、自姿、自擅、自用、自封、自殖、自文、自解、自画、自侮、自甘、自暇、自耽、自溺、自乖、自贼

自镜、自反、自怨、自艾、自浣、自药、自新、自拔

自知、自行、自勉、自求、自修、自治、自昭、自致、自任、自立、自器、自珍、自充、自牧、自检、自制、自忧、自惕、自强、自复

自为（去声）、自主、自好（去声）、自图、自决、自择

箴言谆谆[①]，已未之思也，为说以申之。

天之生人，一而已，其有智愚、贤不肖之异，孰为之？自为之也。尊卑、贵贱于是乎分，成败、祸福于是乎别，无非自者。此第一节。

今译

这篇箴言，反复告诫，但还有一些思想未能表达清楚，所以再作一篇“说”，将其中的意思展开一下。

天地生人，其实都是一样的，其中有智慧与愚蠢、贤良与不肖的区别，这到底是什么原因造成的呢？是他自己造成的！尊贵、卑贱由此而区分，成败、祸福由此而有别，无非都是他自己造成的。这是《自箴》第一节的意思。

简注

① 谆谆：反复劝告、再三叮嘱的样子。

实践要点

箴，是古代表达告诫、规劝的一种文体。此文围绕自我修养，以一百个带

“自”字的词，提出了一百条劝诫，而在“说”之中则对“箴”中的意思分别作了相应的解读。第一节十二个“自”指出，一个人的尊卑与贵贱、成败与祸福，其实都是自己造成的，提醒人们对自己的人生作出正确的选择。

公私敬肆，诚伪厚薄，贞淫淑慝，弛张作辍，所以智，所以愚，所以贤不肖，其异异于是。出处语默，安危理乱，废兴存亡，所以尊卑，所以贵贱，所以成败祸福，其分其别，罔不恒于是。此第二节。

今译

大公与小私、恭敬与放肆，诚实与伪诈、厚重与轻薄，贞节与淫荡、淑良与邪慝，松弛与紧张、劳作与停辍，之所以智慧，之所以愚蠢，之所以贤良或不肖，其中的差异，就在于这些方面：自己把握得如何。出仕或退隐、言语或沉默，安全或危险、条理或混乱，荒废或兴盛、存留或消亡，之所以尊荣或卑微，之所以华贵或低贱，之所以成功或失败、或祸或福，其中的分别，无不都是起因于这些方面：自己做得如何。这是《自箴》第二节的意思。

实践要点

第二节二十八个“自”指出，学习、工作、生活的态度如何，决定了自己成为什么样的人，决定了自己的人生选择，也就决定了自己未来的发展方向。成败与祸福，就在于自己每一次或大或小的选择之中。张履祥一生最看重做人处事的态度，也看重各自面临身处的时代如何进行选择，细微之处决定成败。

人之取舍有得有失，则苦乐随之。结上文。此第三节。

今译

每个人自己的取舍，总是有得有失，然后就有或苦或乐的人生体验随之而来。此处是总结上文。这是第三节的意思。

实践要点

这一节六个“自”，总结上文，强调人生总是有得有失，有苦有乐。既然是自己造成的，也是自己选择的，也就不必纠结。现代人比古代人更多纠结，往往看不清一切都是起因于自己；若总是归因于外在的人与事，总会纠结不清，也就难以自拔了。

人之大患，非自暴则自弃耳。自暴者，恶之刚也，自是自圣、自纵自恣、自擅自用、自封自殖之类是也。① 自弃者，恶之柔②也，自文自解、自画自侮、自甘自暇、自耽自溺之类是也。③ 始于自乖，终于自贼。此第四节。

今译

人生最大的祸患，不是因为自暴，就是因为自弃。自暴，是一种刚性的恶，自以为是、自以为是圣人、放纵自我、放任自我、擅作主张、自行其是、自我封闭、自我高标，这些都是自暴的表现。自弃，是一种柔性的恶，自我文过饰非、自我辩解、自我限制、自我侮辱、自认甘心、自留空闲、自行耽误、自甘沉溺，这些都是自弃的表现。开始于自己的乖张，终止于自己伤害自己。这是第四节的意思。

简注

① 自圣：自以为才智胜人。自用：自行其是，不接受别人的意见。自殖：自己给自己过多过高的评价。

②《孟子·离娄上》："自暴者，不可与有言也；自弃者，不可与有为也。"意谓一个刚愎，听不进劝善；一个软弱，无动力改过。

③ 文：文饰，掩盖过错。画：划分界限。甘：自甘，心甘情愿。

实践要点

这一节二十个"自"，将人的行为分为自暴、自弃两大类，前者为刚性的，后者为柔性的。无论刚柔，都是自己对自己的行为把握不够，无法正确行动。现代社会中，各种欲望更多，然而一个人成功的关键还是在于坚持，一旦选定目标，决不自暴自弃，才能取得最终的胜利。

愚与不肖之形也[①]，然则如之何？能自镜自反[②]，则能自怨自艾；能自浣自药[③]，则能自新自拔。此第五节。

今译

愚蠢与不肖的形象一旦生成，那么又将怎么办呢？能够自己做自己的镜子，自我对照，反躬自省，就能自我悔恨、自我改正；能够自行净化，自我救治，就能自强不息、自我拯救。这是第五节的意思。

简注

① 原校，一本作“入于愚不肖之形也”。

② 自镜：对照自己，引以为戒。自反：反躬自问，自我反省。

③ 自浣：自净。自药：自我救治。

实践要点

这一节八个“自”，讲述对于自我形象的态度，特别是被他人认为愚蠢、不肖之后，又当如何选择？能够自己对照、反省，然后自我拯救，就能够自新而自拔。现代社会竞争更加激烈、残酷，一时之间的成败，一人一事的看法，既要认真对待，自我反思，又不可太过在意，以至于无法自拔。

去愚不肖，入于贤与智之门也，何以智？何以贤？智者勉而求其知，贤者勉而求其行。知无疆，行无疆，修治以下，则勉求之目也。勉求不已之谓自强，自强不息乃为自复。复者，复其天之所生而已。此第六节。

今译

离开愚蠢、不肖的境地，进入贤良、智慧的大门，什么是智慧？什么是贤良？智慧的人勤勉而追求知识，贤良的人勤勉而追求践行。知识无穷尽，践行无穷尽，修身、治国以下的事情，都是勤勉追求的目标。勤勉追求而不停止，就被称为自强，自强不息才能恢复先天的品性。所谓的“复”，恢复其天地之所生成的本性而已。这是第六节的意思。

实践要点

这一节二十个“自”，接着上一段，讲述摆脱愚蠢、不肖之后，如何成为贤良、智慧的人。关键在于“勤勉”，也即“困知勉行”。知与行的追求，都是无穷无尽的，最终实现的就是天生本性的美好。无论古今中外，“勤勉”都是一切成功者的法宝。

凡此在人自为[①]而已。自为之意深，而后能自主。亦在人自好[②]而已。自好之心笃，而后能自图。孰得孰失？何取何舍？宜如之何抉择焉？此第七节。

今译

凡是这些都在人的自觉而已。自觉的意愿深刻，而后也就能够自我作主了。同时也在人的自我喜好而已。自我喜好的心思笃定，而后也就能够自我图谋了。哪样是得，哪样是失？何者当取，何者当舍？应当如何进行抉择？这是第七节的意思。

简注

① 自为（wèi）：自觉。

② 自好（hào）：自我喜好。

实践要点

第七节六个“自”，探讨得失、取舍背后的深层原因，自我的觉醒与否，喜好与否，决定了各自的行动。也就是说，激发一个人的内在驱动力，当是决定其成败最为重要的因素。

总结上文。七者复之期也，百者成数也，引而伸之，其义毕矣。孔子曰：“小子听之，清斯濯缨，浊斯濯足矣，自取之也。”[①] 己酉季秋，念芝[②] 识。

今译

总结上文，“七”是“七日来复”的日期，“百”是一个成数，引申讲述的七段，将这一百个带“自”的词的含义说完了。孔子说：“晚辈们听着，沧浪之水清则可以洗我的缨，沧浪之水浊则可以洗我的足，都是自己的选择呀！”己酉年暮秋，张履祥识。

简注

① 语出《孟子·离娄上》：“有孺子歌曰：‘沧浪之水清兮，可以濯我缨；沧浪之水浊兮，可以濯我足。’孔子曰：‘小子听之！清斯濯缨，浊斯濯足矣，自取之也。’”

② 念芝：作者的别号。

实践要点

最后的结语，张履祥讲了“七”与“百”这两个数字的意味。还有《孟子》中的一段，反复申明，一切的一切，都在于自己，所谓咎由自取，所谓如人饮水，“自”字的深意，一百个词语也讲不完，故而这一篇《自箴》，也只是点到为止而已。

辛丑元旦春联

率素履[①]攸行，耕则良农，读则良士；
学古训有获，勤以养德，俭以养身。

今译

以朴实无华的态度来行事，耕田就能成为优秀农民，读书就能成为优秀士人。

学上古名人的训诫有收获，勤劳便可以修养品德，俭朴便可以修养身心。

简注

① 素履：用朴实无华的态度行事。《易·履》："素履之往，独行愿也。"

实践要点

张履祥教育子女以耕读传家，此一联语概括了他的主要思想。良农、良士，养德、养身，无论是普通劳动者还是读书人，都要注意品德的修养、身心的健康，故而俭朴生活与终身读书都是必须坚持的。

《补农书》总论选二

习勤

凡事各有成法，行法在人。《中庸》曰：“文武之政，布在方策。其人存，则其政举；其人亡，则其政息。”①家政亦如之。归安茅氏，农事为远近最；吾邑庄氏，治桑亦为上七区首，今皆废弃。一者由天，世乱而盗起也；一者由人，膏粱之久，不习稼穑艰难也。司马温公居洛，有田三顷，躬亲庶务，不舍昼夜。刘忠宣公教子，读书兼力农，曰：“困之，将以益之。”晏安害人，游闲废事，古之人无不惧之。

今译

任何一件事情，都有各自现成的方法，但是实行成法、把事办好的关键还是在人。《中庸》里说：“周文王、周武王的施政，都记载在典籍里。当他们在位的时候，他们的政策就能够施行；当他们去世之后，他们的政策也就停息了。”其实家政也是这样的。归安县（今属湖州市）茅氏，他家的农耕之事是远近地区最有名的；我们县里的庄氏，他家种植的桑树也是上七区里第一，如今却都废弃了。一是因为天灾，世道变乱之后，盗贼蜂起；一是因为人祸，做了太久的膏粱子弟，就无法习惯稼穑的艰难了。司马光居住在洛阳的时候，有农田三顷，各种杂务全都事必躬亲，而且夜以继日。刘大夏教授儿子，要兼顾读书与农耕，还说："让他们生活得困苦一些，他们将会从中得益。"安乐的生活害人，游手好闲荒废正事，古人没有不害怕这种情形的。

简注

① 语出《中庸》第二十章"哀公问政"。布，陈列。方策，典籍。

实践要点

所谓富不过三代，归安茅氏的农事、桐乡庄氏的蚕桑，过了几代也就都废弃了。究其原因，一是天时，一是人事。想要子孙过得好，就要让子孙从小习惯于劳苦的生活，不要养成膏粱子弟游手好闲的习气。这一点，无论什么时代，其实都是一样的。司马光自身的事必躬亲，刘大夏教子的耕读相兼，也都是在强调"生于忧患，死于安乐"的教训。

今《农书》所载者，法也，苟非其人，法不虚行。行法之要，一曰“忠信”，一曰“精勤”。忠信以待人，则人无不尽之心；精勤以立事，则事无不成之势。要之，忠信本也。《卫诗》“星言夙驾，说于桑田”[①]，言劝课之勤也；而终之以“秉心塞渊，騋牝三千”[②]，言其操心诚实而渊深，故虽畜马之众，亦至于三千也。农桑之务，用天之道，资人之力，兴地之利，最是至诚无伪。百谷草木，用一分心力，辄有一分成效，失一时栽培，即一见荒落。我不能欺彼，彼不能欺我。却不似末世，人情作伪，难处也。

然与世人相交，农终易处。以雇工而言，口惠无实，即离心生；夙兴夜寐，即朝气作。俗曰：“做工之人要三好：银色好，吃口好，相与好。作家之人要三早：起身早，煮饭早，洗脚早。”三好以结其心，三早以出其力，无有不济。推之事事，殆一辄也。

今译

如今的《农书》所记载的，都是成法，如果不是合适的人，成法就不能真正施行。施行的关键，一是“忠信”，一是“精勤”。用忠信对待他人，他人就不会不尽心；用精勤创立事业，事业就不会不成功。总之，忠信是最为根本的。《卫诗》中说“星言夙驾，说于桑田”，说的就是卫文公劝农的勤劳；而最终又说“秉心塞渊，騋牝三千”，说的是卫文公用心的诚实与深远，所以虽然蓄养马匹众多，也达到三千了。农桑之事，是依靠自然的规律，凭借人的力量，利用土地的条件，最为诚实而没有伪装。百谷与草木，用了一分心力，就会有一分的成效，失去一时的栽培，就会看到荒疏。我不能欺骗土地，土地也不能欺骗我。却不像这个末世的时代，人心常常作伪，所以很难相处。

然而与世人交往，农夫终究还是最容易相处的。以雇工来说，口头上承诺的恩惠，如果没有落到实处，就会生出分离之心；白天劳作，晚上睡觉，就会朝气振作。俗话说：“对做工的人要有三好：发工佃银子的成色要好，吃的伙食要好，相处感情要好。当家的人需要三早：起身要早，煮饭要早，洗脚收工要早。”用“三好”来凝聚雇工的人心，用“三早”来鼓励雇工出力，则没有不成功的。推而广之，每一件事情其实也都是一样的。

简注

① 语出《诗经·鄘风·定之方中》。此句是说卫文公星夜驾车，在桑田之间休息。

② 语出同上。秉心，用心。塞渊，诚实而深远的样子。騋（lái），高七尺以上的马。牝（pìn），雌性的鸟兽。此句是说卫文公用心实在而深远，有良马三千。

实践要点

《农书》所记载的只是好的方法，而关键还是在于人本身：忠信待人，精勤立事。张履祥认为，只有土地上的劳作最为诚实无伪，用一分心力就有一分成效，失一时栽培就有一片荒落。而与人打交道，农民终究容易相处，主人以“三好”“三早”来促进雇工同心协力，就不愁农事不成。对于现代人来说，此处说到的精神，还是值得学习的，特别是以诚实的态度对事对人。除了土地上的事，其他各种事情的成功，最终还是要依靠踏实、到位地去做。对待务农的雇工要注意所谓“三好”与“三早”，对待其他行业的员工其实也是如此，关键也是诚恳、实在而已。

耕读相兼

人言耕读不能相兼，非也。人只坐无所事事，闲荡过日，及妄求非分，营营朝夕，看得读书是人事外事。又为文字章句之家，穷年累岁而不得休息，故以耕为俗末，劳苦不可堪之事，患其分心。

若专勤农桑，以供赋役、给衣食，而绝妄为，以其余闲读书、修身，尽优游也。农功有时，多则半年。谚云：“农夫半年闲。”况此半年之中，一月未尝无几日之暇，一日未尝无几刻之息。以是开卷诵习，讲求义理，不已多乎！窃谓“心逸日休”①，诚莫过此。

今译

有人说耕田与读书不能兼顾，这是错误的。有的人只是因为无所事事，闲荡地过日子，以及存有非分之想，从早到晚地奔走忙碌，将读书看成是人生以外的事情。又有的人成了文字章句之学的专家，一年到头也不能得到休息，所以认为耕田是世间最末等、最不堪的事情，担心从事之后就会分心。

如果专心勤劳于农桑，用来供给服役、供给衣食，从而杜绝胡作非为，再用其余的空闲时光读书、修身，尽可以宽裕自如呢！农耕上头下功夫，最多就是半年的时光。农谚说："农夫半年闲。"何况在这半年之中，一个月中未尝没有几日的空暇，一日之中未尝没有几刻的休闲。用这些时光来阅读、研习，讲求书中的义理，不也已经足够了吗？我私下以为"心逸日休"，事实上也不过就是如此。

简注

① 语出《尚书·周官》："作德，心逸日休；作伪，心劳日拙。"此句是说不费心机反而日子悠闲。

实践要点

本条为《补农书》的《总论》一篇的最后一条，讨论了耕田和读书的关系。一般认为二者不能结合，比如有些人无所事事，却又将读书看作人事之外的事；

有些人穷年累月专注于文字章句，又将农耕看作俗事、末事、劳苦不堪之事，以为从事农耕就会分心。事实上，农业生产有季节性，“农夫半年闲”，此半年之中一月也有几天空闲，一日也有几刻空闲，都可以开卷读书，讲求义理。就现代人或者城市中的人来说，农耕已经成为遥远的传说了，然而适当地从事体力劳作，还是极有必要的，一是为了谋生，一是为了锻炼身体且养成勤俭的习惯；然而在劳作谋生之余，还当多读点书，特别是提升智慧的书，任何人都应当抱有终身读书的理念。

附录

张杨园先生传

严　辰

先儒张子，名履祥，字考夫，号念芝，世居清风乡炉镇杨园村，故学者称杨园先生。祖字晦庵，父字九芝，皆有传，母沈孺人见《贤母传》。先生生于万历二十九年十月朔。生时，父梦金仁山来谒，故命是名。九岁丧父，与兄正叟居丧，哀毁若成人，自是外奉祖训，内秉母教，受业于孙台衡、陆昭仲、诸叔明、傅石畲四先生，皆名师也。年甫及冠，连遭大父与母之丧，居丧一遵《朱子家礼》，孺慕终身不衰。崇祯六、七年间，馆同里颜士凤家，时复社方兴，各立门户，先生慨然曰："东南坛坫，西北干戈，其为乱一也。"因与士凤严约，毋滥赴，惟与里中诸子，以文行相砥砺。周钟方寓桐乡，声气招摇，远近踵至，邑中不识钟者，惟先生与士凤而已。

壬午秋，赴杭乡试，见黄子石斋于灵隐寺，黄子以近名为戒，先生谨志之。甲申二月，与钱虎偕至山阴，受业于刘念台先生。是夏，闻京师三月十九日之变，缟素不食，携书簏步归杨园，时年三十有四矣。自后弃诸生，隐居教授，苦志力学，夜不就枕者十余年。以举业来质者，谢勿纳。尝言："贫士不免饥寒，宜以教学为先务。凡人只有养德、养身二事，教学则开卷有益，可以养德；通功易事，可以养身。"历馆同里颜士凤、钱飞雪、菱湖丁友声、苕溪吴子琦、族兄彬、澉浦吴裒仲、郡中徐忠可、半逻何厚庵家，而钱氏前后八年，颜氏前后六年，晚馆半逻且历九年之久。平生同志友，始则颜士凤，继则凌渝安、何商隐，晚则张佩葱，余如钱虎、钱一士、丘季心、吴仲木、王寅旭、沈石长、屠子高、屠暗伯、吴裒仲、朱近修，皆道义交也，而祝开美为蕺山同门，尤所心折。门人则姚攻玉、四夏兄弟，最为先生所契。病当时讲学者以师生为标榜，故于授读外，未尝纳拜，一以友道处之。时黄太冲方以绍述蕺山，鼓动天下，先生曰："此名士，非儒者也。"

自幼即有志圣贤之学，先从姚江入门，后读《小学》《近思录》，有得，遂悟王学之非。谒念台先生，归肆力于程朱之书，觉《人谱》之说，于程朱犹有出入，乃辑《刘子粹言》，于师门有补救之力。晚乃奋笔评王氏《传习录》，条分缕析，痛揭其阳儒阴释之弊，以为炯鉴。其教门人，亦必令读《小学》《近思录》及《颜氏家训》。又令各书《白鹿洞规》揭于座右，并与讲《吕氏乡约》。自著《愿学记》中有"祖述孔孟，宪章程朱"二语，乃自道其为学宗旨也。每谓"治生以稼穑为先"，岁耕田十余亩，地数亩，种、获两时，在馆必归，躬亲督课。其修桑枝，虽老农不逮也。当明社未屋时，有《上本县兵事书》并《陈时事略》，胪陈利弊，实可见诸施行。每教门人务经济之学，令读唐陆宣公、宋李忠定公奏议。又言嘉郡水利不讲，时被旱潦，其要在浚吴淞江，屡寓书与缙绅之素好者，属其条陈当事，其学之具有体用如此。平居虽盛暑，必衣冠危坐，或舟行百里，坐不少倚。晚年写《寒风伫立图》以见志，自题云："行己欲清，恒入于浊；求道欲勇，恒病于怯，噫！君之初志，岂不亦曰：'古之人，古之人！'老斯至矣，其仿佛乎何代之民？"

娶诸孺人，生丈夫子二，皆殇。四十岁，始纳妾朱氏，生二子，长维恭，次与敬。晚年筑务本堂成，与兄正叟同居，怡怡终身。康熙甲寅，六十四岁，春为长子娶妇，即于是年七月病卒于家。长子亦旋殁，次子未娶而夭，继孙圣闻亦夭，配姚氏，守节以殁，见《节妇传》。继曾孙文相，后亦无考，迄今无主祀者，亦天道之不可知也。

桐邑村民，向有阻葬敝俗，先生曾卜兆葬祖而未果，后攒室为盗所焚，虽罪人斯得，而先生终身抱恨，袒衣用粗麻，遗命以殓。曾集同志，岁举葬亲会，以惩隐痛而挽颓风，里人至今仿而行之。生三女，次女适陆孝垂之子，幼女适周鸣皋之子，长女则适尤介锡，为所毒杀，讼不得直，自惩择婿之失，作《近鉴》以垂戒，所遭亦多不幸矣。著述见《艺文志》。

乾隆十六年，学使宁化雷鋐表其墓。嘉庆六年，县令合肥李廷辉修杨园旧祠，立主崇祀。十六年，巡抚汉军蒋攸铦檄饬立主，祀于青镇分水书院。二十二年，县令遵义黎恂修墓及碑，教谕仁和宋咸熙立祠于学宫东偏。道光四年，巡抚黄梅帅承瀛疏请入祀乡贤祠。同治三年，浙绅陆以湉等公呈前闽浙总督今侯相左公宗棠，请从祀文庙两庑，并呈事实十二条；左公批允转奏，适以军书旁午，旋调陕甘，未及拜疏。至九年，学使徐侍郎树铭乃为奏请从祀。十年冬，奉旨俞允。是年，杭绅丁丙奉左相命，捐建专祠于青镇立志书院之后，并得前布政使杨公昌浚发款落成。十二年，前署令贵筑李春龢捐建墓祠于杨园故里，仍题曰“务本堂”。江苏书局重刻《杨园全书》，山东亦有新刊本。盖先生之遇，虽郁于生前，而其道则大昌于身后矣。参阮元、雷鋐、吴德旋、陈梓、邵懿辰所撰各传，并府县志旧传，及苏惇元《年谱合订》。

张履祥传

张天杰

张履祥（1611—1674），字考夫，号念芝，浙江桐乡人，世居清风乡炉镇杨园村（今属乌镇杨园村），故学者称杨园先生。张履祥是明清之际的大儒，著名的理学家、教育家、农学家。

张履祥祖父张海（？—1630，号晦庵），心地仁厚，乐于为善，未赴科举却酷好学问，经史传记、医卜杂家无不通晓。父亲张明俊（1582—1618，号九芝），明万历邑增广生，生性至孝，事亲无违，家中常挂一联："行己率由古道，存心常畏天知。"张履祥自幼聪明好学，五岁父亲教读《孝经》。七岁，父亲取名为"履祥"，希望以元代大儒金履祥为榜样。是年入私塾读书，师从余姚孙台衡先生。九岁丧父，哀痛如成人，母亲教导说："孔子、孟子亦两家无父之子，只因有志向上，便做到大圣大贤。"从此更自勉自爱，发奋读书。

十一岁，因家贫，至钱店渡外祖家就读，师从著名学者陆时雍（字昭仲，号澹我，桐乡人）先生。陆先生著有《古诗镜》《唐诗镜》等，又善《易》学，张履祥昼夜把卷沉吟，并在书上题字："戒之戒之，宁得鱼忘筌，无买椟还珠。"十五岁，到甑山钱氏鹤堂就读，师从诸董威（字叔明，桐乡人）先生，并结交钱寅（1614—1647，字虎，桐乡人）等友人。同年应童子试，补县学弟子员。十八岁，行冠礼，改字考夫（十五岁时前辈字其为吉人），娶妻诸氏，即诸董威先生之侄女。二十岁，祖父去世；第二年，母亲去世，张履祥居丧一直遵循《朱子家礼》。同年，结交同里颜统（1608—1643，字士凤，桐乡人），此时颜统延请傅光曰（字明叔，号石畲）先生至其家，傅先生也精通《易》学，张履祥便去颜家受学。随后，傅先生别去，告诉他们："二人相友，足矣！"此后多年，二人相互砥砺，共同进步。颜统认为交友必须谨慎，不可乱赴各种诗社、文社，当时有复社名人周钟来到桐乡讲学，只有他们二人不去参加。二十五岁，张履祥读到朱子所编的《小学》与《近思录》，渐渐悟到为学的门径，曾指出这两部书是进一步学习《四书》《六经》的阶梯。二十九岁，他的兄长张履祯（1608—1677，字正叟）也成为邑庠生，邑中人公举他们的母亲沈孺人节孝，旌表门闾。县令卢国柱赠额："邹国遗风"。

三十二岁，赴杭州应考乡试，与友人一起拜见黄道周（1585—1646，字幼平，号石斋，福建漳浦人）于灵隐寺。黄道周以淡泊守志，勿图近名相劝，张履祥感佩铭记，终身服膺。明崇祯十七年、清顺治元年（1644），岁次甲申，张履祥三十四岁，这是其人生转折的一年。是年二月，与钱寅一起到绍兴拜师刘宗周（1578—1645，字起东，号念台，学者称蕺山先生）。刘宗周教导"从诚敬做工夫"，张履祥取出平时自学所记的《愿学记》请教，得到批点，后抄录成《问目》一书。回去之后，又以刘宗周的《人谱》《证人社约》等书教导学生，后来从刘先生遗著之中摘录近于程朱之学的纯正条目，编为《刘子粹言》。五月，听闻李自成入北京，明朝灭亡，张履祥哀恸欲绝，缟素不食，徒步回家。顺治二年，清军入浙，闰六月，老师刘宗周绝食二十三日而卒，他听说后痛哭多日，因为贫困与战乱，没有去参加葬事，直到七年后因同门好友陈确（1604—1677，字乾初，海宁人）、吴蕃昌（1622—1656，字仲木，海盐人）之约，到绍兴祭奠并携肖像而归，又作有《告先师文》。当时，另一同门好友祝渊（1611—1645，字开美，号月隐，海宁人）也殉明而死，后来张履祥与陈确为其安葬并作有祭文。江南战乱，于是携全家避走吴兴。此后，张履祥抛弃诸生，绝意科举，息交绝游，匿声逃影，隐居乡野以教书、务农终老一生。

因为父亲的早逝，张履祥家早已陷入贫困。二十、二十一岁时，祖父与母亲又相继去世，家境越来越差，田产也因添置葬地而所剩无几。自二十三岁起，为了生计，张履祥开始了四十多年的处馆生涯，先后在同里及菱湖、苕溪、嘉兴、海盐、崇德等地做塾师，并撰有《澉湖塾约》《东庄约语》等著名学规。处馆最久的则是在同里的颜统、海盐半逻的何汝霖（1618—1689，又姓钱，字商隐，学者称紫云先生）、石门（今属桐乡市）的吕留良（1629—1683，字用晦，号晚村）这三位友人家。他在颜统家教授时，曾作有《答颜孝嘉论学十二则》。张履祥与何汝霖也是性命之交，在何家做塾师时，二人经常讨论学问，此时开始编撰《备忘录》。该书取材于他自己的日记、书信以及其他论学的文字，代表了他理学思想的精华。此书后来成为理学名著，影响深远，著名理学家陆陇其（1630—1693，字稼书，浙江平湖人）认为此书“笃实，正大”。又作《与曹射侯论水利书》，开列嘉兴地区水利章程，后为清朝礼科给事中柯耸所采纳，其建议得以实施。康熙八年（1669），因吕留良的再三聘请，张履祥来到石门县南阳村东庄的讲习堂。除了教授吕家子弟之外，张履祥还与吕留良一起选刊二程、朱熹等先儒的遗著数十种，这些“天盖楼”版的理学名著传播很广，推动了程朱理学的发展。六十一岁时，吕留良、何商隐考虑到张履祥年事已高，不宜再开课授徒，提出两家共同出资，让他优游书册，安度晚年。但是张履祥感觉内心不安，所以在其人生最后的四年里，来往于石门东庄与海盐半逻，督促吕、何两家的子弟读书，也继续着理学的传播。

康熙元年（1662），何汝霖请华亭顾氏给张履祥画了一幅像，名为《寒风伫立图》，他自己在画像上题字："行己欲清，恒入于浊；谋道欲勇，恒病于怯。"认为自己虽有向学求道之心，但因为世道混乱、内心怯弱等原因，并不能真正做到。何汝霖为画像题词："择善为心，慎独为学。温润栗缜，和裕俨恪。遇热不趋，遇险不却。俯仰泰然，不愧不怍。"对其为人为学作了高度的评价。张履祥的治学，起初曾讲习王阳明、刘宗周一系的心学，到了中年以后则回归于二程、朱子一系的理学，"祖述孔孟，宪章程朱"。以"敬义夹持"为工夫，内外交养而互发，践履笃实而正大。曾说："志存《西铭》，行准《中庸》。"认为为学要以为仁为根本，以修己为要务，圣人体证天道，无非就是从"庸德之行，庸言之谨"，日用伦常当中寻求。张履祥讲学一生，从不受人一拜，所有来学的士子，全都以朋友之道相处。

张履祥重视农耕，教育弟子"当务经济之学"，曾说："人须有恒业。无恒业之人，始于丧其本心，终于丧其身。许鲁斋有言：'学者以治生为急。'愚谓治生当以稼穑为先，能稼穑则可以无求于人，无求于人，则能立廉耻；知稼穑之艰难，则不妄求于人，不妄求于人，则能兴礼让。廉耻立，礼让兴，而人心可正，世道可隆矣。"每逢农忙，必回乡务农，或箬笠草履，送饭下田；或亲率家人，下地劳作。熟谙农情，于艺谷、栽桑、育蚕、畜牧、种菜、莳药，无不精通。清顺治十五年（1658），张履祥应友人徐善（1634—1693，字敬可，浙江秀水人）

的请求，著有《补农书》，结合自己一生的农业生产经验，对湖州涟川沈氏《农书》不够完备的地方加以补充。此书记载杭嘉湖一带的农业技术、农业经营非常完备，因其有益于民生日用，刊行后流传于东南各省，成为中国农学史上的一部名著。

张履祥十分重视整顿风俗、教化人心，这方面最大的努力则是组织葬亲社的系列活动。张履祥受到了友人唐达（字灏儒，浙江德清人）的影响，看到当时嘉兴地区许多人家因为受到风水之说的影响，多有停柩数十年甚至几代人都不安葬的，于是撰写论葬制的《丧葬杂说》，从丧弊、祭弊两个大方面指出“违礼伤教”的种种俗弊，后来又专门编辑《丧葬杂录》一书，收录了唐达的《葬亲社约》与毕仲游、王安石、司马光等人论葬制的十六篇文章。张履祥等人组织葬亲社活动，在举行岁会时为葬亲者提供由社员汇集而来的吊仪，以供资助和劝勉。在葬亲社第二次活动之时，还悬挂孟子像并行礼，讲解《吕氏乡约》与宣读《禁作佛事律》《禁火葬示》。通过多年的葬亲社活动，有几十家先后举葬。“于是仁人孝子闻风激劝者，不可枚举，薄俗为之一变焉”，可见其恢复葬制的实践取得了一定成效。张履祥为了移风易俗，还花费大量心血编撰《言行见闻录》《经正录》《近古录》《近鉴》等著作，作为“匹士庶人”的借鉴。《近鉴》一书的编撰，则起源于他的长女被其丈夫尤介锡毒死这一切肤之痛，书中就收录尤介锡“蒙养不端”的记载。这些著作的刊刻流布，对于化风俗、正礼教，起到了一定的作用。关于地方的治理，张履祥还撰写过《保聚事宜》《保聚附论》，提出“保聚”的乡村治安方案，严保甲、备器械、谨约法、审地利、养壮佼等多条具体措施，还有《上本县兵事书》《陈时事略》，其中谈了地方兵制如何革弊兴利等问题。

早在五十岁之前，张履祥将田地租于佃户耕种的收入加上自己处馆的收入，仍难免负债；五十岁之后，人丁的增加，疾病的困扰，就更是债务连连。好在有几位好友与弟子相助，特别是何商隐与吕留良，以及弟子张嘉玲（1640—1674，字佩葱，号岵瞻，江苏吴江人）、张嘉瑾（？—1677，字宣诚）兄弟。张履祥的后半生，除了贫困还有多病的折磨。多病最初缘于他三十二岁时，有盗贼焚烧他家，殃及停放先人灵柩的攒室，他听说变故后恸不欲生，七天七夜不饮不食。这一事件不但影响了健康，而且成为一生弘扬孝道的张履祥内心最大的隐痛。亲人的欲养不得又欲葬不得，令其极为感叹，此后他一年四季都穿粗麻的内衣，去世时也用此以殓葬。四十三岁那年又生了一场大病，再过几年因为大女儿被夫家鸩死一案而奔波劳累，身体越来越差。

张履祥人生的不幸，除了上代亲人过早离世之外，还有下代儿女的不幸。他的原配夫人诸氏生有二子都很早夭折，大女儿嫁与尤介锡五年后被毒死，二女儿嫁与陆裕弘（字孝垂，桐乡人）之子陆幼坚，之后不久丈夫病逝，留下孤儿寡母要靠他抚养。更令其伤心的就是他哥哥唯一的儿子，长到十九岁不幸夭折，“犹子之痛，方寸摧裂”。传宗接代也就成了最大的问题，于是他遵循礼教，四十岁后为生子而娶妾朱氏。又生一女，后嫁与好友周我公（字鸣皋，桐乡人）之子。到四十七岁时第一个儿子出生；又过了八年，五十五岁时，第二个儿子出生。晚年得子的张履祥还是心情沉重，既担心儿子不能长大成人，又担心他们不能得到好的教育，所以撰写《训子语》一书作为家训。六十四岁那年，为长子娶妻，这也算是其临终前的一个安慰。可惜的是，除了身前的凄凉，还有身后的萧条。张履祥的长子张维恭婚后不久去世，未留下子嗣；次子张与敬未及娶妻又夭折；继孙张圣闻亦早夭，其妻姚氏守节以殁，以至于后来无人来主其祭祀了。据查，还有过继的曾孙张文相，后迁居湖州新市，这一枝人丁兴旺，清末曾出过举人张文镐。

张履祥一生言行谨严，平日家居，虽是盛暑也必定衣冠而危坐，未尝露出倦怠神色。如果参加农事劳动，就脱去上衣，穿着粗麻布衣，至于帽与袜虽然劳作与酷热也不曾除去。在他的书案上，通常只是置书一册，从无杂陈。看书累了，就拱手默坐。坐船则竟日端坐，坐处不移尺寸；就寝则通夕不曾反侧。无论其行止梦寐，无不严肃端庄，将一言一行都看作道德实践工夫的体现。他自己也曾说："谨言慎行，与存心养性，非有二项工夫，故不动而敬，不言而信，所以事天也。"

康熙十三年（1674）七月二十八日，张履祥病重，于是从语溪的吕留良家回到自家的务本堂，安然而逝。何汝霖、吕留良等友人为其办理丧事，第二年被葬于杨园宅东南，后迁于杨园村北、西溪桥南。乾隆十六年（1751），浙江学使雷鋐立碑并题"理学真儒杨园张先生之墓"。道光四年（1824），被主祀于乡贤祠。同治三年（1864），闽浙总督左宗棠捐廉修墓并亲自题碑"大儒杨园张子之墓"。同治十年（1871）十二月，从祀于孔庙东庑，成为一名儒家的圣贤。后人严辰赞道："布衣祀两庑，故今能有几？"

张履祥的著作，由其弟子姚琏（号四夏，江苏吴江人）等人编订为《杨园先生全集》四十六卷，康熙年间由范鲲（1657—1711，字北溟，号蜀山，浙江海宁人）将之刊行。乾隆年间祝洤（1702—1759，字贻孙，号人斋，浙江海宁人）曾重编《杨园先生全集》，他还将张履祥的《备忘录》依照《近思录》体例选编为《淑艾录》十四卷。《四库全书》著录则有《杨园先生全集》《农书》《淑艾录》三种。同治十年江苏书局本《杨园先生全集》共收录其著作十六种五十四卷:《骚诗》一卷、《文集》二十三卷、《问目》一卷、《愿学记》三卷、《读易笔记》一卷、《读书笔记》一卷、《言行见闻录》四卷、《经正录》一卷、《初学备忘》二卷、《近鉴》一卷、《备忘录》四卷、《近古录》四卷、《训子语》二卷、《补农书》二卷、《丧葬杂录》一卷、《训门人语》三卷。另一弟子姚夏(字大也,桐乡人)编有《杨园张先生年谱》一卷;后来苏惇元(1801—1857,字厚子,安徽桐城人)根据诸家年谱,重编为《张杨园先生年谱》。

图书在版编目（CIP）数据

训子语译注 /（清）张履祥著；张天杰，余荣军增
编、译注．—上海：上海古籍出版社，2020.12
（中华家训导读译注丛书）
ISBN 978-7-5325-9844-1

Ⅰ．①训…　Ⅱ．①张…　②张…　③余…　Ⅲ．①家庭道
德—中国—古代　Ⅳ．① B823.1

中国版本图书馆 CIP 数据核字（2020）第 252892 号

训子语译注

（清）张履祥　著
张天杰　余荣军　增编、译注

出版发行　上海古籍出版社
地　　址　上海瑞金二路 272 号
邮政编码　200020
网　　址　www.guji.com.cn
E-mail　guji1@guji.com.cn
印　　刷　启东市人民印刷有限公司
开　　本　890×1240　1/32
印　　张　14.375
插　　页　6
字　　数　338,000
版　　次　2020 年 12 月第 1 版　2020 年 12 月第 1 次印刷
印　　数　1—3,100
书　　号　ISBN 978-7-5325-9844-1/B·1189
定　　价　65.00 元

如有质量问题，请与承印公司联系